SpringerWienNewYork

Marcus Müllner

Erfolgreich wissenschaftlich arbeiten in der Klinik

Evidence Based Medicine

Zweite, überarbeitete
und erweiterte Auflage

SpringerWienNewYork

Ao. Univ.-Prof. Dr. Marcus Müllner
Universitätsklinik für Notfallmedizin, Medizinuniversität Wien, Österreich

© 2005 Springer-Verlag/Wien
Printed in Austria
SpringerWienNewYork ist ein Unternehmen von
Springer Science + Business Media
springer.at

Satz: H. Meszarics • Satz & Layout • 1200 Wien, Österreich
Druck: Grasl Druck & Neue Medien, 2540 Bad Vöslau, Österreich

Gedruckt auf säurefreiem, chlorfrei gebleichtem Papier – TCF
SPIN: 10993491

Mit 31 Abbildungen

Bibliografische Informationen der Deutschen Bibliothek
Die Deutsche Bibliothek verzeichnet diese Publikation in der Deutschen
Nationalbibliografie; detaillierte bibliografische Daten sind im Internet über
http://dnb.ddb.de abrufbar.

ISBN 3-211-21255-8 SpringerWienNewYork

Vorwort zur 2. Auflage

Um ehrlich zu sein, war ich unmittelbar nach dem Erscheinen der ersten Auflage, nicht ganz zufrieden. Ich hatte zwar meinen eigenen Vorgaben eine Art Leitfaden zu erstellen entsprochen, aber dadurch extreme Vereinfachungen in Kauf genommen und war nicht mehr sicher, ob das Buch dadurch für den Anwender wirklich brauchbar ist. Die Rückmeldungen waren zwar kritisch aber durchwegs positiv. Als vom Springer-Verlag die Anfrage kam, ob ich das Buch für eine zweite Auflage überarbeiten möchte, war ich dann doch etwas mutlos, da das Thema eigentlich mit einer Überarbeitung nicht zufrieden stellend dargestellt werden kann. Ein vollkommen neues Buch – das deutlich umfangreicher sein müsste – wollte ich aber auch nicht schreiben. Ich habe daher versucht diese neue Auflage so gut als möglich zu verbessern. Ich bin allen Kritikern – den „offiziellen" Rezensenten ebenso wie den „inoffiziellen", meinen Studenten, Kollegen und Freunden – für ihre Rückmeldungen dankbar.

Was gibt es Neues?

Es gibt drei neue Kapitel. Zwei davon – die Kapitel über multivariate Methoden und über Wissenschaftstheorie – sind schon sehr abstrakt aber wichtig um den Kontext besser zu begreifen. Dafür gibt es in fast allen Kapiteln viele sprachliche und didaktische Korrekturen, die die Lesbarkeit und Verständlichkeit deutlich verbessern. Weiters gibt es in vielen Kapiteln inhaltliche Erweiterungen sowie neue, praktische Beispiele; manche der vorhandenen Beispiele sind nun ausführlicher erklärt. Ich habe alle mir bekannt gewordenen Fehler korrigiert, ebenso wie einige Internetadressen, die bei Erscheinen des Buchs schon nicht mehr richtig waren. Leider sind insbesondere Internetadressen etwas sehr dynamisches, also wundern Sie sich bitte nicht, wenn die eine oder andere Adresse nicht funktioniert.

Ich hoffe diese neue Auflage ist ein noch besserer Leitfaden als die erste Auflage. Wenn Sie beim Lesen auch noch ein wenig unterhalten wurden, dann freut mich das besonders. Es gilt aber weiterhin: Bitte helfen Sie mir Fehler und Unsinnigkeiten zu entdecken.

London, November 2004

Marcus Müllner
marcus.muellner@meduniwien.ac.at

Wozu ist dieses Buch überhaupt gut?

Die folgenden Kapitel sollen einerseits nicht-wissenschaftlich tätigen Medizinern auf dem Weg der *Evidence Based Medicine* behilflich sein, andererseits Medizinstudenten und angehenden Wissenschaftern zu einem besseren Verständnis von klinischen Studien verhelfen.

Vordergründig klingen diese zwei Ziele unvereinbar, bei genauerer Betrachtung aber geht es um ein- und dieselbe Sache: Studiendesign, Analyse und Interpretation. Klinisch tätige Ärzte müssen zusehends in der Lage sein, die in Form von wissenschaftlichen Ergebnissen anwachsende Evidenz zu verstehen und kritisch zu hinterfragen. Klinisch tätige Wissenschafter, die meist auch klinisch tätige Ärzte sind, müssen steigenden Ansprüchen hinsichtlich der Qualität Ihrer wissenschaftlichen Arbeit entsprechen.

Die Idee zu diesem Buch ist vor allem aus den Mängeln meiner eigenen Ausbildung und der meiner Kollegen entstanden. Studiendesign, Analyse und Interpretation wurde bislang an deutschsprachigen Universitäten nicht standardmäßig angeboten. Weiters gibt es in unserem Sprachraum leider nur wenige Lehrer, die solche Inhalte vermitteln können.

Mein leider noch immer sehr unvollständiges Wissen habe ich mir anfänglich autodidaktisch angeeignet, dann hatte ich die Gelegenheit ein Jahr lang hauptberuflich als Redakteurlehrling bei der wissenschaftlichen Wochenzeitschrift *British Medical Journal* zu arbeiten, wahrscheinlich eine der besten Schulen hinsichtlich Studiendesign, Analyse und Interpretation. Danach habe ich, im Fernstudium, an der London University (London School of Hygiene and Tropical Medicine) Epidemiologie studiert. Im Rahmen meiner Tätigkeit als klinischer Epidemiologe, bei Vorträgen über *Evidence Based Medicine* und Vorlesungen über *Medical Decision Making* hatte ich immer wieder Gelegenheit über unterschiedliche Fragestellungen hinsichtlich Studiendesign, Analyse und Interpretation nachzudenken. Im deutschsprachigen Raum sind wir sowohl bei der kritischen Interpretation einer wissenschaftlichen Arbeit, als auch bei der Planung einer Studie leider benachteiligt, da uns die methodischen Grundlagen fehlen: Wir haben nie gelernt wie man Studien plant, analysiert, auch nicht wie man sie kritisch interpretiert. Obendrein ist Englisch nicht unsere Muttersprache. Das letztere können (und sollten wir auch) nicht ändern, die beiden erstgenannten Punkte sind aber behebbar.

Dieses Buch ist kein Lehrbuch, das Anspruch auf Vollständigkeit erhebt. Es soll aber doch als handlicher und praktischer Wegweiser dienen. Die

wichtigsten Punkte werden anhand von teils erfundenen, teils echten Beispielen besprochen. Für die Wenigen, die noch mehr Informationen haben
wollen, gibt es Angaben zu weiterführender Literatur. Wenn das auch noch
zu wenig ist, können Sie mich direkt kontaktieren (marcus.muellner@
meduniwien.ac.at) und ich werde mich bemühen weiterzuhelfen, so gut ich
kann. Ich bin für jede Form der Rückmeldung dankbar, das heißt, positive
Rückmeldungen freuen mich sicherlich, wichtiger aber ist, wenn Sie, als
kritischer Leser, mir beim Auffinden von Fehlern, Unsinnigkeiten, und
Unklarheiten helfen.

Wie kann das Buch verwendet werden?

Leser, die vor allem daran interessiert sind, wie man wissenschaftliche
Arbeiten kritisch liest und interpretiert, sollten sich vor allem mit den
Checklisten (Buchende) und dem Abschnitt über *Evidence Based Medicine*
vertraut machen. Voraussichtlich werden Sie damit das Auslangen finden,
bzw. können Sie das Buch dann, je nach Bedarf, problemorientiert durcharbeiten.

Leser, die sich einen Überblick über Studiendesign, Analyse und Interpretation machen wollen, müssen das Buch auch nicht unbedingt von vorne
nach hinten durcharbeiten. Natürlich sind bestimmte Kapitel aufeinander
abgestimmt, aber nicht unbedingt zum Verständnis nachfolgender Abschnitte notwendig. Sollte doch etwas Wichtiges, aber leider langweiliges,
in den vorhergegangenen Abschnitten behandelt worden sein, müssen Sie
nicht das ganze Kapitel lesen, da jedes Kapitel am Anfang ein Kästchen mit
einer Zusammenfassung hat – das sollte für das Gröbste reichen.

Ein Buch erlaubt nur die sequenzielle Darstellung, obwohl klinische
Epidemiologie kaum in dieser Art präsentiert werden kann. Ich habe mich
bemüht durch Querverweise zu den jeweiligen Kapiteln auf diese Vernet-
zung hinzuweisen. Vielleicht ist das Lesen dadurch manchmal etwas er-
schwert, aber die mögliche Ausbeute ist, so glaube ich, besser.

Im Kapitel Interview und Fragebogen beschreibe ich ausführlich, dass
gute Verständlichkeit nur gewährleistet ist, wenn die Texte ausprobiert und
angepasst werden. Ich habe versucht mich an meine eigenen Vorgaben zu
halten und dieses Buch sowohl drei Kollegen und meinen Studenten zu
lesen gegeben und sie um Kritik gebeten. Wenn manche Abschnitte noch
immer unverständlich sind, ist es meine Schuld, da ich wohlgemeinte Vor-
schläge nicht immer umsetzen konnte.

Viele Begriffe der modernen Medizin, und vor allem der klinischen Epidemiologie, bei deren Entwicklung der deutschsprachige Raum nicht mit-
gewirkt hat, existieren nur in englischer Sprache. Ich habe mich nicht
besonders bemüht Begriffe, wie zum Beispiel *Odds Ratio,* zu übersetzen.

Andere, *Bias* zum Beispiel, können nicht entsprechend übersetzt werden. Englischsprachige Begriffe gebe ich *kursiv* an.

Im habe versucht, so wenige Literaturzitate als möglich zu verwenden bzw. mich auf die wichtigsten zu beschränken. In einigen Kapiteln ist mir das ganz gut gelungen, in anderen nicht so sehr. Im letzen Kapitel verweise ich auf brauchbare Standardwerke der Epidemiologie und der medizinischen Statistik.

Wien, Jänner 2002   *Marcus Müllner*

Inhaltsverzeichnis

Danksagung

Hans Domanovits, Harald Herkner und Wolfram Krendlesberger haben alle Kapitel geduldig gelesen und vor allem zur inhaltlichen-, aber auch sprachlichen Verbesserung beigetragen. Mariam Nikfardjam hat immer wieder meine Ausdrucksweise und Grammatik optimiert und mich während der vielen Monate der zusätzlichen Arbeit ertragen und unterstützt. Philipp Mad, Jasmin Arrich, Ingrid Fuchs, Silvia Jaromi, Bernhard Urbanek, Fabian Waechter und Julia Eckl-Dorna haben jeweils mehrere Kapitel auf Verständlichkeit und Leserfreundlichkeit überprüft. Wenn nach so vielen Korrekturvorschlägen immer noch Fehler und unverständliche Konzepte zu finden sind, so liegt es vor allem an meiner Dickköpfigkeit.

Ich hatte immer wieder Gelegenheit mit Fritz Sterz, Thomas Staudinger und Andreas Vychytil zusammenzuarbeiten und habe Daten ihrer Studien auszugsweise als Beispiel verwendet (Kapitel 14 und 22). Christiane Druml hat mir wichtige Ratschläge für Kapitel 32 (Ethik und klinische Forschung) gegeben. Thomas Vachalek hat das Design für den Buchumschlag gestaltet.

Doug Altman hat zwar nicht direkt zum Gelingen des Buches beigetragen, er ist aber mein großes Vorbild und somit indirekt an der Entstehung mitschuldig. Anton Laggner, dem Vorstand der Univ.-Klinik für Notfallmedizin, bin ich dankbar, dass er während des 12-jährigen Bestehens der Abteilung ein akademisches Umfeld geschaffen hat, ohne dem dieses Buch niemals entstanden wäre. Zuletzt will ich Hanni Müllner, meiner Mutter, danken, dass sie so ist, wie sie ist.

Abschnitt I – Grundlagen des Studiendesigns

Kapitel 1
Klinische Epidemiologie – eine Art Einleitung

- Im Idealfall wenden wir nur medizinische Interventionen an, die nachweislich wirksam sind (*Effectiveness*)
- Nur Patienten, die einen gesundheitlichen Nutzen von der jeweiligen Intervention haben können, sollten diese auch erhalten (*Efficiency*)
- Die Basis dieses Handelns (*Evidence Based Medicine*) ist qualitativ hochwertige klinische Wissenschaft
- *Klinische Epidemiologie* ist die Lehre von Design, Analyse und Interpretation klinischer Studien, und daher die Grundlage qualitativ hochwertiger Wissenschaft
- Um qualitativ hochwertige klinische Wissenschaft zu produzieren, ist eine entsprechende graduelle und postgraduelle Ausbildung notwendig

Meist sind wir Ärzte im Rahmen der Patientenbetreuung vom Sinn und Nutzen der gesetzten klinischen Interventionen überzeugt. Im Gegensatz zu dieser Überzeugung, fehlt aber die Evidenz der Wirksamkeit oft. Andererseits finden therapeutische Interventionen oft nicht statt, da wir nicht in der Lage sind die tatsächlich vorhandene Wirksamkeit zu erkennen.

ZWEI BEISPIELE: *Thrombolyse beim akuten Herzinfarkt.* Ein akuter Herzinfarkt entsteht, wenn die Blutzufuhr zum Herzmuskel unterbrochen wird. Die häufigste (Mit)Ursache ist ein Blutgerinnsel, eine so genannte Thrombose. Seit vielen Jahren versucht man bereits die Blutzufuhr wiederherzustellen, indem das Blutgerinnsel aufgelöst wird (Thrombolyse).

In den 50er Jahren wurde die erste randomisierte kontrollierte Studie publiziert, welche die Wirksamkeit der Thrombolyse beim akuten Myokardinfarkt untersuchte. Bis in die 80er Jahre wurden viele Studien, oft mit jeweils weniger als 100 Patienten, durchgeführt und eine Wirksamkeit der Thrombolyse konnte nicht nachgewiesen werden. Erst als 1986 das erste „Mega-Trial" veröffentlicht wurde, in dem über 10.000 Patienten eingeschlossen wurden, waren wir in der Lage zu erkennen, dass die thrombolytische Therapie die Sterblichkeit innerhalb der ersten 30 Tage von 12% auf 10% senken kann. Die thrombolytische Therapie konnte über die Jahre weiter optimiert werden und die 30-Tage-Sterblichkeit liegt mittlerweile in vielen Zentren zwischen 5% und 6%.

Woran lag es, dass es so lange gedauert hat, bis dieser Effekt entdeckt werden konnte? Es fehlten vielen Wissenschaftern, Editoren und Klinikern die Kenntnisse, die vorhandene Evidenz richtig zu interpretieren. Einerseits wurde nicht ausreichend darauf Rücksicht genommen, dass die meisten Studien bei weitem nicht genug statistische Aussagekraft hatten, einen kleinen, aber relevanten Effekt zu erfassen (siehe Kapitel 19). Andererseits wurde die vorhandene Evidenz nicht entsprechend zusammengefasst, also im Sinne eines systematischen Reviews mit Meta-Analyse (siehe 18). Hätte in den 70er Jahren jemand begonnen die publizierten Arbeiten systematisch zu sammeln und mit meta-analytischen Techniken, die es damals schon gab, zusammenzufassen, hätte man bereits zwischen 1973 und 1975 erkennen können, dass Thrombolyse das relative Risiko in den ersten 30 Tagen zu versterben um etwa 25% senkt (Lau 1992) (siehe auch Abb. 1, Kapitel 18).

Bettruhe nach diagnostischer Lumbalpunktion. Wenn z.B. der Verdacht auf eine Gehirnhautentzündung besteht, ist es notwendig, die Rückenmarkflüssigkeit zu untersuchen. Die Flüssigkeit gewinnt man, indem man dem Patienten mit einer Nadel im Lendenwirbelbereich punktiert (Lumbalpunktion). Häufig treten nach dieser Untersuchung Kopfschmerzen auf, die man auf den Flüssigkeitsmangel zurückführt. Nach diagnostischer Lumbalpunktion wird in vielen Europäischen Ländern Bettruhe zur Vermeidung der gefürchteten postpunktionellen Kopfschmerzen empfohlen. In Österreich etwa, werden in 50% aller neurologischen Abteilungen 24 Stunden Bettruhe empfohlen, und fast alle anderen Abteilungen empfehlen mehrstündige Bettruhe (Thoennissen 2000).

Was ist nun die Evidenz für die Wirksamkeit dieser Intervention? Bei genauer systematischer Literatursuche finden sich immerhin 16 randomisierte kontrollierte Studien, die kurze Bettruhe bzw. sofortige Mobilisation mit 12, oder 24 Stunden Bettruhe verglichen: Egal wie früh Patienten mobilisiert wurden, die Kopfschmerzhäufigkeit wurde dadurch nicht beeinflusst. Wenn man diese Studien einer Meta-Analyse unterzieht, sieht man wegen der nun hohen Präzision noch deutlicher, dass Bettruhe Kopfschmerzen nicht verhindern kann (Relatives Risiko für Kopfschmerz bei Frühmobilisation 0.97, 95% Vertrauensbereich 0.8 bis 1.2) (Thoennissen 2001). Bettruhe nach diagnostischer Lumbalpunktion sollte daher nicht mehr angewandt werden.

Der Stand der Dinge ...
... aus der Perspektive der Wissenschaft

Wenn eine wissenschaftliche Arbeit in einem medizinischen Journal veröffentlicht wird, heißt das leider noch lange nicht, dass diese einem wissenschaftlichen Standard entspricht, der auch klinisch brauchbare Schlussfolgerungen erlaubt. Selbst in den besten Journalen werden immer wieder
qualitativ minderwertige Arbeiten veröffentlicht (Altman 1994), und oft ist
die Präsentation derart, dass die wissenschaftliche Qualität nicht erfasst
werden kann (Müllner 2002). Klinische Epidemiologie ist die Lehre von
Design, Analyse und Interpretation klinischer Studien, und daher die
Grundlage qualitativ hochwertiger Wissenschaft. Die Qualität von wissenschaftlichen Arbeiten ist nachweislich höher, wenn Epidemiologen, oder
Biostatistiker in die Planung, Auswertung und Interpretation eingebunden
waren (Müllner 2002, Delgado 2001). Leider gibt es derzeit an vielen medizinischen Fakultäten nicht genügend Wissenschafter mit einer entsprechenden Ausbildung, insbesondere, was die klinische Forschung anbelangt.

... aus der Perspektive der Lehre

Im neuen Medizin Curriculum der österreichischen medizinischen Fakultäten ist vorgesehen, dass Medizinstudenten die Grundlagen der Epidemiologie, Biometrie und *Evidence Based Medicine* erlernen sollen. Leider werden viele zukünftige Mediziner, Studenten die noch nach der alten Studien-
ordnung studieren, diese Kenntnisse nur bei hoher Eigeninitiative erlernen
können.

... aus der Perspektive der Patientenbetreuung

Die klinische Epidemiologie bietet die notwendigen Grundlagen um *Evidence Based Medicine* praktizieren zu können. Derzeit befindet sich die
Patientenbetreuung aus der Sicht der *Evidence Based Medicine* noch in den
Kinderschuhen, hauptsächlich, weil Evidenz in Form von randomisierten,
kontrollierten Studien entweder fehlt, oder qualitativ minderwertig ist. Es
ist zum Beispiel noch immer unklar, ob die Verabreichung von Albumin
(menschliches Eiweiß als Plasmaersatzmittel) einen negativen Einfluss auf
die Prognose von schwerkranken Patienten hat (Cochrane Injury Group
1998), oder nicht (Wilkes 2001). Wir wissen nicht, ob Patienten mit Pul-
monalembolie von einer thrombolytischen Therapie profitieren. Es ist
unklar, ob Patienten mit akuten Kreuzschmerzen auf eine intravenöse Anal-
getikatherapie besser ansprechen, als auf eine perorale Therapie. Wie lange
sollte man im Rahmen eines akuten Myokardinfarktes Bettruhe einhalten?
Die Liste der fehlenden, oder unzulänglichen Evidenz kann beinahe ins

Unendliche fortgeführt werden. Das wird uns vor allem dann sehr deutlich vor Augen geführt, wenn wir Standardtherapieformen kritisch hinterfragen, oder EBM Informationsquellen, wie zum Beispiel *Clinical Evidence,* oder die *Cochrane Library,* mit bestimmten Fragestellungen absuchen (siehe Kapitel 30).

Wie soll es weitergehen?

Ressourcen, insbesondere finanzieller Natur, für wissenschaftliches Arbeiten werden abnehmen, was aber nicht bedeuten muss, dass die Qualität der klinischen Wissenschaft geringer wird, noch, dass die Quantität der klinischen Wissenschaft sinken muss. Im Gegenteil, wenn klinische Forschungsschwerpunkte besser definiert, Prioritäten gesetzt und Studien durch ausgebildete klinischen Epidemiologen und Biometriker betreut werden, ist mit einer Verbesserung der Ergebnisse zu rechnen (Altman 1994, Müllner 2001, Delgado 2001). Das Ziel jeder medizinischen Fakultät sollte sein, nur qualitativ hochwertige Studien durchzuführen, vorzugsweise randomisierte kontrollierte Studien, systematische Übersichtsarbeiten und Meta-Analysen.

Studenten sollen bereits neben Biometrie – wie im neuen Curriculum vorgesehen – auch die Grundlagen der klinischen Epidemiologie, insbesondere die kritische Interpretation von klinischen Studien lernen. Weiters sollten die Möglichkeiten der postgraduellen Aus- und Weiterbildung dramatisch erweitert und verbessert werden. Alle medizinischen Fakultäten sollten postgraduelle Studien der (medizinischen) Biometrie, Epidemiologie und klinischen Epidemiologie anbieten, ebenso wie Austauschprogramme mit ausländischen Fakultäten, die postgraduelle Lehrgänge in den oben genannten Bereichen anbieten.

Das Ziel der oben genannten Verbesserungen ist natürlich eine Optimierung der Patientenbetreuung. Durch ständig wachsende Evidenz von hoher Qualität sollten wir in der Lage sein nur mehr medizinische Interventionen anzuwenden, die nachweislich wirksam sind (Definition von *Effectiveness*). Die jeweiligen Interventionen sollten nur Patienten erhalten, die einen gesundheitlichen Nutzen davon haben können (Definition von *Efficiency*).

Kapitel 2
Das Studienprotokoll

- Niemals ohne Studienprotokoll eine Studie beginnen!
- Das Studienprotokoll ist wie ein Fahrplan
- Niemals ohne Studienprotokoll eine Studie beginnen!
- Das Studienprotokoll hilft Fehler schon in der Planungsphase zu vermeiden
- Niemals ohne Studienprotokoll eine Studie beginnen!

1. Die Basis

Ohne Studienprotokoll, in dem schriftlich festgehalten wird, was man sucht und wie man auf die Frage(n) Antwort findet, soll man kein Studienprojekt beginnen – weder eine retrospektive Studie und eine prospektive Studie schon gar nicht. Um eine gute Idee erfolgreich umzusetzen braucht man nicht nur Inspiration und Fleiß, sondern vor allem einen gut durchdachten Plan. Nur wenn alle Aspekte des Projektes beachtet und aufgezeichnet wurden, sollte man mit der Durchführung beginnen. Ich empfehle jedem, vor Beginn eines Projektes sich folgende Fragen zu stellen:

1.1 Was genau ist die Fragestellung?

Wenn Sie einem Kollegen aus einem anderen Fachgebiet in einem Satz erklären können, was die Fragestellung ist, haben Sie wahrscheinlich schon recht klare Vorstellungen. Wenn es auch ein interessierter Nichtmediziner versteht wissen Sie wirklich was Sie wollen (und können es auch mitteilen).

1.2 Ist die Fragestellung wichtig?

Die Wichtigkeit der Fragestellung zu beurteilen ist schwierig. Generell neigen Autoren und Projektplaner dazu, die Bedeutung der eigenen Wissenschaft maßlos zu überschätzen. Selten sind Fragestellungen so wichtig, dass sich *Science* oder *Nature* für die Arbeit interessieren, es gibt jedoch meist eine *Community*, die sich auch für hoch spezialisierte Fragestellungen erwärmen kann. Eine „wichtige" Frage gut zu beantworten ist oft nur ein geringer Mehraufwand, als eine „weniger" wichtige Frage gut zu beantworten, oder Fragen schlecht zu beantworten.

1.3 Ist diese Frage bereits ausreichend beantwortet?

Zum Glück ist eine wissenschaftliche Hypothese selten eindeutig für die Praxis bewiesen. Wenn es schon viele Arbeiten zum jeweiligen Thema gibt, sollte man zumindest aus den Fehlern der Vorgänger lernen und versuchen es besser zu machen.

1.4 Ist das Studiendesign, oder die wissenschaftliche Methode geeignet, um diese Frage zu beantworten?

Der Sinn dieses Buches ist es, Ihnen vor allem bei dieser Fragestellung zu helfen.

1.5 Habe ich (bzw. das Team) die Ressourcen (finanziell, technisch, räumlich, personell) und das Wissen um die Frage zu beantworten?

Dazu brauche ich, so glaube ich zumindest, nicht viel sagen.

2. Ein Grundgerüst für ein klinisch-medizinisches Studienprotokoll

Die in Tabelle 1 angegebenen Punkte können nur als allgemeiner Leitfaden dienen. Je nach spezifischer Fragestellung und/oder Studiendesign sind einzelne Punkte wegzulassen, beziehungsweise hinzuzufügen. Wenn Sie eine randomisierte Studie planen, empfehle ich dringend, den CONSORT-Leitlinien zu folgen (siehe Kapitel 16); bei systematischen Übersichtsarbeiten, bzw. Meta-Analysen sind die QUOROM-Leitlinien als Grundlage empfehlenswert (siehe Kapitel 17 und 18) (Moher 1999).

Die meisten dieser Punkte sind in den jeweiligen Kapiteln beschrieben. Ich möchte im Folgenden noch ein paar spezifische Hinweise geben.

2.1 Zum Titel

Der Titel ist eine Art Arbeitsvorlage und soll dem Nichtinformierten in einem kurzen Satz sagen, worum es geht. Das heißt, er soll die Hypothese, die Studienpopulation und das Studiendesign beinhalten.

2.2 Wer ist Autor?

Es gibt stark unterschiedliche Definitionen der Autorenschaft, aber allgemein gilt, dass ein Autor als Autor qualifiziert ist, wenn er/sie, gemeinsam

Tabelle 1. Grundgerüst für ein Studienprotokoll

1. Titel
2. Autoren
3. Hintergrund
   3.1 Warum ist das Thema wichtig?
   3.2 Was weiß man bislang?
   3.3 Was wird diese Studie beantworten?
4. Fragestellung
5. Methoden
   5.1 Studiendesign
   5.2 Studienort
   5.3 Studienpopulation
       5.3.1 Einschluss- und Ausschlusskriterien
   5.4 Stichprobenerhebung (Sampling)/Randomisierung (siehe Kapitel 13)
       5.4.1 Zufalls-, oder systematische Stichprobe (siehe Kapitel 21)
       5.4.2 Anzahl der Studienteilnehmer (mit Power Berechnung) (siehe Kapitel 19)
   5.5. Studienvorgänge/Datenerhebung
       5.5.1 Welche Daten werden erhoben
       5.5.2 Wie werden sie erhoben (siehe Kapitel 4 und 5)
       5.5.3 Wie werden sie übertragen (Kapitel 20)
6. Datenauswertung
7. Ethische Fragestellungen (siehe Kapitel 31)
8. Logistik
   8.1 Wer ist wofür zuständig
   8.2 Zeitplan
   8.3 Wofür braucht man wieviel Geld
6. Referenzen

mit den anderen Autoren (1) die Studie geplant UND (2) analysiert und interpretiert hat UND (3) geholfen hat die Arbeit zu schreiben UND (4) die letzte Version auch gelesen hat. Diese Vorgaben sind relativ streng und es wundert mich daher nicht, dass sie nicht eingehalten werden.

„Autoren" die nichts beigetragen haben – so genannte Geschenkautorenschaften – sind eben keine Autoren und sollten auch nicht angeführt werden. Jemand der nur gelegentlich Ratschläge erteilt, sollte nicht als Autor gelistet werden. Ich glaube, dass alle die in irgendeiner Art und Weise relevant zum Gelingen des Projekts beigetragen haben, sich als Autor qualifizieren, solange sie auch (1) bei der Interpretation beigetragen haben und (2) die letzte Version gelesen und akzeptiert haben. Immer mehr Journale geben nicht nur die Autoren an, sondern auch den Beitrag, den jeder Autor geleistet hat (z.B. Statistische Analyse, Daten sammeln usw.). Eine ausführlichere Diskussion finden Sie unter (http://bmj.bmjjournals.com/advice/article_submission.shtml#author).

In jedem Fall sollte schon in der Planungsphase festgehalten werden (1) wer als Mitarbeiter, und damit als Autor, in Frage kommt und (2) in welcher Reihenfolge die Autoren erscheinen werden (wer ist erster, zweiter und letz-

ter) und (3) wer ist der Korrespondenzautor. So können Sie sich böse Über-
raschungen und Streitereien ersparen. Wenn eine Arbeit bereits fertig
gestellt und geschrieben ist, sind Diskussionen über mögliche Autoren und
deren Reihenfolge äußerst mühsam und unerfreulich.

2.3 Die Methoden

Allgemein gilt, dass die Methoden so ausführlich und eindeutig beschrieben
sein sollten, dass ein Fachkundiger theoretisch die Studie wiederholen kann
(und auch auf die gleichen Ergebnisse kommen sollte).

2.4 Das Studiendesign

Zu Beginn der Methoden reichen ein bis zwei kurze Sätze um das jeweilige
Design allgemein zu beschreiben. Später im Text sollte dann eine ausführliche Beschreibung folgen (siehe auch die jeweiligen Kapitel zum Studiendesign).

2.5 Studienort- und Population

Die genaue Angabe über Studienort und Studienpopulation ist natürlich
wichtig, denn ohne diese Angaben ist es nicht möglich zu erfassen, wer die
Zielgruppe dieser Studie ist. Diese Angaben sind in weiterer Folge auch für
die Übertragung in die klinische Praxis notwendig. Die Ergebnisse von Studien, die in Universitätskliniken durchgeführt wurden, haben oft für die tägliche klinische Praxis nur geringe Bedeutung: Man weiß, dass Patienten aus
solchen Studien jünger sind, weniger Begleiterkrankungen haben, besser
betreut werden (nicht weil das Personal auf Universitätskliniken besser ist,
sondern weil insbesondere im Rahmen von Studien, mehr Ressourcen als
im „echten Leben" zur Verfügung stehen) usw.

Die teilnehmenden Probanden und insbesondere Patienten und die Ein-
bzw. Ausschlusskriterien müssen so ausführlich wie möglich beschrieben
werden.

2.6 Studienvorgänge/Datenerhebung

In den meisten Studien erheben wir so genannte Risikofaktoren und Endpunkte (siehe Kapitel 3). An dieser Stelle beschreiben Sie zu welchem Zeitpunkt was erhoben bzw. gemessen wird, wie das passieren soll, und warum
gerade diese Methode ausgewählt wurde. Weiters müssen Sie ausführlich
beschreiben, wie die Daten vom Messinstrument in die Datenbank kommen, da auch hier ein ausgeprägter Messfehler entstehen kann. Als Gut-

achter will ich versichert sein, dass die Studienleiter alle ihnen möglichen Schritte unternommen haben, um diesen Fehler zu minimieren.

3. Registrierung eines Studienprotokolls

Wenn das Studienprotokoll fertig ist, sollte die Studie auch nach diesem Fahrplan durchgeführt werden. Abweichungen, wie zum Beispiel vorzeitiger Abbruch, oder Einschluss von mehr Patienten, bzw. Ausweitung des *Samplings*, sind nur erlaubt, wenn triftige Gründe vorliegen. Ein fertiges Protokoll sollte man bei internationalen, öffentlich zugänglichen Datenbanken, so genannten *Trial Registries*, registrieren (Tonks 1999). Manche dieser *Registries* betreffen ausschließlich randomisierte kontrollierte Studien und veröffentlichen lediglich den Titel, eine Kurzbeschreibung und Kontaktdetails auf einer Internetplattform (Tabelle 2). Andere (z.B. *BioMedCentral.com*) veröffentlichen das ganze Protokoll, nachdem es einen strengen *Peer Review* Prozess durchlaufen hat.

Es gibt mehrere wichtige Gründe, warum prospektive Studien, insbesondere randomisierte kontrollierte Studien, registriert werden sollten:

*   Minimierung des so genannten Publikationsbias bei systematischen Literatursuchen, da Studien mit einem Negativergebnis nicht einfach „von der Bildfläche verschwinden" (siehe Kapitel 17 und 18).
*   Unnötige Wiederholungen können vermieden werden, aber auch die Wiederholung und Bestätigung von wichtigen Studienergebnissen kann so stimuliert werden
*   Wissenschafter werden auf Wissenslücken hinsichtlich der vorhandenen Evidenz aufmerksam gemacht
*   Verbesserung der Zusammenarbeit zwischen Studienzentren, insbesondere bei der Patientenrekrutierung für Studien, die große Fallzahlen benötigen
*   *Trial Registries* bieten Informationen für Geldgeber, um zu entscheiden, für welche Fragestellungen Gelder freigemacht werden sollen
*   Um Forschung über Forschung zu ermöglichen: Wer macht was und wie?
*   Ermöglicht Einsicht in Forschungsprojekte der pharmazeutischen Industrie und erhöht so die Zuverlässigkeit und Glaubwürdigkeit

Tabelle 2. On-line Trial Registries (nach Tonks 1999)

(US) National Institutes of Health, www.clinicaltrials.gov
BMC, www.biomedcentral.com
Britain's National Research Register, www.doh.gov.uk
Current Controlled Trials, www.controlled-trials.com
GlaxoWellcome Drug Trials Register, http://ctr.glaxowellcome.co.uk/

Kapitel 3
Über Risikofaktoren und Endpunkte

- Ein *Risikofaktor* ist eine Eigenschaft, die möglicherweise einen Krankheitszustand hervorrufen bzw. vor einer Erkrankung schützen kann
- Ein *Endpunkt* ist eine Eigenschaft, die (meistens) einen Krankheitszustand beschreibt
- Jede Studie muss einen primären Endpunkt haben
- Mortalität und erkrankungsspezifische Mortalität sowie Morbidität sind häufig verwendete Endpunkte
- Morbidität kann als Inzidenzrisiko, als Inzidenzrate oder als Prävalenz erfasst werden
- Der Zusammenhang zwischen Risikofaktor und Endpunkt ist der Effekt

Die meisten klinischen Studien beschreiben (1) die Häufigkeit und Verteilung von *Risikofaktoren*, (2) die Häufigkeit und Verteilung von *Endpunkten* und (3) den Zusammenhang zwischen *Risikofaktoren* und *Endpunkten*.

1. Was ist ein Risikofaktor?

Der Begriff *Risikofaktor* beschreibt eine Eigenschaft. Diese „Eigenschaft" kann das Alter, das Geschlecht, oder der Blutdruck sein, aber ebenso die Tatsache, dass man Raucher ist, eine Infektion mit dem Hepatitis C Virus hat, ein bestimmtes Verhaltensmuster aufweist (z.B. keinen Sport betreibt), einer definierten Einkommensklasse angehört, oder eine bestimmte Therapie einnimmt. Um ein Risikofaktor zu sein, muss dieser in der Lage sein, einen Krankheitszustand hervorzurufen, beziehungsweise davor zu schützen. Zutreffender ist die englische Bezeichnung *Exposure*, da „Risikofaktor" meist negativ besetzt ist. Ein Risikofaktor kann in der klinischen Epidemiologie auch einen positiven, also schützenden Effekt haben: Aspirin ist ein Risikofaktor, der vor einem Herzinfarkt schützen kann. In der klinischen Epidemiologie versuchen wir herauszufinden, ob die erfasste Eigenschaft wirklich ein Risikofaktor ist.

1.1 Wie werden Risikofaktoren am besten erfasst?

Die korrekte Messung von Risikofaktoren ist ein wichtiges Element einer gut geplanten Studie und daher in ihrer Bedeutung nicht zu unterschätzen. Manche Risikofaktoren sind durch Beobachtung (tatsächliches Verhalten und Eigenschaften) oder durch Interview bzw. Fragebogen (Wünsche, Bedürfnisse, empfundenes Verhalten und Eigenschaften) zu erheben, andere nur mit mehr oder weniger aufwändigen technischen oder laborchemischen Messmethoden (EKG, Lebersyntheseparameter, Virus PCR). Jeder Zugang hat Vor- und Nachteile und man muss überprüfen, ob die gestellten Fragen mit der gewählten Methode beantwortet werden können.

Ein Beispiel: Um Bluthochdruck als Risikofaktor zu erfassen kann man die/den Untersuchten einfach fragen, ob sie/er Bluthochdruck hat, was aber wahrscheinlich zu sehr ungenauen Messergebnissen führt: Ein Teil der Befragten hat Bluthochdruck, weiß es aber nicht, da der Blutdruck noch nie gemessen wurde. Ein Teil hat voraussichtlich Bluthochdruck, der dem subjektiven Empfinden nach gut eingestellt ist, und wird diese Frage daher verneinen. Ein Teil hat Bluthochdruck und gibt es richtig an und der letzte Teil hat tatsächlich keinen Bluthochdruck. Diesen Fehler nennt man Messfehler, da auch die Befragung ein Messinstrument ist. Um diesen Messfehler zu vermeiden, könnte man den Blutdruck auch physikalisch messen – eine scheinbar einfache Untersuchung. Aber auch hier gibt es technische Messfehler (siehe auch Kapitel 5). Weiters muss man entscheiden, wann die Messung „gilt". Bei einer einmaligen Blutdruckmessung werden ca. 10% aller Untersuchten einen erhöhten Wert haben, obwohl sie keine Hypertonie haben (so genannte *White Coat Hypertension*). Sollte man daher mehrfach messen und wenn ja, in welchem Abstand – 5 Minuten, Tage, oder Wochen? Oder sollte man gleich eine 24-Stunden-Messung durchführen?

Wichtig ist, dass man sich bei der Studienplanung im Rahmen einer systematischen Literatursuche über die Vor- und Nachteile der jeweiligen Messmethode informiert. Anhand der Literaturzitate kann man dann begründen, warum eine bestimmte Methode gewählt wurde und nicht eine andere. Insbesondere sollte man über den Messfehler der jeweiligen Methode informiert sein (siehe auch Kapitel 5).

2. Was ist ein Endpunkt?

Der *Endpunkt* (*Endpoint* oder *Outcome*) ist, wie der *Risikofaktor*, eine Eigenschaft, die in den meisten Fällen einen Krankheitszustand beschreibt. Wie den Risikofaktor kann man manche Endpunkte durch Beobachtung oder Interview bzw. Fragebogen erfassen, andere wiederum nur mit mehr oder weniger aufwändigen technischen- oder laborchemischen Messmethoden. Der am besten definierte Endpunkt ist der Tod. Krankheit ist selten so exakt von der „Gesundheit" abzugrenzen wie der Tod vom Leben. Die Definition der Krankheit ist daher oft willkürlich, obwohl sie sinnvoll oder klinisch brauchbar erscheinen mag. Andere, relativ gut definierte Endpunkte, obwohl subjektiv, sind zum Beispiel Schmerzen, gemessen an einer so genannten visuellen Analogskala (Carlsson 1983) oder die Lebensqualität, gemessen durch den *Short Form* (SF)-36 (Bullinger 1995). Interessanterweise ist die Lebensqualität im Bereich der medizinischen Therapie noch sehr schlecht erforscht und ich kann jedem klinischen Forscher empfehlen, neben anderen Endpunkten auf jeden Fall die Lebensqualität zu erfassen. Obendrein sind diese Fragebögen einfach anzuwenden und auszuwerten und in verschiedenen Sprachen validiert, was bei Messungen die von kulturellen Werten beeinflusst sind, besonders wichtig ist.

EIN BEISPIEL: Wie würden Sie die Diagnose „Asthma" bei Kindern definieren? In einer Kohortenstudie wurde der Zusammenhang zwischen Stillen und Asthma bei Kindern untersucht (Oddy 1999). Die Wissenschafter verwendeten dabei 5 unterschiedliche Definitionen für Asthma: (1) „Arzt hat gesagt es ist Asthma", (2) > 3 × Anfälle mit typischen Atemgeräuschen und Atemnot seit 1. Lebensjahr, (3) Anfall mit typischen Atemgeräuschen und Atemnot innerhalb des letzten Jahres, (4) gestörter Schlaf durch Atemnot und typisches Atemgeräusch (5) positiver Allergietest. Dieser beschriebene Zugang ist sehr pragmatisch und ich bin überzeugt, dass so mancher Lungenfacharzt diese Definitionen nicht akzeptiert. (NB: Wenn Kinder vor dem 4. Lebensmonat neben Muttermilch auch andere Milchpräparate erhielten war die Häufigkeit von Asthma erhöht, egal welche Definition angewandt wurde).

Wie beim Risikofaktor müssen Sie sich bei der Wahl des Endpunktes gut informieren wie sie diesen definieren, wie Sie ihn messen und warum Sie die gewählte Definition und Methode bevorzugen und keine andere. Es wird vielleicht noch besser verständlich, wenn man sich vor Augen führt, dass der Endpunkt einer Studie (zum Beispiel Blutdruck) der Risikofaktor einer anderen Studie sein könnte (zum Beispiel Schlaganfall).

Wenn Sie davon überzeugt sind, unter Berücksichtigung der vorhandenen Ressourcen anerkannte Risikofaktoren und Endpunkte zuverlässig erheben zu können, so können Sie auch kritische Gutachter und Leser vom Wert der Arbeit überzeugen. Wenn Sie während der Studienplanung bemerken, dass Sie den oben genannten Ansprüchen nicht gerecht werden können (zu wenig Geld, keine Ressourcen), sollten sie das Projekt nicht durchführen!

2.1 Primärer Endpunkt und sekundäre Endpunkte

Bei der Planung einer Studie muss unbedingt ein primärer Endpunkt definiert werden. Jeder, der schon einmal eine Studie geplant hat weiß, dass während der Planungsphase plötzlich viele Endpunkte wichtig, oder zumindest interessant erscheinen. Man sollte aber nur einen primären Endpunkt und eine kleine Anzahl von sekundären Endpunkten bestimmen. Ich empfehle, als Faustregel, zwei bis drei, aber maximal fünf sekundäre Endpunkte zu untersuchen.

Es gibt mehrere Gründe, bei der Auswahl der Endpunkte zurückhaltend zu sein. Je mehr statistische Tests durchgeführt werden, desto größer ist die Wahrscheinlichkeit, einen „statistisch signifikanten" Unterschied zu entdecken, obwohl er nicht vorhanden ist (siehe Kapitel 23). Außerdem ist anzunehmen, dass viele der Endpunkte nicht unabhängig sind, also einander zumindest teilweise erklären. Letztlich kann die Stichprobengröße nur für einen Endpunkt berechnet werden. Wenn man wirklich zwei, oder drei Endpunkte als gleich wichtig erachtet, kann man dieses Problem vermeiden, indem man den Endpunkt verwendet, der die größte Stichprobe benötigt (siehe Kapitel 19).

EIN BEISPIEL: *Wieder einmal Thrombolyse beim akuten Herzinfarkt.* In den 80er Jahren wurde eine Studie beim eminenten Journal *Lancet* zur Publikation eingereicht. Die Studie untersuchte bei ca. 17.000 Patienten den Effekt von Streptokinase (siehe Kapitel 1) und Aspirin im Vergleich zu Placebo (einem Scheinmedikament) bei Patienten mit akutem Herzinfarkt. Die Studie war perfekt geplant und durchgeführt und wahrscheinlich hat jeder im Rahmen des Gutachterprozesses schon gewusst, dass es sich um eine so genannte *Landmark Study* handelt – eine Studie die über Jahre die klinische Praxis beeinflussen wird. Jedenfalls war der Begutachtungsprozess, wie erwartet, positiv. Wie aber immer(!), wenn eine Arbeit in einem sehr guten Journal zur Publikation angenommen wird, waren noch zahlreiche kleine und große Korrekturen notwendig. Die Gutachter und die Editoren wünschten sich noch eine Reihe von Subgruppenanalysen: Ist der Effekt bei alten und jüngeren Menschen gleich? Profitieren Frauen genau so, wie Männer? Wie wirkt das Medikament, wenn Patienten einen sehr schweren Infarkt haben, und wie, wenn schon eine Vorschädigung besteht? Der Statistiker der Arbeit – Richard Peto – antwortete, dass er bereit ist, diese gewünschten Subgruppenanalysen zu machen, wenn er auch zusätzliche eigene Analysen in der Veröffentlichung prominent präsentieren darf. Nachdem Peto ein bekannt kluger Mann ist, haben sich die Editoren tolle Ergebnisse erwartet. Nun ist in der ersten Zeile einer Tabelle zu lesen, dass Aspirin anscheinend nicht wirkt, wenn der/die Betroffene im Sternzeichen der Waage oder Zwilling geboren ist (ISIS-2 Collaborative Group 1988). In der Diskussion der Arbeit weist Peto noch darauf hin, dass man

Zusammenhänge immer finden kann, wenn man nur intensiv genug danach sucht.

2.2 Kombinierte Endpunkte

Einen kombinierten Endpunkt (*Composite Endpoint*) zu verwenden ist eine elegante Möglichkeit, mehrere klinisch wichtige Endpunkte zu erfassen, insbesondere wenn zu erwarten ist, dass die Fallzahl nicht ausreicht, um für jeden einzelnen Endpunkt einen relevanten Unterschied zu entdecken. So wurde zum Beispiel im Rahmen der ASSENT-III-Studie (2001), verschiedene Behandlungsstrategien bei akutem Herzinfarkt verglichen, und ein kombinierter Endpunkt verwendet, der eine Reihe von klinisch wichtigen Endpunkten beinhaltete: Tod innerhalb von 30 Tagen, ODER Reinfarkt, ODER neuerliche Myokardischämie, ODER eine intrakranielle Blutung, ODER eine schwere Blutung an anderer Stelle während des Krankenhausaufenthaltes.

Bei ASSENT III wurden unterschiedliche Strategien zur Antikoagulation (Blutverdünnung) bei Herzinfarkt untersucht. Diese Zusammensetzung verhindert, dass ein Therapiearm, der vielleicht die Myokardischämierate senkt, aber die Komplikationsrate (z.B. Blutung) steigert, zu optimistisch interpretiert wird.

Natürlich ist nicht alles Gold was glitzert und Sie können sich vorstellen, dass so eine Kombination von Endpunkten schwer zu interpretieren sein kann, da man nicht einfach sagen kann, welcher der Endpunkte wie viel zum Effekt beigetragen hat. Manche der Endpunkte sind „hart", wie zum Beispiel der Tod, und kaum durch fehlende Verblindung zu stören (siehe Kapitel 8). Andere sind eher „weich" und fehleranfällig.

3. Die Messung von Risikofaktoren und Endpunkten

Die am häufigsten verwendeten Methoden zur Erfassung eines Risikofaktors, aber auch von Endpunkten sind (1) die Beobachtung, (2) das Interview, (3) der Fragebogen und (4) die biometrische Messung und werden in den nachfolgenden Kapiteln besprochen (Kapitel 4 und 5).

4. Besondere Endpunkte

Wie schon oben erwähnt können Endpunkte auch binär sein. Ein sehr häufig verwendeter, binärer Endpunkt ist, ob ein Studienteilnehmer innerhalb eines definierten Zeitraums verstorben (*Mortalität*), oder erkrankt ist (*Morbidität*).

4.1 Mortalität

Mortalität ist der Anteil einer Population, der in einem bestimmten Zeitraum (meist 1 Jahr) verstirbt, egal woran.

Ein Beispiel: Doll und Peto (1994) haben 35.000 britische Ärzte von 1951 bis 1991 beobachtet. 656 pro 100.000 pro Jahr der Raucher verstarben in diesem Zeitraum an Krebserkrankungen, aber von den Nichtrauchern nur 305 pro 100.000 pro Jahr. Auch der Tod an Herz-Kreislauferkrankungen in der Gruppe der Raucher war im Vergleich zur Gruppe der Nichtraucher deutlich erhöht (1643 pro 100.000 pro Jahr *v* 1037 pro 100.000 pro Jahr). Weiters starben Raucher häufiger an anderen chronischen Atemwegserkrankungen (313 pro 100.000 pro Jahr *v* 107 pro 100.000 pro Jahr). Anhand dieser Angaben können wir den Zusammenhang zwischen Rauchen und verschiedenen Todesursachen erkennen. Wir können so aber nicht erkennen, wie groß die *erkrankungsspezifische Mortalität* ist: Wie viele der Ärzte, die an einer Herz-Kreislauferkrankung leiden, versterben an dieser?

In vielen klinischen Studien wird vor allem die erkrankungsspezifische Mortalität, die so genannte *case-fatality rate*, beschrieben, aber das Wort *Mortalität* verwendet. Die erkrankungsspezifische Mortalität misst die Erkrankungsschwere. Aus dem Zusammenhang ist meist erkennbar, was gemeint ist.

Bei Todesursachendiagnosen kommt es häufig zu Fehlern durch Fehlklassifikation, daher sollte man immer die Gesamtmortalität heranziehen und nicht nur die Mortalität, von der man glaubt, dass sie mit dem Risikofaktor verbunden sein kann, also z.B. die Todesfälle durch koronarer Herzerkrankung, da anzunehmen ist, dass Patienten zwar daran verstorben sind, aber nicht erkannt wurden und umgekehrt.

4.2 Morbidität

Das Auftreten einer Erkrankung wird oft als ein binäres Ereignis beschrieben: Man ist krank, oder nicht, obwohl das oft nicht so eindeutig ist (siehe Punkt 2). Ist das Auftreten einer definierten Erkrankung der Endpunkt, wird die Inzidenz erfasst. Die Inzidenz kann entweder als Risiko, oder als Rate angegeben werden.

4.2.1 Inzidenz Risiko (kurz Risiko)

Das Risiko errechnet sich aus [(Anzahl der neu aufgetretenen Fälle in definierten Zeitraum)/(Anzahl aller, bei denen im Zeitraum die Erkrankung auftreten hätte können)].

Ein Beispiel: Zu Beginn einer Studie wurden 50 Probanden eingeschlossen und alle(!) über 3 Jahre beobachtet. Innerhalb des Beobachtungszeitraums trat eine Erkrankung (z.B. Hypertonie) bei 20 der Teilnehmer auf. Das Risiko, innerhalb von 3 Jahren Bluthochdruck zu bekommen, ist 40% (= 20/50), oder 13% pro Jahr. Um das Risiko zu errechnen, sollten aber alle Studienteilnehmer gleich lange unter Beobachtung stehen, da Leute mit langer Beobachtungszeit natürlich ein höheres Risiko haben zu erkranken.

4.2.2 Inzidenz Rate (kurz Rate)

Die Rate berücksichtigt, dass Beobachtungszeiten schwanken und errechnet sich aus [(Anzahl der neu aufgetretenen Fälle in definiertem Zeitraum)/(Summe der Beobachtungszeit aller bei denen im Zeitraum die Erkrankung auftreten hätte können)] (siehe auch Kapitel 6).

EIN BEISPIEL: Im oben genannten Beispiel beobachten wir 150 Probandenjahre (50 Probanden × 3 Jahre) und 20 Fälle. Daher beträgt die Rate 13 pro 100 pro Jahr. Da alle Probanden gleich lange beobachtet wurden entspricht die Rate dem Risiko.

Oft läuft eine Studie nur über einen definierten Zeitraum und die ersten Patienten werden lange beobachtet und die zuletzt eingeschlossenen Patienten kürzer. In unserem nun abgewandelten (und stark vereinfachten) Beispiel werden im ersten Jahr 20 Probanden eingeschlossen, die über 3 Jahre beobachtet werden, im zweiten Jahr nochmals 20, die über 2 Jahre beobachtet werden und im letzten Jahr 10, die über 1 Jahr beobachtet werden. Die gesamte Beobachtungszeit beträgt also 110 Jahre. Im Beobachtungszeitraum treten 14 Fälle von Hypertonie auf. Die Rate beträgt 13 pro 100 pro Jahr (= 14 Fälle/110 Personenjahre).

4.2.3 Prävalenz

Wenn das Vorhandensein einer definierten Erkrankung zu einem definierten Zeitpunkt der Endpunkt ist, so wird die Prävalenz erfasst.

EIN BEISPIEL: Wenn ich in ein Pensionistenheim gehe und dort bei allen die Sehstärke messe und erfasse, wie viele der Heimbewohner einen grauen Star haben – eine Trübung der Linse, deren Häufigkeit mit dem Alter stark zunimmt – so habe ich die Prävalenz des grauen Stars bei älteren und alten Menschen. Ich weiß aber nicht bei wem die Trübung schon länger besteht und bei wem erst seit kurzem. Ich kann diese Information verwenden um Gesundheitsressourcen zu planen. Für wissenschaftliche Arbeiten ist die Prävalenz oft schlecht brauchbar, da sie schwer zu interpretieren ist. Sie wird durch die Erkrankungshäufigkeit (Inzidenz) und die Krankheitsdauer bestimmt. Nur bei sehr kurz verlaufenden Krankheiten, wie zum Beispiel grippalen Infekten, die im Durchschnitt eine Woche dauern, kann man die Prävalenz als Maß für die Inzidenz heranziehen (z.B. Grippe).

4.2.4 Surrogatendpunkte

Ein Surrogat ist ein Ersatz. In der klinischen Forschung werden Surrogatendpunkte an Stelle von klinischen, harten Endpunkten verwendet. Der Surrogatendpunkt, oder auch Surrogatmarker steht in der Kausalkette zwischen dem Risikofaktor und dem Endpunkt.

Ein Beispiel: Unsere Knochen sind andauernd im Umbau: laufend wird Knochen ab-, um- und aufgebaut. Mit steigendem Alter wird zunehmend mehr Knochengewebe abgebaut, als neu aufgebaut. Die Knochensubstanz nimmt ab. In der Folge werden die Knochen brüchig (Osteoporose) und es kann schon bei geringen Gewalteinwirkungen zu Knochenbrüchen (Frakturen) kommen, die gesunde Knochen problemlos ausgehalten hätten. Die Frakturen sind oft nur Minibrüche, die man fast nicht nachweisen kann, aber extrem schmerzhaft sind. Die Beweglichkeit und auch die Lebensqualität kann beträchtlich darunter leiden, oft aber merken die Betroffenen lediglich, dass sie im Alter mehrere Zentimeter kleiner sind, als sie im jungen Erwachsenenalter waren. In speziellen Untersuchungen haben Menschen mit Osteoporose eine verminderte Knochendichte. Wir wollen nun eine Studie durchführen, um die Wirksamkeit eines Medikaments gegen die Osteoporose zu untersuchen. Unser wichtigstes Ziel ist die Häufigkeit von Frakturen in der Gruppe der Behandelten zu senken (klinischer Endpunkt). Unser Surrogatendpunkt ist die Knochendichte: wir können versuchen nachzuweisen, dass die Knochendichte durch die Behandlung höher ist, als bei den Unbehandelten. Der Vorteil von solchen Surrogatendpunkten ist, dass man viel weniger Patienten braucht, im Vergleich zu klinischen Endpunkten. Der Nachteil ist, dass Surrogatendpunkte oft nur teilweise die Wirksamkeit auf den klinischen Endpunkt wiedergeben.

Ein (extremes) Beispiel – die Cast Studie. Die häufigste Todesursache beim akuten Herzinfarkt sind Rhythmusstörungen, insbesondere das Kammerflimmern. Beim Kammerflimmern kommt der selbstständige Rhythmus, meistens durch eine „Fehlzündung" von geschädigten Muskelzellen, vollkommen durcheinander, die Muskeln zucken wild durcheinander und ein geregelter Bluttransport ist nicht mehr möglich. Nun hat man beobachtet, dass Patienten, die Kammerflimmern bekommen, vorher gehäuft so genannte Extraschläge haben. Weiters wusste man, dass durch bestimmte Antiarrhythmika (Klasse I), diese Extraschläge unterdrückt werden können. Daraus hat man geschlossen, dass diese Antiarrhythmika auch geeignet sein müssen, Kammerflimmern zu verhindern. Es war ja recht einleuchtend und diese Medikamente wurden in der klinischen Praxis bereits verwendet. Trotzdem wurde eine randomisierte kontrollierte Studie durchgeführt. Zum Glück gab es diese Studie, da man bald sehen konnte, dass die Patienten die das Medikament erhielten viel häufiger starben (8%), als die Patienten, die

Placebo erhielten (3%)! Dieser Unterschied war bedeutend größer, als es durch Zufall zu erklären gewesen wäre.

In Tabelle 1 sind weitere Beispiele für Surrogatendpunkte angeführt. Der wichtigste klinische Endpunkt ist das Überleben, und da ganz besonders das Gesamtüberleben. Das heißt, jeder Verstorbene zählt, ganz egal woran er verstorben ist. Nur so kann man sicher sein, das gesamte Bild zu erfassen da (1) Missklassifikationen vermieden werden und (2) ungeahnte Nebenwirkungen zu berücksichtigen, die vielleicht den Effekt „von einer anderen Seite" zunichte machen. Was bringt eine höchst wirksame Chemotherapie gegen Krebs, wenn die Patienten an der Aplasie – das vollkommene Fehlen von blutbildenden Zellen – versterben? Erst nach der Gesamtsterblichkeit kommt die krankheitsspezifische Sterblichkeit. Dann folgen Gesundheitszustände bzw. das Auftreten von Krankheiten.

Ein weiterer wichtiger klinischer Endpunkt ist die Lebensqualität, egal, ob es sich um eine lebensbedrohliche Krankheit handelt, oder „lediglich" um eine Krankheit, die zwar heftige Probleme macht, aber das Leben in der Regel nicht verkürzt. Dieser Endpunkt – die *Health Related Quality of Life* – ist zwangsläufig „weich", weil er subjektiv und soziokulturell beeinflusst sein muss. In der Patientenbetreuung wollen wir aber nicht nur Leben erhalten und verlängern, sondern wir wollen es auch lebenswert machen. Leider erfassen noch immer viel zu wenige Studien den Einfluss von Gesund-

Tabelle 1. Beispiele für Intervention, Surrogat- versus klinischen Endpunkt

Intervention	Surrogatendpunkt	Klinischer Endpunkt
Blutdrucksenker	Blutdruck	Gesamtsterblichkeit
		Kardiovaskuläre Sterblichkeit Herzinfarkt Schlaganfall

Antidiabetisches
Medikament
	HbA1c
	(ein Wert, der erfasst,
	ob der Blutzucker in den
	letzten 6 Wochen stark
	erhöht war)
		Gesamtsterblichkeit
		Kardiovaskuläre Sterblichkeit
		Diabetische Komplikationen:
		  Herzinfarkt
		  Gefäßverschluss
		  Nierenversagen
		  Amputationen

Medikament gegen Kreislaufversagen	Blutdruck Herzminutenvolumen	Gesamtsterblichkeit
Cholesterinsenker	Cholesterinspiegel	Gesamtsterblichkeit Kardiovaskuläre Sterblichkeit Herzinfarkt Schlaganfall
Chemotherapie	Tumorwachstum	Gesamtüberleben

heitsinterventionen auf die Lebensqualität, was wohl auch daran liegt, dass die Messung schwierig ist. Mehr zur Messung der Lebensqualität gibt es im nächsten Kapitel.

5. Der Zusammenhang zwischen Risikofaktoren und Endpunkten

Beschreibende Studien geben lediglich die Verteilung von Risikofaktoren und/oder Endpunkten an.

Wenn der Endpunkt binär ist, versuchen analytische Studien den Zusammenhang zwischen den jeweiligen Risikofaktoren und dem Endpunkt durch die Angabe des relativen und des absoluten Risikos zu errechnen (siehe Kapitel 6). Ist der Endpunkt nicht binär, sondern zum Beispiel kontinuierlich (z.B. Blutdruck), oder wird er vielleicht auf einer Skala gemessen (z.B. ein *Score*), verwendet man andere statistische Methoden um den Einfluss des Risikofaktors auf den Endpunkt zu messen (siehe Kapitel 23 und 24).

Der Zusammenhang zwischen Risikofaktor und Endpunkt ist der Effekt. Studien sind Vereinfachungen von klinischen Situationen – zum Beispiel der Behandlung von Patienten mit Bluthochdruck – und wir wollen ein Modell der Wirklichkeit erstellen, das der Wirklichkeit nahe kommt, aber doch nicht so komplex wie die Wirklichkeit ist. Wir Menschen sind leider kaum in der Lage komplexe, „multivariate" Situationen – Situationen, die durch eine Vielzahl von Einflussfaktoren bestimmt werden – zu interpretieren. Um dem „wahren" Effekt, einer Art universellen Wahrheit, so nahe als möglich zu kommen müssen, wir im Rahmen von Studien Störgrößen minimieren, oder besser noch, vollkommen ausschalten (siehe Kapitel 7).

Kapitel 4
Fragebogen und Interview

- Ein Fragebogen sollte gut überlegt und unter Beachtung von inhaltlichen und formalen Regeln erstellt werden.
- Vor der endgültigen Anwendung sollte der Fragebogen mehrfach getestet und optimiert werden
- Das persönliche Interview ermöglicht die Erhebung von qualitativen und quantitativen Daten.
- Die Vor- und Nachteile des Interviews sollten gegenüber alternativen Methoden gut abgewogen werden (Tabelle).
- Eine sinnvolle Alternative zum persönlichen Interview kann, neben dem Fragebogen, auch das telefonische Interview sein.

1. Wozu Fragebögen und Interviews?

Das Ziel eines Fragebogens oder des Interviews ist es Risikofaktoren und gegebenenfalls auch Endpunkte zu erheben. Ein Fragebogen sollte so gestaltet sein, dass *Confounding* und *Bias* minimiert werden können. *Bias* ist ein systematischer Fehler im Design oder der Durchführung der Studie. *Confounding* bedeutet, dass der Zusammenhang zwischen einem Risikofaktor und dem Endpunkt teilweise oder zur Gänze durch einen anderen Faktor, den *Confounder*, erklärt wird (siehe Kapitel 7). *Confounding* kann man minimieren indem der Fragebogen alle möglichen *Confounder* erfasst, für die im Weiteren entweder auf der Designebene oder während der Analyse kontrolliert werden kann. *Bias* kann minimiert werden, indem der Fragebogen so gestaltet ist, dass (im Idealfall) alle Fragebögen komplett ausgefüllt, also alle Fragen beantwortet werden. Wenn Fragebögen, oder bestimmte Fragen (z.B. nach dem Einkommen, oder Sexualpraktiken) von bestimmten Gruppen nicht beantwortet werden, führt das zu einem *Selection Bias* und das Ergebnis ist nicht gültig. Daher ist es notwendig, bei der Erstellung eines Fragebogens sehr sorgfältig vorzugehen, insbesondere wenn bekannt ist, dass ein bestimmtes Zielpublikum dazu neigt, Fragebögen nicht, oder nur teilweise auszufüllen. Das sind z.B. ältere Menschen, Jugendliche und Kinder, sozioökonomisch Benachteiligte und Randgruppen.

Der Fragebogen und das Interview sind, ebenso wie das EKG-Gerät, oder das Fieberthermometer, Messgeräte und sollten so gestaltet sein, dass der Messfehler so gering als möglich ist. Das Datenerhebungsinstrument sollte im Idealfall so gut funktionieren, (1) dass jeder alle Fragen versteht, und (2) dass immer alle Fragen beantwortet werden. Wenn Fragen nicht bzw. falsch verstanden werden, messen wir mit diesem Instrument nicht, was wir eigentlich messen wollten! Wenn Fragen nicht beantwortet werden, messen wir beim Einzelnen gar nicht und wenn viele Probanden bestimmte Fragen (oder den gesamten Fragebogen) nicht beantworten, ist *Selection Bias* möglich und die Ergebnisse sind eventuell nicht gültig, aber jedenfalls nicht generalisierbar. Als Faustregel gilt, dass zumindest 80% der Befragten auch teilnehmen sollten (siehe Kapitel 30).

2. Der Fragebogen

Fragebögen können entweder von einem *Interviewer* angewandt werden, oder vom Befragten selbstständig ausgefüllt werden. Der Vorteil des selbstständig ausgefüllten Fragebogens ist vor allem, dass dieses Vorgehen praktisch und kostengünstig ist (siehe auch später Tabelle 3). Es gibt jedoch auch eine Reihe von Nachteilen: (1) die Antwort-, oder Rücklaufrate ist gering, (2) es ist nicht sichergestellt, dass alle Fragen beantwortet werden (insbesondere Fragen über die Privatsphäre), (3) die Reihenfolge der Beantwortung ist nicht sichergestellt, was gelegentlich von Bedeutung ist, (4) komplexe Inhalte können nicht oder nur unzureichend erhoben werden.

Der Fragebogen erhebt was der/die Befragte weiß (*Wissen*), was er/sie für wahr hält (*Glaube*), was er/sie für richtig hält (*Einstellung*), was er/sie vorgibt zu sein (*Attribute*), was er/sie vorgibt zu tun (*Verhalten*). Im Idealfall werden die Fragen wahrheitsgemäß beantwortet, wir wissen aber nicht, ob das immer so ist. In manchen Fällen empfiehlt es sich daher, die Antwort zu validieren. Menschen neigen dazu „(sozial) unerwünschte" Handlungen nicht wahrheitsgemäß zu beantworten: Raucher neigen z.B. dazu, den Nikotingebrauch zu verschweigen. Um das zu validieren, kann man zum Beispiel Cotinin, ein Nikotinabbauprodukt, im Harn messen. Chronischer Alkoholmissbrauch wird auch gerne verschwiegen – diesen kann man durch die Messung von *Carbohydrate Deficient Transferrin* im Serum nachweisen. Diese Zusatzmaßnahmen dienen als Qualitätskontrolle. Wenn die erfragten Werte und die gemessenen Werte nicht übereinstimmen, ist der Fragebogen für diese Fragestellung leider nicht geeignet.

Die Erstellung eines Fragebogens erfordert nicht nur sprachliches Feingefühl und Einfühlungsvermögen, sondern auch die Beachtung einiger einfacher Regeln und Geduld bei der Erstellung, Testung, Anpassung und Validierung.

Tabelle 1. Inhaltliche Regeln für die Erstellung von Fragebögen

- Jede Frage sollte jeweils nur ein Konzept beinhalten. Das erreicht man am besten, indem man Fragen die „und" bzw. „oder" enthalten, vermeidet.
- „Bedrohliche" Fragen erfordern ein spezielles Vorgehen. Als bedrohlich werden zum Beispiel Fragen nach Alkoholkonsum, dem Einkommen, oder dem Sexualverhalten empfunden. Die Frage nach dem Einkommen sollte nicht als offene Frage gestellt werden, sondern in Form von Antwortmöglichkeiten in breiten Kategorien angeboten werden. Also nicht: „Wie hoch ist Ihr monatlicher Bruttogehalt?", sondern „Ist Ihr monatlicher Bruttogehalt (1) < 750 €, (2) 750 bis < 1500 € (3) 1500 bis < 2250 € usw." Fragen nach Verhaltensformen, die von der Gesellschaft nicht akzeptiert sind sollten mit erklärendem Begleittext „geladen" und so abgeschwächt werden. Wenn Sie bedrohliche Fragen verwenden müssen, empfehle ich, Beispiele in der Literatur zu suchen.
- Antwortmöglichkeiten sollten allumfassend sein, das heißt, es sollte fast immer eine Kategorie „anderes", oder „unbekannt" geben.
- Überlappende Kategorien sollten nicht zwingend exklusiv wirken (siehe unten).
- Nicht zu viel vom Befragten annehmen/voraussetzen bzw. verlangen, das verunsichert den Befragten.
- Die Frage muss gut verständlich sein.
- Unklare Fragen- bzw. Antwortkonzepte („viel", „wenig") sollten vermieden werden.
- Verwenden sie, wenn möglich, nur „geschlossene" Fragen, es ist also nur eine limitierte Anzahl von Antworten möglich und vorgegeben.
- Wenn sie offene Fragen verwenden, dann nur für einfache Konzepte mit sehr vielen Antwortmöglichkeiten, wie z.B. die Frage nach dem Lebensalter.

2.1 Inhaltliche Regeln (Tabelle 1)

Diese Regeln sind pragmatisch und es ist nachgewiesen, dass die Zahl der korrekt beantworteten Fragen sinkt, wenn diese Regeln nicht beachtet werden. Nicht, oder falsch beantwortete Fragen können, wie oben beschrieben, *Bias* verursachen.

2.2 Formale Regeln

Die formalen Regeln sind Empfehlungen, die nach dem bisherigen Erfahrungsstand die Rate der (richtigen) Antworten erhöhen und sind größtenteils empirisch getestet (Tabelle 2).

2.3 Testung, Anpassung, Validierung

Wenn man einen Fragebogen zusammengestellt hat, sollte man auch Geduld aufbringen und den Fragebogen testen. Was dem Ersteller eines Fragebogens einfach, logisch und eindeutig erscheint, wird von anderen garantiert nicht bei allen Fragen ebenso empfunden. So kann ich Ihnen zum Beispiel versichern, dass viele Menschen ohne medizinische Ausbildung unter „Unterleib" oft etwas anderes verstehen, als medizinisches Personal. Zuerst sollten Sie Ihren Fragebogen an Kollegen testen, dann an nicht-medizinisch ausgebildeten Angehörigen oder Freunden und dann an Testpersonen, die

Tabelle 2. Formale Regeln zur Erstellung von Fragebögen

- Zu Beginn des Textes soll eine kurze erklärende Einleitung stehen.
- Es soll ersichtlich sein, wer diese Studie durchführt
- Es soll darauf hingewiesen werden, dass Daten vertraulich und anonym behandelt werden
- Im Wesentlichen unterscheidet man zwischen drei Textformen: den Fragen, den Antworten und dem erklärenden bzw. überleitenden Text
- Die drei Textformen sollten sich im Schriftformat unterscheiden: zum Beispiel **alle Fragen Times New Roman (fett),** alle Antworten Arial und `erklärender/überleitender Text Courier (kursiv)`.
- Antwortmöglichkeiten sollten immer untereinander, also vertikal, aufgelistet werden. Oft wird aus Platzgründen ein horizontales Format verwendet. Es ist erwiesen, dass „kurze" unübersichtliche Fragebögen mit horizontalem Antwortformat häufiger unvollständig ausgefüllt werden, als „lange" Fragebögen mit vertikalem Antwortformat; das heißt besser 3 übersichtliche Seiten, als 1 Seite in einem unübersichtlichen Format.
- Die Fragen sollten fortlaufend durchnummeriert sein, ebenso die Seiten des Fragebogens.
- Die Antworten sollten auch numeriert sein. Das erleichtert die Eingabe, wenn die Antworten nicht von einem Computer eingelesen werden.
- Die Fragen sollen, wenn möglich, eine logische Reihenfolge haben.
- Obwohl wir es gewohnt sind mit den eher langweiligen demographischen Fragen (Alter, Geschlecht usw.) zu beginnen, ist es besser mit einem interessanten Thema zu starten.
- Am Ende des Textes sollte der Befragte die Möglichkeit bekommen, „sonstige Anmerkungen" als Freitext zu hinterlassen.
- Zuletzt sollte man sich für die Teilnahme bedanken und Kontaktdetails für etwaige Fragen angeben.

für die Zielgruppe repräsentativ sind. Zwischen jedem Test sollte Sie den Fragebogen anhand der Rückmeldungen, wenn nötig anpassen und verbessern.

Am besten verwenden Sie Fragebögen, die bereits getestet und eventuell sogar vielfach angewandt wurden. Manche dieser Fragebögen – zum Beispiel der *Short Form* 36 (SF 36), oder der WHOQOL, die beide Lebensqualität erfassen – entsprechen Messinstrumenten die für viele Sprachen und Kulturwelten validiert und an einer Normbevölkerung angepasst (kalibriert) sind (siehe auch unten). Wenn Sie eine Studie planen, für die ein Fragebogen das geeignete Datenerhebungsinstrument ist, sollten Sie im Rahmen einer systematischen Literatursuche zu erheben versuchen, ob es bereits ein geeignetes Instrument gibt. Gegebenenfalls können sie auch manche Fragebögen nach Ihren Bedürfnissen adaptieren und modifizieren.

Zuletzt ein paar Negativbeispiele, die alle von einem Fragebogen zur Erhebung der Lebensqualität von Kindern und Jugendlichen stammen.

Ich schwitze im Schlaf stark

nie   manchmal   häufig   fast in jeder Nacht

Die Frage ist ambivalent, da „stark" Schwitzen unterschiedlich interpretiert werden kann.

Schaust du fern?

nie   in der Früh   Nachmittags   Abends   vor dem Schlafengehen

Die möglichen Antworten sind nicht exklusiv und es ist unklar, ob Mehrfachnennungen möglich sind.

Wie gut ist deine Beziehung zu anderen Familienmitgliedern (Eltern, Geschwister)?

sehr gut   eher gut   teils teils   eher schlecht   sehr schlecht

Die Frage ist ambivalent („eher", „teils teils") und die Kategorien sind nicht exklusiv – was kreuzt man an, wenn man sich mit der Mutter gut versteht, aber nicht dem Vater?

3. Das Interview

Prinzipiell sollte man entscheiden, ob man das Interview für quantitative, oder für qualitative Fragestellungen verwenden will. Bei qualitativen Studien ist das Interview oft das Kernstück und besteht aus offenen Fragen, die nicht unbedingt einer bestimmten Reihenfolge unterliegen. Diese Form des Interviews ist sowohl in der Durchführung, als auch Analyse sehr komplex und ich empfehle daher, immer einen erfahrenen Soziologen rechtzeitig einzubinden.

Im Weiteren will ich hier auf das Interview, wie es für quantitative Studien häufig gebraucht wird, eingehen. Das Interview unterscheidet sich formal nur unwesentlich vom Fragebogen. Bei der Erstellung gelten die gleichen Leitlinien. Sowohl der erläuternde Text, die Fragen und die Antworten sollen so vorgelesen werden, wie sie am Papier stehen, um eine unbewusste Einflussnahme des Interviewers zu vermeiden.

Der Vorteil des persönlichen Interviews liegt darin, dass (1) sehr komplexe bzw. verschachtelte Fragen gestellt werden können, (2) dem Befragten so genannte Denkhilfen, die vorher definiert wurden (z.B. Bilder, Stichworte), gegeben werden können, (3) die Reihenfolge der Fragen vom Interviewer bestimmt wird, (4) der Befragte auch bei langweiligen Themen bei Laune gehalten wird und (5) nur wenige Fragen unbeantwortet bleiben.

Die Nachteile des persönlichen Interviews ist, dass es (1) relativ teuer ist, (2) der Interviewer den Befragten beeinflussen kann, (3) „bedrohliche" Fragen oft unrichtig beantwortet werden, (4) der Befragte dazu neigt „erwünschte" Antworten zu geben (*Social Desirability Bias*) und (5) gute Interviewer schwer zu finden sind (Tabelle 3).

4. Das telefonische Interview

Das telefonische Interview ist eine Kategorie zwischen dem Fragebogen und dem persönlichen Interview. Die Vorteile sind, dass (1) es billig ist, (2) die Reihenfolge der Fragen vom Interviewer bestimmt wird, (3) der Befragte auch bei langweiligen Themen bei Laune gehalten wird, (4) durch die

Tabelle 3. Vor- und Nachteile des Interviews und Fragebogens im Vergleich

Persönliches Interview

Vorteile
– Hohe Antwortrate
– Hohe Komplexität möglich
– Selektive Nichtbeantwortung einzelner Fragen gering
– Lange Interviewdauer möglich

Nachteile
– Teuer
– *Social Desirability Bias* groß
– Einfluss durch den Interviewer
– Mangel an kompetenten Interviewern

Telefon Interview

Vorteile
– Geringe Kosten
– *Social Desirability Bias* geringer
– Keine Beeinflussung durch Außenstehende
– Selektive Nichtbeantwortung einzelner Fragen gering

Nachteile
– Komplexität geringer als bei persönl. Interview
– „offene" Fragen können seltener gestellt werden
– keine Erinnerungshilfen

Self-administered questionnaire

Vorteile
– Sehr geringe Kosten
– Selektive nicht-Beantwortung „bedrohlicher" Fragen gering
– *Social Desirability Bias* gering (wenn anonym)
– Keine Beeinflussung durch Außenstehende

Nachteile
– Geringe Komplexizität
– Geringe Antwortrate
– „offene" Fragen sind problematisch

Distanz und Anonymität „bedrohliche" Fragen eher und aufrichtiger beantwortet werden und (5) insgesamt nur wenige Fragen unbeantwortet bleiben
(Tabelle 3).

5. Verbesserung der Response Rate

Die Antwort, bzw. Rücklaufrate (*Response Rate*) sollte, wie oben erwähnt,
(1) so hoch als möglich sein (in jedem Fall > 80%) (siehe auch Kapitel 30) und
(2) nicht durch einen Auswahlmechanismus beeinflusst werden. Um diese
Probleme zu vermeiden, muss man während der Designphase Mechanismen
einplanen, um die Response Rate so hoch als möglich zu halten. Die Möglichkeiten werden von Armstrong (1992) ausführlich diskutiert.

Wenn es sich um einen Fragebogen handelt, der mit der Post zugestellt
wird, ist eine der besten Methoden, die Studienteilnehmer rechtzeitig und
wiederholt (telefonisch, oder mittels Brief) zu erinnern (*Reminder*), dass sie
z.B. zu einer Untersuchung kommen sollen, oder den Fragebogen beantworten und zurückschicken sollen. Der Standard ist, mindestens drei aufeinander folgende *Reminder* zu verwenden. Weitere Möglichkeiten um die
Rücklaufrate von Fragebögen zu erhöhen sind in einer systematischen Übersichtsarbeit aufgelistet (Edwards 2002) und die wichtigsten Punkte in Tabelle 4 angeführt.

6. Die Messung der Lebensqualität

Klinische Studien untersuchen alle möglichen Endpunkte (siehe auch vori-
ges Kapitel) aber leider nur allzu selten geht es um Endpunkte die auch für
unsere Patienten bedeutsam sind.

Tabelle 4. Möglichkeiten die nachweislich die Rücklaufrate von Fragebögen erhöhen

- Anreize (finanziell oder nicht-finanziell)
- Persönliches bzw namentliches Anschreiben
- Farbige Tinte bzw Schriftfarbe
- Eingeschriebener Brief
- Expresszustellung
- Vorhergehende schriftliche oder telefonische Ankündigung
- Bei jedem Erinnerungsbrief den Fragebogen beilegen
- Interessante Themen
- Hohe Benutzerfreundlichkeit
- Universitärer Absender

EIN BEISPIEL: Etwa jeder dritte Patient der auf einer Intensivstation aufgenommen wird hat ein mehr oder weniger stark ausgeprägtes Kreislauf-
versagen (Kreislaufschock), oft durch Infektionen bedingt. Neben der Behandlung der Ursache werden auch Medikamente verabreicht, die den Blutdruck anheben können – so genannte Vasopressoren. Auf jedem intensivmedizinischen Kongress und in jedem intensivmedizinischen Journal finden sich Artikel über die richtige Wahl des Vasopressors. Im Rahmen einer
systematischen Literatursuche stellte sich dann heraus, dass keine der vorhandenen Studien vom Design in der Lage war Endpunkte zu erfassen, die
auch für Patienten bedeutsam sind: alle Studien untersuchen hämo-
dynamische Parameter – Blutdruck, Herzfrequenz, Herzauswurfleistung –
aber nur wenige Studien untersuchten auch, ob es einen Einfluss auf das
Überleben gab. Keine einzige Studie untersuchte, wie es den überlebenden
Patienten in den Wochen und Monaten nach der Erkrankung ging (Müllner
2004). Ich muss ganz ehrlich sagen, sollte ich jemals einen Kreislaufschock
erleiden, möchte ich nicht wissen, ob und wie stark mein Blutdruck durch
die Behandlung ansteigt, sondern ob die Behandlung die Aussicht aufs Überleben verbessert und wenn ich überlebe, wie es mir gehen wird: werde ich
noch selbstständig für mich sorgen können, wird mein Sozialleben noch
intakt sein?

Gerade bei sehr schweren, aber auch bei chronischen Erkrankungen
spielt die Lebensqualität eine besonders wichtige Rolle, wobei „Lebensqualität" aus mehreren Dimensionen besteht, zum Beispiel dem körperli-
chen Wohlbefinden und der Rollenfunktion (Schmerz, funktionelle Behin-
derung, Krankheitssymptomen), dem emotionalen Befinden (depressive
Verstimmung, Angst), dem Sexualleben (Befinden und Funktion), dem so-
zialen Befinden, usw.

Lebensqualität wird ausschließlich mit Fragebögen gemessen. Diese
Fragebögen werden entweder von den Patienten selbstständig ausgefüllt,
oder von einem Interviewer. In jedem Fall sind die Ansprüche, die an solche
Instrumente – als solches muss man einen Lebensqualitätsfragebogen wohl
bezeichnen – gestelltwerden, sehr hoch. Eines der größten Probleme bei der
Erfassung der Lebensqualität ist, dass diese ausschließlich subjektiv ist und
daher nicht mit harten Messergebnissen hinsichtlich Richtigkeit überprüft
werden kann.

7. Weiterführende Literatur

Für alle, die Interviews und Fragebögen verwenden möchten, ist Armstrong
(1992) oder zumindest McColl (1998) Pflichtlektüre. Einen informativen
Ausflug in die qualitative Forschung ermöglicht z.B. Murphy (1998). Wenn

Sie mehr zum Thema Lebensqualität wissen wollen empfehle ich das Buch *Quality of Life Assessment in Clinical Trials* (Staquet 1998).

Kapitel 5
Die biometrische Messung

- Bei der Wahl der Messmethode sollte man mit Fachleuten zusammenarbeiten
- Im Idealfall sollte die Goldstandardmethode angewandt werden
- Die Gültigkeit und Wiederholbarkeit (=Messfehler) der jeweiligen Methoden sollte bekannt sein
- Die Gültigkeit eines klinischen Tests wird durch Sensitivität und Spezifizität definiert
  - Sensitivität: Wenn der Untersuchte krank ist, wie wahrscheinlich ist, dass der Test positiv ist?
  - Spezifizität: Wenn der Untersuchte frei von der Krankheit ist, wie wahrscheinlich ist, dass der Test negativ ist?
- Die klinische Bedeutsamkeit eines Tests wird durch den positiven und negativen Vorhersagewert bestimmt
  - Positiver Vorhersagewert: Wenn ein Test positiv ist, wie wahrscheinlich ist, dass der Untersuchte krank ist?
  - Negativer Vorhersagewert: Wenn ein Test negativ ist, wie wahrscheinlich ist, dass der Untersuchte frei von der Krankheit ist?
- Die Wiederholbarkeit wird durch natürliche Schwankungen des Messwertes sowie durch unterschiedliche Interpretation durch den bzw. die Beobachter definiert
- Bei bekannt ungenauen Methoden sollten zwei Untersucher den Befund unabhängig voneinander erstellen und vergleichen

1. Allgemeines

Unter biometrischer Messung sind hier im weitesten Sinne alle „Messungen" gemeint, die im Rahmen der klinischen Medizin durchgeführt werden können: die Anamnese (Interview), die Inspektion (Beobachtung), physikalische Messungen (z.B. Größe, Gewicht), so genannte „Befunde" (qualitative und semiquantitative Erfassung), biochemische und molekularbiologische Messungen.

Man unterscheidet zwischen Messungen, die kontinuierliche Werte ergeben (siehe Kapitel 22), wie zum Beispiel Blutdruckmessung, Serumcholesterinmessung, Gewebsspiegelmessungen, und Messungen, deren Ergebnisse kategorische Werte ergeben (meistens „Befunde", wie zum Beispiel Myokardszintigraphie (reversible Areale ja/nein), Lungenröntgen (Infiltrat ja/nein; Stauung nein/Grad I/Grad II/Grad III). Oft messen wir kontinuierliche Werte, um diese dann in Kategorien einzuteilen, wie zum Beispiel die Öffnungsfläche einer Herzklappe in cm^2 im Rahmen der Echokardiographie, um diese dann in ordinale Kategorien einzuteilen (Aortenstenose: keine/geringgradig/mittelgradig/hochgradig).

Ergebnisse von biometrischen Messungen finden im Rahmen der klinischen Forschung als Risikofaktor und als Endpunkt Verwendung. Wenn man im Rahmen einer Studie eine Methode anwenden will, muss man sich 2 Fragen stellen: (1) Ist die Methode überhaupt gültig (d.h. ist bewiesen, dass diese Methode wirklich misst, was man messen will)? (2) Ist die Messung genau (Wiederholbarkeit)? Diese beiden Größen ergeben den so genannten Messfehler.

EIN BEISPIEL: Bluthochdruck ist ein häufiger Risikofaktor für das Auftreten von Herzinfarkt und Schlaganfall. In Industrieländern ist Bluthochdruck beinahe eine Volkskrankheit, von der etwa 30% aller über 60-Jährigen betroffen sind. Es wird vermutet, dass Bluthochdruck jedes Jahr den Tod von ca. 25 Menschen pro 100.000 verursacht (das entspricht in Österreich etwa 2000 Todesfällen pro Jahr und in Deutschland ca. 20.000 Todesfällen pro Jahr).

Vermutlich haben die meisten Leser eine Blutdruckmessung entweder selbst durchgeführt, oder dabei zugesehen. Vordergründig wirkt das Messverfahren sehr einfach, hat aber viele Tücken. Abgesehen von der starken Variabilität dieser biologischen Größe (abhängig von Tageszeit, Stress, Körperposition usw.) hat auch die gewählte Messtechnik auf den Messfehler einen beträchtlichen Einfluss. Der Blutdruck kann zum Beispiel direkt intra-arteriell gemessen werden, oder durch das Abhören von Strömungsgeräuschen unter Zuhilfenahme einer Druckmanschette am Oberarm (nach Riva Rocci), durch die Messung von Pulsamplitudenveränderungen (Oszillometrie), durch eine Manschette am Handgelenk, oder mit einem Plethysmographen am Finger.

Die intra-arteriale Messung ist zwar die genaueste Methode (Goldstandard), ist aber mit Schmerzen und Unannehmlichkeiten und auch mit einem gewissen Risiko (Bluterguss, Infektion, Gefäßverschluss) für den Patienten verbunden. Die Methode der Wahl in der klinischen Praxis ist die Blutdruckmessung mittels Druckmanschette am Oberarm nach Riva Rocci. Ist diese Methode aber wirklich brauchbar?

2. Ein spezielles Beispiel (Blutdruckmessung)

Wenn man nun den Goldstandard mit dem klinischen Standard vergleicht, scheint es, dass eine Messung des Blutdrucks, wie es täglich weltweit viele tausend, wahrscheinlich Millionen Male durchgeführt wird, den „wahren" systolischen Blutdruck um etwa 10 mmHg unterschätzt und den „wahren" diastolischen Blutdruck um etwa 10 mmHg überschätzt. Weiters wird der Messfehler bei sehr hohen, bzw. sehr niedrigen Werten größer.

2.1 Welche Methode verwende ich am besten?

Im Idealfall wird die Goldstandardmethode verwendet. Oft ist aber die Gold-standardmethode nicht praktikabel, da diese kompliziert, teuer, oder inva-siv ist und daher bei einer größeren Anzahl von Probanden bzw. Patienten nicht verwendet werden kann. Welche der möglichen Methoden nun die „beste" ist, kann man in vielen Situationen nicht eindeutig beantworten. Es ist unbedingt notwendig, dass man sich von einem Spezialisten auf dem jeweiligen Gebiet beraten lässt. Weiters sollte man versuchen, im Rahmen einer systematischen Literatursuche Informationen zu den jeweiligen Methoden zu sammeln (siehe Kapitel 17). Genauigkeit und Limitationen der jeweiligen Methode, sowie Anwendbarkeit und Kosten müssen in diese Überlegungen einfließen. Man sollte immer in der Lage sein die gewählte Methode entsprechend zu verteidigen. Es gibt kaum Schlimmeres, als eine Arbeit von einem Journal mit der ablehnenden Stellungnahme zurückzube-kommen „... interessante Fragestellung, aber warum haben Sie nicht mit einer [bestimmten anderen, besseren] Methode gemessen?" und man sich eingestehen muss, dass der Gutachter recht hat. Leider ist es dann schon zu spät.

Achten Sie darauf, dass die Gültigkeit einer Methode nachgewiesen, also validiert ist:

• Wenn die Methode neu ist (z.B. eine neue Art der Blutdruckmessung)
• Wenn es sich um einen Score handelt (oft verwendet, selten validiert; man sollte insbesondere nicht versuchen, einen „selbst gebastelten" Score einfach zu verwenden, es sein denn man hat ihn vorher validiert)
• Wenn das Messinstrument ein Fragebogen ist, der ursprünglich in einer anderen Sprache erstellt wurde (siehe Kapitel 4). Solche Instrumente müssen für das veränderte sprachliche und vor allem kulturelle Umfeld validiert werden

Häufig verwenden wir „Messungen" die eigentlich keine richtigen Mes-sungen sind, sondern Schätzungen oder qualitative Aussagen, zum Beispiel, wenn ein Radiologe ein Infiltrat im Lungenröntgen bewertet. Von dieser Art der Messung ist bekannt, dass sie ungenau ist, da auch subjektives Empfin-den einfließt. In diesem Fall sollten zwei Untersucher den Befund unab-hängig voneinander erstellen. Diese Befunde sollten dann verglichen wer-den, um Unklarheiten entweder im Konsens, oder durch ein unabhängiges Expertenkomitee zu beseitigen.

3. Wiederholbarkeit einer Messung

EIN BEISPIEL (NOCH IMMER BLUTDRUCK): Der Blutdruck schwankt in Abhängigkeit von physischer und psychischer Belastung sowie der Tageszeit stark. Dadurch ist die Wiederholbarkeit limitiert und z.B. ein Morgenwert mit einem Abendwert schwer zu vergleichen. Obendrein ist bekannt, dass das Messergebnis variiert, selbst wenn der gleiche Untersucher in kurzen Abständen mehrfach misst (intraindividuelle oder *intra-observer* Variabilität). Ebenso schwanken die Angaben, wenn mehrere Untersucher gleichzeitig denselben Wert messen (interindividuelle oder *inter-observer* Variabilität).

Diese Ursachen für Schwankungen sollte man unbedingt berücksichtigen und das Ausmaß quantifizieren. Ein Maß für die Schwankung ist z.B. der Variationskoeffizient. Der Variationskoeffizient gibt an, wie stark Messwerte einer Stichprobe vom Durchschnitt abweichen (in %) und errechnet sich indem man die Standardabweichung durch den Mittelwert (siehe Kapitel 22) dividiert. Bei der Blutdruckmessung liegt der Variationskoeffizient, aufgrund der natürlichen Schwankungen, sogar für die Goldstandardmethode bei etwa 4% und für die klinische Standardmethode etwa bei 8%. Das heißt, selbst wenn man alles richtig macht, ist mit einem beträchtlichen Messfehler zu rechnen.

4. Wie erfasse ich die Gültigkeit einer Methode?

Der Vorgang mit dem die Gültigkeit einer neuen Methode erfasst wird, nennt man Validierung. Dazu benötigt man immer einen so genannten Goldstandard mit dem die neue Methode verglichen wird. Der Goldstandard ist, wie der Name schon sagt, die derzeit beste Möglichkeit um den gefragten Parameter zu messen.

EIN PAAR (SCHWIERIGE) BEISPIELE: Eine Lungenembolie wird meist durch Blutgerinnsel ausgelöst, die in den Bein- oder Beckenvenen gebildet werden und in die Lunge gespült werden und dort die Blutzirkulation stören. Der Goldstandard für die Diagnose der Lungenembolie ist die Angiographie, bei der die Lungenarterien durch Röntgenkontrastmittel dargestellt werden. Mittlerweile kann man mit speziellen Computertomographietechniken beinahe ebenso gute Bilder machen; weniger ausgedehnte Pulmonalembolien kann man nicht so gut erkennen. Im Vergleich zur Computertomographie ist die Angiographie ein relativ invasiver Eingriff, da man einen Katheter in das rechte Herz einbringen muss. Obwohl die Lungenangiographie der „echte" Goldstandard ist, wird diese Methode zusehends von der Computertomographie, als neuer Standard abgelöst.

Wenn Herzmuskelzellen im Rahmen eines Herzinfarktes zerfallen, werden deren Bestandteile ausgeschwemmt und sind dann im Blut messbar; so zum Beispiel die Creatin Kinase (bzw. deren MB Fraktion), die seit den 80er Jahren, gemeinsam mit dem EKG und/oder den klinischen Beschwerden der Patienten der Goldstandard für die Herzinfarktdiagnostik ist. Creatin Kinase (CK) kommt aber auch in großen Mengen im Skelettmuskel vor, und wenn gleichzeitig ein Muskeltrauma vorliegt, kann man oft nicht sicher sagen, ob die CK-Auslenkung durch eine Schädigung von Herzmuskelzellen oder Skelettmuskelzellen bedingt ist. Troponin T und I sind Marker, die nur im Herzmuskel vorkommen und seit wenigen Jahren messbar sind. Sie können sich vorstellen, dass es verwirrend sein kann, wenn ein neuer Marker validiert wird, der in manchen Belangen „besser" ist, als der Goldstandard.

Mit diesen beiden Beispielen wollte ich zeigen, dass Goldstandards in biologischen Systemen trotzdem fehlerhaft sein können, aber das Beste an Methodik darstellen, worauf man zur gegebenen Zeit zugreifen kann.

Wenn man einen Parameter validieren möchte, muss man unterscheiden, ob es sich um (1) eine kontinuierliche Größe handelt, oder um (2) einen diagnostischen Test, der in der Regel ein binäres Ergebnis ist (krank v nicht-krank).

4.1 Die Validierung eines kontinuierlichen Parameters

Ich möchte den Vorgang gerne anhand eines Beispiels durchspielen. Sie haben eine neue elektronische Waage gekauft und wollen endlich das alte mechanische Ding im Badezimmer loswerden. Die neue Waage ist vom staatlichen Eichamt geeicht und für unsere Zwecke der Goldstandard. Als sie gerade die alte Waage entsorgen wollen, überlegen Sie sich, wie falsch die alte Waage eigentlich gemessen hat und wollen das durch eine „klinische" Studie erfassen.

Sie benötigen dazu mehrere Testpersonen, deren Gewicht mit beiden Waagen gemessen wird. Jede Testperson darf nur einmal mit jeder Waage gemessen werden (das ist eine der wichtigsten Regeln für die Validierung). Sie machen also eine Party um so an Probanden zu gelangen. Hier taucht möglicherweise das erste Problem auf: Ihre Freunde sind fast alle normalgewichtig, das heißt sie validieren die Waage nur für einen bestimmten Gewichtsbereich. Für die eigene Waage mag das wohl ausreichen, für richtige klinische Tests ist das nicht so. Wenn sie es wirklich wissen wollen, laden Sie auch Kinder aus allen Altersklassen, sowie ein paar Mitglieder der *Weight-Watchers* ein. So decken sie bestimmt einen weiten Gewichtsbereich ab.

Es kommen 19 Freunde und Verwandte zur Party: Es sind auch ein paar Kinder dabei sowie ein übergewichtiger Onkel und ein übergewichtiger Großvater und es wird ein breiter Gewichtsbereich abgedeckt (Tabelle 1).

Tabelle 1. Partyteilnehmer, die mit der neuen und der alten Waage gewogen werden. Das Gewicht ist in Gramm angegeben

Person	Alte Waage	Neue Waage
1	16000	13000
2	20000	18000
3	29000	27000
4	45000	44000
5	51000	50000
6	53000	52500
7	58000	57000
8	61000	60500
9	63000	63000
10	68000	67800
11	71000	69000
12	74000	73900
13	79000	79000
14	81000	80500
15	84000	83000
16	87000	86900
17	91000	90000
18	97000	95000
19	102000	99000

Nun berechnet man sich für jedes Messwertepaar (1) die Differenz zwischen dem Messwert mit alter Waage und neuer Waage und (2) den Durchschnittswert aus der alten und der neuen Messung. Den Durchschnittswert trägt man auf der x-Achse auf und die Differenz auf der y-Achse. Mit dieser graphischen Darstellung, dem Bland-Altman *Plot*, nach seinen Erfindern (Bland 1986), kann man sehr schön sehen, wie die Werte, in Abhängigkeit von der absoluten Größe, sich voneinander unterscheiden. In unserem Beispiel sieht man, dass die alte Waage die Messwerte der neuen Waage so gut wie immer überschätzt und zwar im Durchschnitt um 1100g (Abb. 1). Die Linie in der Mitte entspricht dem Durchschnittswert, die Linien oben und unten nennt man *Limits of Agreement* und liegen jeweils 2 Standarddeviationen ober- und unterhalb vom Durchschnitt. Wie im Kapitel 22 beschrieben, liegen etwa 95% aller Messwerte innerhalb dieser 2 Standardabweichungen.

4.2 Die Validierung eines klinischen Tests

Bei klinischen Tests handelt es sich in vielen Fällen zwar auch um biometrische Messungen, aber um Sonderformen, da meist das Vorhandensein bzw. das Nichtvorhandensein einer Erkrankung von Interesse ist. Hier geht es daher meistens um die Validierung eines binären Parameters (krank *v* nicht

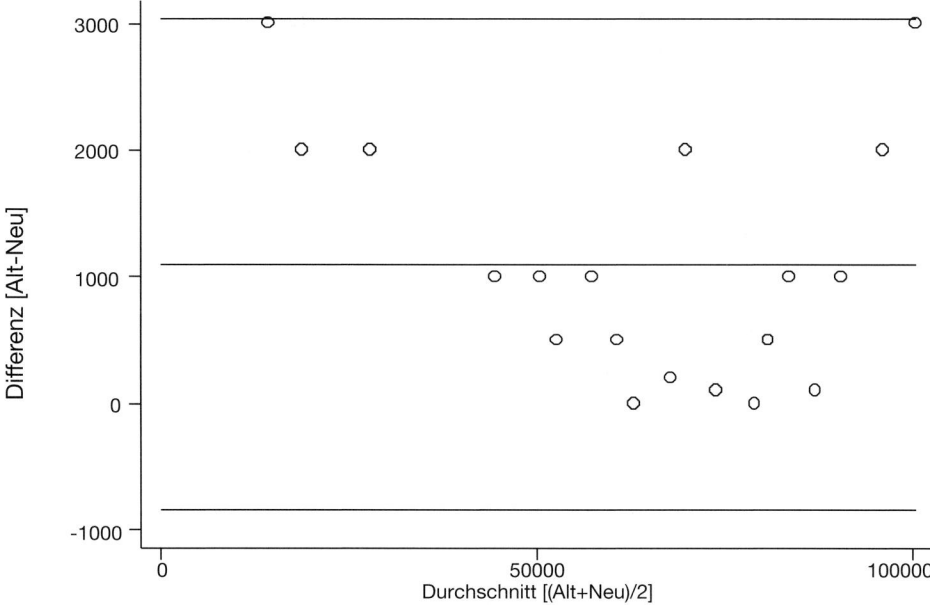

Abb. 1. Die Übereinstimmung zweier Messmethoden zeigt man am besten, wenn man die Differenz der Messwerte gegen den Durchschnitt der 2 jeweiligen Messwerte aufträgt (Bland-Altman Plot). „Alt" entspricht Messwerten mit alter Waage gemessen; „Neu" entspricht Messwerten mit neuer Waage gemessen. Die mittlere Linie entspricht der durchschnittlichen Abweichung, die beiden Linien ober- und unterhal sind jeweils 2 Standardabweichungen entfernt und entsprechen den *Limits of Agreement*

krank). Wie oben erwähnt muss man einen neuen Test am Goldstandard validieren. Durch den Goldstandard wissen wir, ob der Patient/ die Patientin die gesuchte Krankheit hat, oder nicht (Tabelle 2). Weiters haben wir bei unserem neuen Test positive und negative Ergebnisse.

Tabelle 2

	Krank	**Nicht Krank**
Test Positiv	*a*	*c*
Test Negativ	*b*	*d*
Test Negativ	*b*	*d*
Sensitivität	*a/(a+b)*	
Spezifizität	*d/(c+d)*	
Positiver Vorhersagewert	*a/(a+c)*	
Negativer Vorhersagewert	*d/(b+d)*	

Die Gültigkeit eines klinischen Tests wird durch die Sensitivität und die Spezifizität bestimmt. Sensitivität ist die Wahrscheinlichkeit, dass ein Test positiv ist, wenn der Untersuchte krank ist [a/(a+b)]. Spezifizität ist die Wahrscheinlichkeit, dass ein Test negativ ist, wenn der Untersuchte gesund ist [d/(c+d)]. Diese Angaben beziehen sich nur auf den Test und sind konstante Eigenschaften desselben. Das heißt, wenn ich den Test validiert habe und an einem anderen Kollektiv verwende (und ich keine Fehler bei der Anwendung mache) so bleiben Sensitivität und Spezifizität konstant.

EIN (ERFUNDENES) BEISPIEL: Rinderwahn (oder Bovine Spongiforme Enzephalopathie, (BSE)) kann, selten aber doch, auch beim Menschen auftreten. Beim Menschen heißt die Erkrankung dann *New-variant* Creutzfeld-Jakob Erkrankung. Die Übertragung erfolgt durch Prionen, die uns Menschen wahrscheinlich durch den Verzehr erkrankter Tiere erreichen. Als die erste Auflage dieses Buches entstand, war es unklar, ob die wenigen Erkrankungsfälle bei Menschen, die es bislang gab, nur Ausnahmen waren, oder ob uns eine Epidemie von ungeahntem Ausmaß bevorstand. Es war nämlich unklar, wie lange die Inkubationszeit dauert – die Zeit von der Infektion bis zum Ausbruch der Erkrankung. Manche Spezialisten haben befürchtet, dass vielleicht tausende Menschen bereits infiziert sind und die Erkrankung erst viele Jahre später ausbricht. Derzeit sieht es so aus, als wäre das nicht der Fall (ganz schön vorsichtig formuliert). In den letzten 15 Jahren gab es in Europa etwa 200.000 Fälle von Rinderwahn und der Höhepunkt der Epidemie war 1992 mit 35.000 Fällen; 2003 gab es < 1000 Fälle. Es sind etwa 150 menschliche Fälle von „BSE" bekannt, mit einem Höhepunkt von 28 Fällen 2000; 2003 wurden 18 Fälle bekannt. Anhand dieser Verlaufskurven ist es nicht sehr wahrscheinlich, dass noch viele Menschen neu erkranken werden. Um eine neuerliche Epidemie bei Tieren und dann vielleicht auch bei Menschen zu verhindern, ist die rechtzeitige Erkennung bei Tieren notwendig, um diese umgehend zu schlachten.

Um bei Tieren die Krankheit nachzuweisen, sind aufwändige Tests mit Gewebsproben notwendig. Sie glauben, einen einfachen Test gefunden zu haben, mit dem man im Speichel der Tiere diese Prionen nachweisen kann. Der erste Schritt der Validierung ist, eine Gruppe von nachweislich gesunden Tieren (z.B. 100) und eine Gruppe von nachweislich kranken Tieren zu untersuchen (z.B. 100) (Tabelle 3). Unser Goldstandard ist die aufwändige Gewebsprobe.

Tabelle 3. 50% Gesunde, 50% Kranke

	BSE	Kein BSE
Test Positiv	95	5
Test Negativ	5	95

Tabelle 4. Beispiel einer sehr, sehr häufigen Krankheit (Herde 1, Prävalenz 83%) und einer sehr häufigen Krankheit (Herde 2, Prävalenz 10%)

	Herde 1		Herde 2	
	BSE	**Kein BSE**	**BSE**	**Kein BSE**
Test Positiv	*95*	*1*	*95*	*50*
Test Negativ	*5*	*19*	*5*	*950*

Die Prävalenz der Erkrankung beträgt, nach Tabelle 3, 50% weil es keine richtige Stichprobe ist, sondern von uns so zusammengestellt wurde. Die Sensitivität des Tests ist 95% [= 95/(5 + 95)]. Das heißt, wenn ein Tier krank ist, so wird es zu 95% durch den positiven Test erkannt. Die Spezifizität beträgt auch 95% [= 95/(5 + 95)]. Das heißt, wenn ein Tier nicht an BSE erkrankt ist, so wird es zu 95% durch den negativen Test als BSE-frei erkannt. Auch hier sollte man 95% Vertrauensbereiche errechnen (siehe Kapitel 23), die für beide Testangaben von 91% bis 99% reichen. Wenn man es genauer wissen will, muss man mit größeren Stichproben arbeiten.

Die zuständige Aufsichtsbehörde, zum Beispiel das Landwirtschaftsministerium ist mit der Validierung vorerst zufrieden, will aber noch eigene Versuche mit Ihrem Speicheltest machen. Es werden zwei Herden untersucht, die eine mit einer extrem hohen Prävalenz an BSE (83%), die andere auch mit einer hohen Prävalenz (10%) (Tabelle 4).

Bei beiden Versuchen zeigt sich, dass Sensitivität und Spezifizität jeweils 95% sind (bitte unter Zuhilfenahme der Formeln und den Vorgaben in Tabelle 2 nachrechnen). Das heißt, Ihr Test ist zwar nicht so gut wie der Goldstandard, aber gültig. Obendrein ist die Wiederholbarkeit auch ausgezeichnet (was bei vielen Tests nicht so ist). Was passiert, wenn man nun diesen Test verwendet, um alle Viehbestände einer Region auf BSE zu untersuchen?

4.3 Die Anwendung eines klinischen Tests

Um die Anwendung zu untersuchen, muss man die Perspektive ein wenig ändern. In der Praxis interessiert uns nicht, wie groß die Wahrscheinlichkeit ist einen positiven Test zu bekommen, wenn der Patient krank ist (Sensitivität). Wir haben ein Testergebnis (z.B. „positiv") und es interessiert uns, wie groß die Wahrscheinlichkeit ist, dass der Untersuchte krank ist, wenn der Test positiv ist [Tabelle 2: a/(a + c)]. Diesen Wert nennt man den positiven Vorhersagewert.

Analog dazu ist es auch aus klinischer Sicht nicht bedeutend zu wissen mit welcher Wahrscheinlichkeit ein Test bei Gesunden negativ sein wird (Sensitivität). Es interessiert uns, wie groß die Wahrscheinlichkeit ist, dass

der Untersuchte gesund ist, wenn der Test negativ ist [Tabelle 2: d/(b + d)].
Diesen Wert nennt man den negativen Vorhersagewert.

Die Vorhersagewerte werden zwar durch Sensitivität und Spezifizität
bestimmt, aber auch durch die Prävalenz einer Erkrankung beeinflusst. Der
positive Vorhersagewert des Speicheltests in Herde 1 ist [95/(95+1)=] 99%
und in Herde 2 nur 67% [= 95/(95 + 50)]. Der negative Vorhersagewert
in Herde 1 beträgt 79% [= 19/(19 + 5)] und in Herde 2 beträgt er 99,5%
[= 950/(950 + 5)]. Das bedeutet, wenn BSE extrem häufig ist, so wird der Test
die meisten kranken Tiere richtig entdecken, aber wenn der Test negativ ist,
sind trotzdem ein beträchtlicher Teil der Tiere erkrankt. Wenn die Prävalenz gering ist, so hat ein beträchtlicher Anteil der im Test positiven Tiere
doch nicht BSE (33% in unserem Beispiel), aber wenn der Test negativ ist,
kann man relativ sicher sein, dass das Tier nicht an BSE erkrankt ist.

Seit kurzem sind nun auch in Österreich die ersten BSE Fälle bekannt.
Trotzdem ist zu vermuten, dass die Prävalenz hierzulande sehr gering ist. In
einer Region mit 0.002% Prävalenz (Tabelle 5) ist der positive Vorhersagewert 4% [= 19/(19 + 500)] und der negative Vorhersagewert ist 99,9%
[= 9500/(9500 + 1)]. Das heißt, wenn der Test positiv ist bedeutet das noch
lange nicht, dass das Tier BSE hat, daher sind weitere Tests notwendig.
Wenn aber der Test negativ ist, so ist das Tier mit an Sicherheit grenzender
Wahrscheinlichkeit nicht BSE-krank.

In der klinischen Praxis interessieren uns vor allem der positive und der
negative Vorhersagewert.

5. Was ist Screening?

Der oben beschriebene Speichel BSE-Test scheint sich für ein *Screening* Programm ganz gut zu eignen. *Screening* bedeutet, dass eine Population von
asymptomatischen Personen (in unserem Beispiel Tieren) auf eine Frühpha-
se bzw. Vorläufern einer Erkrankung untersucht wird. Das Ziel des *Screening* ist üblicherweise, eine Erkrankung frühzeitig zu erkennen, um diese
rechtzeitig behandeln zu können und dadurch die Prognose zu verbessern.
In unserem Tierbeispiel geht es darum, Erkrankungen zu erkennen, um die
Tiere schlachten zu können ehe eine Übertragung auf den Menschen statt-
finden kann.

Tabelle 5. Beispiel einer seltenen Krankheit (Prävalenz 0.002%)

	Krank	Nicht Krank
Test Positiv	19	500
Test Negativ	1	9500

Tabelle 6. WHO Kriterien für ein Screening Programm

• Die Erkrankung soll ein bedeutsames Gesundheitsproblem sein
• Der natürliche Verlauf der Erkrankung, von der latenten Phase bis zur manifesten Erkrankung, muss bekannt sein
• Es soll eine wirksame Behandlung vorhanden sein
• Es soll klare Richtlinien für die Indikation zur Behandlung geben
• Diagnosestellung und Behandlung muss technisch machbar sein (gilt vor allem für große Fallzahlen)
• Die Erkrankung muss eine diagnostizierbare Frühphase haben
• Es muss einen gültigen und anwendbaren klinischen Test für die Diagnose geben
• Der Test muss für die Bevölkerung annehmbar sein
• Die wirtschaftlichen Kosten müssen in einem annehmbaren Verhältnis zum Nutzen des Programms sein
• Screening ist ein kontinuierlicher Prozess, keine kurzfristige Aktivität

Um ein *Screening* Programm einzurichten, sollten die von der WHO definierten Vorgaben erfüllt sein (Tabelle 6) (Wilson 1968).

Ob ein *Screening* Programm die Prognose wirklich verbessert, ist oft schwierig zu beurteilen, da es mehrere Möglichkeiten für *Bias* gibt (siehe Kapitel 7). Teilnehmer eines *Screening* Programms unterscheiden sich hinsichtlich ihres Risikoprofils von den Nichtteilnehmern (*Selection Bias*). Die frühere Entdeckung einer Erkrankung führt möglicherweise zu einem „längeren" Verlauf (eher einer längeren Beobachtung des Verlaufs), unabhängig von der Therapie, was aber als längeres Überleben gedeutet werden könnte (*Lead Time Bias*). Innerhalb einer Erkrankung gibt es Krankheitsformen die unterschiedlich verlaufen. Durch Screening können Krankheitsformen entdeckt werden, die langsamer verlaufen (*Length Time Bias*), oder sogar harmlos sind (Diagnose *Bias*).

Das heißt, „mehr schauen" ist nicht immer besser. Ein gutes Beispiel ist Brustkrebsscreening. Es erscheint logisch, dass man die Prognose von Patientinnen mit Brustkrebs verbessern kann, wenn man die Erkrankung durch regelmäßige Untersuchungen frühzeitig entdeckt. Leider ist eine Verbesserung der Prognose bislang nicht eindeutig nachgewiesen (Gøtzsche 2000). Das bedeutet nicht, dass Brustkrebsscreening nicht hilft, sondern, dass wir nicht wissen, ob es hilft. Daher sollte man so ein Programm nicht einfach implementieren, sondern vorher im Rahmen einer randomisierten, kontrollierten Studie untersuchen.

Es gibt natürlich Studien zu diesem Thema. Das Problem mit den vorhandenen Studien ist, dass manche methodische Schwächen aufweisen und ein Überlebensvorteil durch das Screeningprogramm nicht eindeutig nachgewiesen ist. Was man aber nachweisen kann ist, dass Brustoperationen und Strahlentherapie häufiger vorkommen, wenn Frauen an einem Screeningprogramm teilnehmen. Um einen Überlebensvorteil eindeutig nachzuwei-

sen, müsste eine Studie mit insgesamt etwa 2 Millionen Frauen durchgeführt werden. Ob Brustkrebsscreening wirksam ist, oder nicht wird extrem
emotional diskutiert und ich bezweifle, dass es jemals diese Studie geben
wird.

6. Was mache ich, wenn meine Methode ungenau ist?

Wie oben erwähnt ist es oft leider unumgänglich, ungenaue Methoden zu
verwenden. Wenn bekannt ist, dass Messungen eine ausgeprägte *intra-
observer* Variabilität haben, sollten mehrere Messungen – z.B. drei – durchgeführt und gemittelt werden. Wenn die *inter-observer* Variabilität groß ist,
sollten zwei oder drei Untersucher unabhängig voneinander messen. Wenn
der Messwert kontinuierlich ist, kann er dann gemittelt werden. Komplizierter ist es, wenn der Messwert kategorisch ist. Dann sollten auch mindestens zwei Untersucher unabhängig voneinander messen, aber letztlich
eine Einigung durch Diskussion gefunden werden. Weiters sollte die Übereinstimmung zwischen den Untersuchenden erfasst werden. Das macht
man am besten mit einer so genannten Kappa Statistik (siehe z.B. Altman
1992). Bei einem Messwert, der zwei Ausprägungen annehmen kann – z.B.
krank oder gesund – und von zwei Beobachtern erfasst wird, erwarten wir
uns schon rein zufällig eine 50% Übereinstimmung. Der Kappa-Wert gibt
an wie viel Prozent Übereinstimmung jenseits des erwarteten Zufalls beobachtet wird.

7. Weiterführende Literatur

Wie man Sensitivität, Spezifizität usw. berechnet, finden Sie in jedem Statistikbuch (z.B. Kirkwood 1987, Altman 1992). Ich musste diese Formeln
etwa hundertmal wiederholen, um sie doch wieder zu vergessen. Letztlich
habe ich einen Zugang gefunden, die Formeln richtig abzuleiten, wahrscheinlich leite ich sie aber nicht wirklich ab, sondern kann sie mittlerweile einfach auswendig. Das Buch *Medical Decision Making* (Sox 1988) geht
der Sache jedenfalls so richtig auf den Grund.

Kapitel 6
Was heißt eigentlich Risiko?

- Bei Risikoangaben unbedingt beachten, ob das absolute-, oder das relative Risiko gemeint ist
- Wenn möglich, sollte das absolute Risiko angegeben werden
- Die *number-needed-to-treat* gibt an, wie viele Menschen man „behandeln" muss, um bei einem Menschen Erfolg zu sehen; sie ist ein Maß für das absolute Risiko
- Die *Risk Ratio, Odds Ratio* und *Rate Ratio* beschreiben das relative Risiko; Sie messen wie stark der Zusammenhang zwischen einem Risikofaktor und einem so genannten Endpunkt ist
- Welche der drei Methoden verwendet wird hängt von den Daten bzw. dem Studiendesign ab

1. Hintergrund

Risiko berührt neben Mathematik und Statistik, auch die Psychologie und die Geschichte. Manche Geschichtsschreiber behaupten, dass sich die moderne Welt von der Alten unterscheidet, seit dem das Risiko berechenbar wurde: Die Zukunft wird nicht mehr durch die Willkür der Götter bestimmt und der Mensch muss Naturgewalten nicht mehr passiv über sich ergehen lassen (Bernstein 1996). Im Jahre 1654 haben Pascal und Fermat gemeinsam die Quantifizierung des Risikos ermöglicht. Sie berechneten die Gewinnmöglichkeiten in einem Glücksspiel, wenn einer der beiden Spieler in Führung liegt. 1703 beschrieb Jacob Bernoulli das „Gesetz der großen Zahlen", und Risiko wird als die Wahrscheinlichkeit definiert, dass ein Ereignis langfristig (oder durch oftmalige Wiederholungen) eintritt (frequentistischer Zugang). Mitte des 18. Jahrhunderts zeigte Thomas Bayes, dass die Treffsicherheit (Präzision) einer „neuen" Wahrscheinlichkeit steigt, wenn die „alte" Wahrscheinlichkeit berücksichtigt wird. Dieser „bayesianische" Zugang zur Wahrscheinlichkeitsrechnung ist rechentechnisch aufwändig und wird im Vergleich zum „frequentistischen" Zugang selten im Bereich der medizinischen Forschung verwendet.

Wir alle sind seit unserer Kindheit wiederholt mit Risiken konfrontiert worden und glauben zu wissen, was das Risiko ist. Welche Rolle aber spielt das Risiko in der klinischen Praxis? Obwohl wir immer wieder nützliche

Statistiken zur Hand haben, kann der einzelne Betroffene letztlich mit Wahrscheinlichkeiten, vor allem wenn diese das eigene leibliche Wohl betreffen, nur sehr schlecht umgehen – das gilt für Patienten und für Ärzte.

Ein Beispiel: Stellen Sie sich vor, Sie behandeln regelmäßig Patienten mit einer relativ gefährlichen Krankheit (z.B. Patienten mit akutem Herzinfarkt) und haben mehrere Behandlungsmöglichkeiten: Drei neue Therapien (A, B, oder C) sowie die bislang gebräuchliche Standardtherapie. Im Vergleich zur gebräuchlichen Standardtherapie senkt A die Mortalität von 8% auf 6%. Im Vergleich zur gebräuchlichen Standardtherapie müssen Sie 50 Patienten mit B behandeln, um 1 Leben zu retten. Mit C senken Sie die Mortalität um 25%. Welche der Therapieformen würden Sie empfehlen: A, B, oder C? Versuchen Sie nicht nachzurechnen, sondern eine spontane Antwort zu geben.

2. Relatives Risiko und absolutes Risiko

Wenn in der medizinisch-wissenschaftlichen Literatur Gruppen verglichen werden und von Risiko oder Risikoreduktion die Rede ist, sollte man beachten, ob es sich um relative, oder absolute Risiken handelt. Wir kommen hier auch gleich zur Lösung der oben gestellten Frage.

Das Beispiel: In einer randomisierten, kontrollierten Multicenterstudien erhielten über 10.000 Patienten mit Herzinfarkt eine Behandlung mit Heparin (ein Medikament zur Blutverdünnung), oder Streptokinase oder rtPA (*recombinant tissue type plasminogen activator*) (Streptokinase und rtPA können Blutgerinnsel auflösen).

Im Streptokinasearm betrug die 30 Tage Sterblichkeit 8% und im rtPA Arm betrug die Sterblichkeit 6%. Das absolute Risiko innerhalb von 30 Tagen zu sterben wurde durch rtPA daher um 2%-Punkte gesenkt (Lösung A). Diese 2%-Punkte sind der absolute Anteil des Risikos, den eine Intervention verhindern kann. Unter der herkömmlichen Therapie (Streptokinase) ist das so genannte Basisrisiko 8%. Vorausgesetzt die Wirkung von rtPA ist kausal, wird also durch nichts anderes erklärt, als durch die bessere Wirkung des neuen Medikaments, spricht man in der Epidemiologie auch vom *Attributable Risk*.

Man kann die absolute Risikoreduktion auch anders betrachten. Die absolute Differenz zwischen den beiden Gruppen beträgt 2%-Punkte, also 2 pro 100, oder 1 pro 50: man muss 50 Patienten mit rtPA behandeln um, im Vergleich mit Streptokinase, einen Todesfall zu vermeiden.

Diese Art der Schlussrechnung habe ich in der Schule nie besonders geschätzt und man kann es sich auch einfacher machen, indem man einfach den Reziprokwert der absoluten Risikodifferenz nimmt und mit 100 multipliziert. In unserem Beispiel ist die Differenz 2 Prozent, also dividiert man 1 durch 2 und dann mal 100 (= $1/2 \times 100 = 50$). Das entspricht dann unserer Lösung B. Diese Zahl nennt man auch *number-needed-to-treat* (NNT). Analog dazu gibt es eine *number-needed-to-harm*, also die Anzahl der Patienten, die man behandeln „muss" um einem Patienten zu schaden. Glaubt man den Kommunikationsspezialisten sind NNTs für die meisten Menschen besser verständlich als Prozentangaben. Diese Aussage beruht jedoch auf Untersuchungen aus dem anglosächsischen/angloamerikanischen Raum und es ist ungewiss, ob das Risikoverständnis im deutschsprachigen soziokulturellen Umfeld ähnlich gelagert ist.

Das relative Risiko beträgt 75 % und errechnet sich einfach aus dem Verhältnis zwischen dem Risiko in der Interventionsgruppe und dem Basisrisiko (6%/8% = 75%). Das Basisrisiko beträgt also 100% und durch die Intervention ist das Risiko nur 75 % vom Basisrisiko. Wir können aber auch eine relative Risikoreduktion errechnen: Das Risiko in der Interventionsgruppe (6%) wird vom Basisrisiko (8%) abgezogen. Diese Differenz – das absolute Risiko – wird nun wieder zum Basisrisiko in Relation gebracht, indem wir die Risikodifferenz durch das Basisrisiko dividieren und wieder zum Basisrisiko in Relation bringen: [(8%–6%)/8%] = 25%. In unserem Beispiel heißt das, dass die Behandlung mit rtPA im Vergleich zur Behandlung mit Streptokinase 25% der Todesfälle verhindern kann (Lösung C). Das gilt aber nur, wenn der Zusammenhang tatsächlich kausal ist. Der prozentuelle (relative) Anteil von Ereignissen (Todesfällen in diesem Beispiel) der durch eine Intervention vermieden werden kann wird in der Epidemiologie als *Attributable Fraction* bezeichnet.

Übrigens, haben Sie, bevor Sie doch nachgerechnet haben, eine der drei Therapieformen bevorzugt?

2.1 Mehr zum relativen Risiko: Was sind Risk Ratio, Odds Ratio, und Rate Ratio?

Diese Größen werden in medizinisch-wissenschaftlichen Publikationen häufig verwendet. Alle drei messen das relative Risiko und sind ein Maß für die Stärke des Zusammenhangs zwischen dem Risikofaktor und dem Endpunkt.

EIN (ABSTRAKTES) BEISPIEL: Um die Größen näher zu erklären, möchte ich wieder ein Beispiel verwenden. Zuerst muss die klinische Situation vereinfacht werden, indem man Gruppen bildet. Es gibt eine Gruppe die einen bestimmten Risikofaktor hat. Das kann zum Beispiel eine Eigenschaft sein (Gewicht, Blutdruck, usw.), ein bestimmtes Verhalten (z.B. Sport), oder auch ein äußerer Einfluss (passives Rauchen, Medikamente). Andererseits gibt es aber auch eine Gruppe, die einen vorher definierten Endpunkt erreicht hat.

Der Endpunkt kann das Auftreten einer Erkrankung sein, der Blutdruck zu einem bestimmten Zeitpunkt, oder der Tod.

Uns interessiert nun (a) wie viele Menschen mit Risikofaktor den Endpunkt erreicht haben, (b) wie viele Menschen ohne Risikofaktor den Endpunkt erreicht haben, (c) wie viele Menschen mit Risikofaktor den Endpunkt nicht erreicht haben, und (d) wie viele Menschen ohne Risikofaktor den Endpunkt nicht erreicht haben. Man trägt diese Zahlen am besten in eine so genannte Kreuztabelle ein (Tabelle 1).

2.1.1 Risk Ratio

Die *Risk Ratio* (kurz auch RR) beschreibt den Anteil der Patienten, die einen Risikofaktor haben und den Endpunkt erreichen, im Vergleich zu denen, die keinen Risikofaktor haben und den Endpunkt erreichen:

$$\text{Risk Ratio} = [a/(a+c)]/[b/(b+d)]$$

$a/(a + c)$ ist das Risiko bei vorhandenem Risikofaktor den Endpunkt zu erreichen

$b/(b + d)$ ist das Risiko bei fehlendem Risikofaktor den Endpunkt zu erreichen

Ein Beispiel: Wenn der Verdacht besteht, dass die Herzkranzgefäße verengt sind, kann ein Herzkatheter durchgeführt werden, um die Sachlage abzuklären. Dazu wird ein relativ dünner Katheter über eine Leistenarterie, rückwärts über die Hauptschlagader (Aorta) zum Herzen geführt. Dort kann man dann die abgehenden Herzkranzgefäße mit speziellen Röntgenkontrastmitteln darstellen und etwaige Verengungen sichtbar machen. In vielen Fällen können solche Verengungen wieder aufgedehnt werden. Wenn ein Eingriff notwendig ist, benötigt man etwas dickere Katheter. Wenn die Untersuchung, oder der Eingriff fertig ist, wird der Katheter entfernt. Das Loch in der Arterie blutet natürlich und es muss nach entfernen des Katheters für etwa 20 Minuten fest die Leiste abgedrückt werden, damit es an der Eintrittstelle nicht weiterblutet. Danach muss der Patient, je nach Krankenhaus zwischen 8 und 24 Stunden am Rücken liegen. Relativ häufig treten Komplikationen an der Eintrittstelle auf. Im extrem seltenen Fall kann man verbluten (habe ich aber noch nie gehört), es können aber auch andere unangenehme Komplikationen in der Leiste auftreten, wie zum Beispiel ein

Tabelle 1. Kreuztabelle

	Endpunkt	Kein Endpunkt
Risiko Faktor	a	c
Kein Risiko Faktor	b	d

schmerzhafter Bluterguss. Manchmal muss die Stelle wegen solcher Komplikationen gefäßchirurgisch repariert werden (ungefähr 1 von 100 bis 1 von 300 Patienten).

Bislang wurde „händisch" abgedrückt, bei uns in Wien meistens durch Jungärzte, da diese relativ billige Arbeitskräfte sind. In einer Studie (erfunden!) wurde das händische Abdrücken mit einer mechanischen Abdrückvorrichtung verglichen. Solche Abdrückvorrichtungen gibt es wirklich und bestehen aus einer Art Stempel, der mit einem relativ genau vorgegebenen Gewicht auf die Leiste drückt. Der „Risikofaktor" ist hier die mechanische Abdrückvorrichtung (ja versus nein) und der Endpunkt ist das Auftreten eines Blutergusses (ja versus nein). Es wurden 76 Patienten in jeder Gruppe untersucht: in der händischen Gruppe hatten 6 einen Bluterguss, 70 hatten keinen, und in der mechanischen Gruppe hatten 9 einen Bluterguss bzw. 67 hatten keinen (Tabelle 2).

Nach Tabelle 2 ist das Risiko, bei Patienten die mit einer mechanischen Abdrückvorrichtung behandelt wurden (Risikofaktor vorhanden), den Endpunkt zu erreichen $a/(a + c) = 9/(9 + 67) = 12\%$ und das Risiko bei fehlendem Risikofaktor – händische Kompression – den Endpunkt zu erreichen ist $b/(b + d) = 6/(6 + 70) = 8\%$. Die *Risk Ratio* ist $[a/(a + c)]/[b/(b + d)] = [9/(9 + 67)]/[6/(6 + 70)] = 12\%/8\% = 1,5$.

Eine *Risk Ratio* von 1 bedeutet, das Risiko den Endpunkt zu erreichen ist in beiden Gruppen gleich groß. Eine *Risk Ratio* >1 bedeutet, das Risiko den Endpunkt zu erreichen ist in der Gruppe mit Risikofaktor größer. Eine *Risk Ratio* <1 bedeutet, das Risiko den Endpunkt zu erreichen ist in der Gruppe mit dem Risikofaktor geringer (der Risikofaktor ist somit eigentlich ein Schutzfaktor).

In unserem Beispiel bedeutet die Risk Ratio von 1,5, dass das Risiko einen Bluterguss zu bekommen 1,5mal größer ist, wenn so eine Vorrichtung verwendet wird, als wenn händisch abgedrückt wird.

Man kann die *Risk Ratio* auch verwenden um den Anteil der Krankheitsfälle zu errechnen, die durch den Risikofaktor hervorgerufen werden $[(1\text{-}RR)/RR]$ (*Attributable Fraction*).

2.1.2 Odds Ratio

Die *Odds Ratio* (kurz auch OR) beschreibt das Verhältnis von Wahrscheinlichkeiten und ist für mein persönliches Verständnis sehr abstrakt. Im Falle

Tabelle 2. Kreuztabelle für das Herzkatheterbeispiel

	Endpunkt	Kein Endpunkt
Risiko Faktor	9	67
Kein Risiko Faktor	6	70

einer prospektiven Studie beschreibt die *Odds Ratio* das Verhältnis der Chance der Patienten mit Risikofaktor den Endpunkt zu erreichen, im Vergleich zur Chance der Patienten ohne Risikofaktor. [(a/c)/(b/d)]

a/c ist die Chance bei vorhandenem Risikofaktor den Endpunkt zu erreichen

b/d ist die Chance bei fehlendem Risikofaktor den Endpunkt zu erreichen

In einer retrospektiven Studie beschreibt die *Odds Ratio* das Verhältnis der Chance der Patienten die den Endpunkt erreicht haben, den Risikofaktor zu haben, im Vergleich zur Chance der Patienten die den Endpunkt nicht erreicht haben, den Risikofaktor zu haben:

$$\text{Odds Ratio} = [(a/b)/(c/d)].$$

a/b ist die Chance bei erreichtem Endpunkt auch den Risikofaktor zu besitzen

c/d ist die Chance bei nicht erreichtem Endpunkt auch den Risikofaktor zu besitzen

Leider erscheint das etwas kompliziert, aber mathematisch gesehen macht es keinen Unterschied, ob es sich um eine prospektive oder retrospektive Studie handelt.

2.1.3 Rate Ratio

Wie im vorhergehenden Kapitel erwähnt gibt es Situationen, wo weder das Risiko als prozentueller Anteil, noch die Chance (*Odds*) eine gerechte Beschreibung der Situation erlauben. Das trifft vor allem zu, wenn die Beobachtungszeit für die Studienteilnehmer variiert. In diesem Fall sollte die Ereignisrate erfasst werden (Anzahl der Ereignisse in Relation zur Beobachtungszeit). Analog zur *Risk Ratio* und zur *Odds Ratio* gibt es auch die *Rate Ratio*. Sie beschreibt das Verhältnis der Rate der Patienten mit Risikofaktor den Endpunkt zu erreichen, im Vergleich zur Rate der Patienten ohne Risikofaktor:

$$\text{Rate Ratio} = [(a/PZ_a)/(b/PZ_b)]$$

a ist die Anzahl der Fälle in der Gruppe mit Risikofaktor

PZ_a ist die gesamte „Personen Zeit" während der die Gruppe mit Risikofaktor beobachtet wurde

b ist die Anzahl der Fälle in der Gruppe ohne Risikofaktor

PZ_b ist die gesamte „Personenzeit" während der die Gruppe ohne Risikofaktor beobachtet wurde

EIN ERFUNDENES BEISPIEL: Es werden 200 Patienten (100 pro Gruppe) über mehrere Jahre beobachtet. Die Studie dauert insgesamt 5 Jahre, es werden

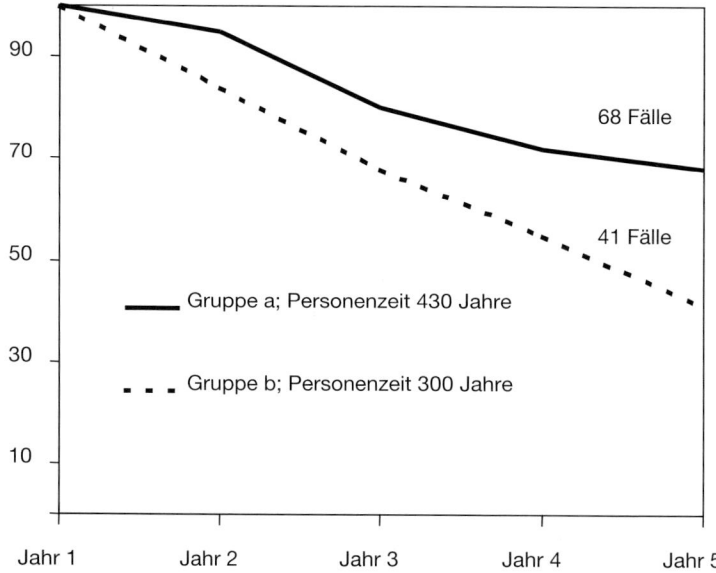

Abb. 1. Kohortenstudie über 5 Jahre mit unterschiedlichen Beobachtungszeiten pro Patient

aber nicht alle Patienten gleichzeitig eingeschlossen, sondern im Verlauf des ersten Jahres. Manche Patienten werden bis zum Ende beobachtet, andere „gehen verloren," weil sie z.B. nicht mehr zu Folgeuntersuchungen erscheinen, oder an anderen Erkrankungen versterben. Am Ende der Studienperiode ist der Endpunkt bei 68 Patienten der Gruppe a, und bei 41 Patienten der Gruppe b aufgetreten. Da der Endpunkt nicht nur häufig ist, sondern Patienten aus anderen Gründen unterschiedlich lange beobachtet werden, ist es nicht gerecht, 68 von 100 mit 41 von 100 zu vergleichen.

Wenn man die gesamte Zeit, die jeder Patient in Gruppe a beobachtet wird, zusammenrechnet, kommt man auf 430 Jahre (= Personenzeit; PZa). In der Gruppe b kommt man auf 300 Jahre (PZb). Die Erkrankungsrate in Gruppe a ist 68 pro 430 Jahre, oder 15,8 pro 100 Personenjahre. Die Erkrankungsrate in Gruppe b ist 41 pro 300 Jahre, oder 13,7 pro 100 Personenjahre. Aus klinischer Perspektive sind das recht brauchbare Angaben. Die Relation der beiden Raten ist die *Rate Ratio* (15,8/13,7 = 1.16) und bedeutet, dass

Tabelle 3. Beispiel einer häufigen Krankheit

	Krank	Nicht Krank
Risiko Faktor	95	50
Kein Risiko Faktor	100	900

Patienten in der Gruppe a ein 1,15fach erhöhtes Risiko haben, ein „Fall" zu werden, also den Endpunkt zu erreichen. Die *Risk Ratio* für dieses Beispiel beträgt 1,66 (= (68/100)/(41/100) und führt zu einer Überschätzung des Effekts.

Die Interpretation der *Rate Ratio* ist analog zur *Risk Ratio* und *Odds Ratio*.

2.2 Der Zusammenhang zwischen Odds Ratio, Risk Ratio, und Rate Ratio

Dieser Abschnitt ist nur für besonders Interessierte gedacht und kann ohne weiteres ausgelassen werden.

Bei seltenen Erkrankungen (<1% der Studienpopulation) entspricht die *Odds Ratio* dem *Relative Risk*.

In diesem Beispiel (Tabelle 3) sind 195 von 1145 Probanden „krank", das heißt, die Inzidenz beträgt 17%. Wenn der Risikofaktor vorhanden ist, so sind 95 von 145 (=95+50) „krank", dass heißt, das Risiko ist 66%. Wenn der Risikofaktor nicht vorhanden ist, sind 100 von 1000 (=900+100) „krank", dass heißt, das Risiko ist 10%. Die *Risk Ratio* ist 6,6 (=66%/10%), das heißt, das Risiko zu erkranken ist in der Gruppe mit dem Risikofaktor 6,6fach so hoch, wie in der Gruppe ohne Risikofaktor.

Die *Odds Ratio* beträgt 17,1 (=(95/100)/(50/900)) und somit ist das Risiko zu erkranken in der Gruppe mit dem Risikofaktor „auch" 17,1fach so hoch wie in der Gruppe ohne Risikofaktor. Wie kann das Erkrankungsrisiko gleichzeitig 6,6fach und 17,1fach sein – sehr verwirrend, oder? Die *Odds Ratio* ist hier einfach nicht die richtige Methode!

In diesem Beispiel (Tabelle 4) sind 29 von 10.029 Probanden krank, das heißt die Inzidenz beträgt 0.3%. Wenn der Risikofaktor vorhanden ist, sind 19 von 519 (= 19+500) „krank", das heißt, das Risiko ist 3,7%. Wenn der Risikofaktor nicht vorhanden ist, sind 100 von 9600 (= 9500+100) „krank", das heißt, das Risiko ist 1%. Die *Risk Ratio* ist 3.6 (= 3,6%/1%), das heißt, das Risiko zu erkranken ist in der Gruppe mit dem Risikofaktor 3,6fach so hoch wie in der Gruppe ohne Risikofaktor.

Die *Odds Ratio* in diesem Beispiel beträgt 3,61 (= (19/100)/(500/9500)) und ist mit der *Risk Ratio* gut vergleichbar.

Tabelle 4. Beispiel einer seltenen Krankheit

	Krank	Nicht Krank
Risiko Faktor	19	500
Kein Risiko Faktor	10	9500

Die Odds und das Risiko sind miteinander eng verwandt. Man kann aus der *Odds* (Chance) das *Risk* (Risiko) berechnen

[Risiko = Chance/(1 + Chance)]

und umgekehrt

[Chance = Risiko/(1 – Risiko)].

Nur zur Erinnerung: Chance = a/b oder c/d und Risiko = a/(a+b) oder c/(c+d). Wenn das Ereignis jedoch häufig ist, können beträchtliche Unterschiede zwischen *Odds Ratio* und *Risk Ratio* entstehen, wobei die *Odds Ratio* die Effektgröße generell überschätzt.

Wenn, wie in dem Beispiel zur *Rate Ratio*, die Studienpopulation „instabil" ist, also große Fluktuationen zu erwarten sind, sollte die *Rate Ratio* verwendet werden. In diesem Fall wird die Effektgröße durch *Odds Ratio* und *Risk Ratio* überschätzt. In dem genannten Beispiel beträgt die *Odds Ratio* 3,10 (= (68/32)/(41/59)), die *Risk Ratio* 1,66 (= (68/100)/(41/100)) und die *Rate Ratio* 1.16 (= (68/430)/(41/300)).

Tabelle 5. Verschiedene Darstellungsmöglichkeiten des absoluten und relativen Risikos

	Formel	**Mechanische Verschlussvorrichtung *v* manuelle Kompression**
Basisrisiko (= Risiko in Gruppe ohne Risikofaktor)	b/(b+d)	6/(6+70)=0,079=7,9%
Risiko in Gruppe mit Risikofaktor	a/(a+c)	9/(9+67)=0,118=11,8%
Absolutes Risiko		
Risikodifferenz (*Attributable Risk*)	b/(b+d)–a/(a+c)	11,8%–7,9%=3,9%
Number-needed-to-treat	(1/(a/(a+c)–b/(b+d)))*100*	(1/3,9%)*100=25,6
Relatives Risiko		
Risk Ratio	(a/(a+c))/(b/(b+d))	11,8%/7,9%=1,49
Odds Ratio	(a/c)/(b/d)	(9/67)/(6/70)=1,57
Attributable Fraction	(b/(b+d)–a/(a+c))/(b/(b+d))	3,9%/7,9%=0,494=49,4%

* Man muss nur mit 100 multiplizieren, wenn man mit Prozenten rechnet; wenn Sie mit Fraktionen rechnen ist das nicht notwendig

3. Lesen Sie nur diesen Absatz …

… wenn Ihnen der vorangegangene Teil dieses Kapitels zu mühsam ist. Ich kann es Ihnen gar nicht verübeln. In der Tabelle 5 finden Sie nochmals alle Risikovarianten anhand der bewährten Kreuztabelle und dem Angiographiebeispiel (Tabelle 2) zusammengefasst. Nur die *Rate Ratio* lasse ich aus, weil hier die Beobachtungsdauer für alle Patienten gleich ist, und für so eine Studie ohnedies nicht relevant wäre.

Zusammengefasst beträgt das absolute Risiko 3.9%: wenn so eine Vorrichtung verwendet wird, erleiden 3.9% mehr Patienten eine lokale Blutung mit Bluterguss. Man muss 25,6 Patienten mit so einer Vorrichtung behandeln, um einem Patienten zusätzlich einen Bluterguss zu „verpassen" (= *Number Needed to Treat*). Anders gesagt, wenn alle mit so einer Vorrichtung behandelt werden, so bekommt etwa jeder 26. Patient einen Bluterguss, den er nicht bekäme, würde ausschließlich manuell abgedrückt werden.

Im Vergleich zu Patienten, bei denen manuell abgedrückt wird, haben die Patienten mit der Vorrichtung ein 1.49-fach höheres Risiko einen Bluterguss zu bekommen (*Risk Ratio*). Im Vergleich zu Patienten, bei denen manuell abgedrückt wird, haben die Patienten mit der Vorrichtung eine 1.57-fach höhere Chance einen Bluterguss zu bekommen (*Odds Ratio*). Hier ist der Unterschied zwischen *Risk Ratio* und *Odds Ratio* nicht so groß, weil das Basisrisiko < 10% ist – eine Faustregel; die *Risk Ratio* ist aber die richtige Messgröße für dieses Beispiel.

Diese erfundene Studie untersucht die mechanische Abdrückvorrichtung als neue mögliche Methode. Wenn man nun so eine mechanische Vorrichtung in die klinische Praxis einführen würde – zum Beispiel weil sie so wahnsinnig viel billiger wäre als manuelles Abdrücken – so würde die Häufigkeit von Blutergüssen nach Angiographien um 49.4% zunehmen (*Attributable Fraction*). Zum Glück würde das kein Gesundheitssystem zulassen.

Kapitel 7
Die Freunde des Epidemiologen: Zufallsvariabilität, Bias, Confounding und Interaktion

- Man kann leider nicht beweisen, dass ein Effekt tatsächlich vorhanden ist
- Man kann aber zeigen, dass ein beobachteter Effekt wahrscheinlich nicht durch Zufall bedingt ist (Zufallsvariabilität)
- *Bias* ist ein systematischer Fehler im Design oder in der Durchführung der Studie; wenn *Bias* vorhanden ist, entspricht der beobachtete Effekt nicht den Tatsachen
- Wenn *Bias* vorliegt, ist die Studie irreparabel verloren; *Bias* kann nur in der Designphase vermieden werden
- *Confounding* bedeutet, dass der Zusammenhang zwischen einem Risikofaktor und dem Endpunkt teilweise oder zur Gänze durch einen anderen Faktor, den *Confounder*, erklärt wird
- *Confounding* kann, wenn es erkannt wird, vor allem in der Analyse berücksichtigt werden
- Interaktion bedeutet, dass der Zusammenhang zwischen dem Risikofaktor und dem Endpunkt über einen dritten Faktor variiert

Der Zusammenhang zwischen einem Risikofaktor und dem Endpunkt ist der so genannte Effekt (siehe Kapitel 3). Wenn ich im Rahmen einer Studie einen Effekt entdecke, stellt sich die Frage, (1) ob der Effekt tatsächlich vorhanden ist, oder lediglich durch Zufallsvariabilität verursacht wurde, oder (2) ob der Effekt eigentlich durch einen Fehler zustande kam (*Bias*), oder (3) ob er teilweise, oder zur Gänze, durch einen oder mehrere andere Faktoren zu erklären ist (*Confounding*). Wenn zwei Risikofaktoren neben dem jeweiligen Effekt einen zusätzlichen, gemeinsamen Effekt auf den Endpunkt haben, spricht man von Interaktion.

1. Zufallsvariabilität

Ob ein Effekt „wahr" ist, kann man leider nicht beweisen. Man kann lediglich durch statistische Testverfahren beschreiben, wie groß die Wahrscheinlichkeit ist, den Effekt zufällig zu beobachten, obwohl er eigentlich nicht vorhanden ist: je geringer die Wahrscheinlichkeit einen solchen Effekt zu beobachten, obwohl er nicht vorhanden ist (Nullhypothese), desto eher ist es ein wahrer Effekt (siehe Kapitel 23). Daher ist es gut, wenn der p-Wert so klein wie möglich ist. Wenn nun ein Effekt „statistisch signifikant" ist, hat man zumindest eine gewisse Sicherheit, dass der beobachtete Effekt nicht lediglich ein Ausdruck von Zufallsschwankungen ist.

2. Bias

Mir ist keine sinngemäß entsprechende Übersetzung dieses Wortes bekannt – im Wörterbuch wird *Bias* mit „schräg", oder mit „Verzerrung" übersetzt. In der Epidemiologie bedeutet *Bias*, dass man einen Effekt beobachtet, der nicht den Tatsachen, bzw. der Wahrheit entspricht: Wenn *Bias* vorhanden ist, so ist das Ergebnis irreparabel falsch! Obwohl es in der Literatur etwa an die hundert Biasformen gibt, kann *Bias* im Wesentlichen in zwei große Gruppen eingeteilt werden: Den so genannten *Information Bias* (Informationsbias) und den *Selection Bias* (Auswahlbias).

2.1 Information Bias

Information Bias kann entstehen, wenn zum Beispiel im Rahmen von Kohortenstudien bei der Bestimmung des Endpunktes das Vorhandensein eines Risikofaktors bekannt ist. Dieses Wissen kann die Wahrnehmung des Endpunktes beeinflussen. So denkt man z.B. bei Frauen, welche die Pille nehmen, bei Wadenschmerzen vielleicht öfters an die tiefe Beinvenenthrombose, als wenn sie die Pille nicht nehmen. Bei Fall-Kontroll Studien kann das Wissen, ob der Proband Fall oder Kontrolle ist, auch die Wahrnehmung im Bezug auf einen Risikofaktor beeinflussen. So können sich Patienten, die eine schwere Erkrankung haben (z.B. einen bösartigen Tumor) eher an einen Risikofaktor (z.B. bestimmte Lebensumstände) erinnern als Gesunde, da kranke Menschen immer das Bedürfnis haben die Ursachen ihrer Erkrankung zu erklären (*Recall Bias*). Bias kann aber auch insbesondere während eines Interviews vom Befrager, z.B. durch Suggestivfragen, hervorgerufen werden (*Interviewer Bias*).

2.2 Selection Bias

Selection Bias tritt bei Kohortenstudien auf, wenn in der Gruppe mit dem Risikofaktor selektiv mehr (oder weniger) Patienten verloren gehen, als in der Gruppe ohne Risikofaktor. In diesem Fall muss man annehmen, dass ein eventuell unbekannter Faktor in den Gruppen jeweils unterschiedlich wirkt und das Ergebnis verzerrt. Sie untersuchen zum Beispiel die Wirksamkeit eines neuen Schmerzmittels bei Rückenschmerzen im Rahmen einer randomisierten kontrollierten Studie. Nach vier Wochen laden Sie die Patienten zu einer Abschlussuntersuchung ein, aber es erscheinen mehr Patienten in der Interventionsgruppe, als in der Kontrollgruppe. Die gemessene Schmerzintensität ist in beiden Gruppen gleich. Das bedeutet leider nicht unbedingt, dass beide Mittel gleich gut wirken. Hier ist ein *selective-loss-to-follow-up* zu vermuten – das Mittel wirkt vielleicht so gut, dass die Patienten nicht mehr kommen, weil es mühsam ist, zum Arzt zu gehen, wenn es einem doch schon gut geht; vielleicht ist das Mittel so schlecht, dass die Patienten das Vertrauen verloren haben und einen anderen Arzt aufsuchten; vielleicht ist das Mittel so gefährlich, dass viele Patienten einfach sterben. Das letzte Szenario ist bei Interventionsstudien unwahrscheinlich, bei langfristigen Kohortenstudien, die subtile Risikofaktoren messen, aber gut möglich.

Bei Fall-Kontroll Studien kann *Selection Bias* auftreten, wenn die Fälle nicht aus der Population stammen, die auch die Kontrollen hervorbringt. Im Klartext heißt das, man muss sich immer fragen: „Wenn jemand aus der Kontrolle krank wird, würde ich ihn dann als Fall entdeckt haben?" (siehe auch Kapitel 10)

2.3 Vermeidung von Bias

Jedes Studiendesign, wie auch viele Methoden, einen Risikofaktor zu messen (siehe Kapitel 3), ist für bestimmte Formen des *Bias* anfällig. Es gibt für alle Messmethoden und Designformen entsprechende Maßnahmen *Bias* zu minimieren. Man sollte daher vor der Planung gut eingelesen sein, um solche Fehler vorherzusehen und so gut als möglich zu berücksichtigen. Allgemein gilt, dass (1) bei einer Messung welcher Art auch immer, der/die Messende verblindet sein soll, um den *Information Bias* zu vermeiden (siehe Kapitel 8). Verblindung bedeutet, dass die Messende nicht weiß, ob der Untersuchte nun den Risikofaktor hat, oder nicht. Weiters soll (2) bei der Auswahl von Studienteilnehmern wenn möglich immer der Zufall die Auswahl treffen, um einen Selektionsmechanismus zu vermeiden (siehe Kapitel 12). Letztlich (3), soll auch beim Randomisierungsprozess die Gruppenzugehörigkeit nicht vorhersehbar sein (*allocation concealment*). Wenn das nicht der Fall ist, kein allocation concealment durchgeführt wird, so kann es auch zu mehr oder weniger bewussten Auswahlmechanismen kommen. In der Literatur gibt es viele Beispiele, wo die fehlende Verblindung zu falschen Ergebnissen führt (Schultz 1995, Moher 1998?, Koreny 2004). Man kann es nicht oft genug betonen: Wenn *Bias* einmal aufgetreten ist, ist die Studie unrettbar verloren!

3. Confounding

Confounding bedeutet, dass der Zusammenhang zwischen dem Risikofaktor und dem Endpunkt teilweise oder zur Gänze durch einen so genannten *Confounder* erklärt wird. Ein *Confounder* ist sowohl mit dem Endpunkt, als auch mit dem Risikofaktor assoziiert.

EIN BEISPIEL: Wenn der Endpunkt Mortalität ist, so ist einer der klassischen *Confounder* das Lebensalter. Nehmen wir an, dass in einer Gruppe mit dem Risikofaktor (z.B. Rauchen) auch das Durchschnittsalter höher ist, als in der Gruppe ohne den Risikofaktor. Im Verlauf versterben im Beobachtungszeitraum mehr Probanden in der Gruppe mit dem Risikofaktor, aber wir wissen letztlich nicht, wie „viel" der Sterblichkeit – das Ausmaß der Sterblichkeit – durch Rauchen und wie viel durch das höhere Alter verursacht wird. Ein anderes Beispiel ist, dass in den 1980er Jahren ein Zusammenhang zwischen Kaffeekonsum und dem Auftreten der koronaren Herzerkrankung beobachtet wurde. Letztlich stellte sich heraus, dass es nicht der Kaffee war, sondern das Rauchen: Wenn jemand viel Kaffee trinkt, raucht er/sie auch oft mehr, als jemand der/die keinen, oder nur wenig Kaffee trinkt.

Im Gegensatz zu *Bias* ist *Confounding* kein, oder nur ein geringes Problem, solange man weiß, dass *Confounder* vorhanden sind und diese entsprechend berücksichtigt werden. *Confounding* kann entweder auf der Ebene der Studienplanung minimiert bzw. ganz ausgeschaltet werden, oder in der Analysephase meist zufriedenstellend behandelt werden.

3.1 Wie geht man mit Confounding um?

3.1.1 Vermeidung von Confounding in der Planungsphase

Confounding kann in der Planungsphase z.B. durch Restriktion, durch *Matching* und, bei Interventionsstudien, durch Randomisierung vermieden werden. Restriktion bedeutet, dass die Einschlusskriterien eng definiert werden, um den *Confounder* durch mangelnde Variabilität auszuschalten (wenn alle Patienten zwischen 30 und 40 sind, so wird das Alter nur einen vernachlässigbaren Effekt auf die Mortalität haben). Das Problem hier ist, dass (1) die Generalisierbarkeit abnimmt und (2) man mitunter sehr lange brauchen wird um entsprechende Fallzahlen zu erlangen. Im Rahmen einer Fall-Kontroll Studie kann man die Fälle und Kontrollen in Bezug auf bekannte *Confounder* matchen. Das heißt im Fall von Alter, dass man für jeden Fall einen gleichaltrigen (z.B. ±5 Jahre) Kontrollprobanden sucht. In weiterer Folge kann ein Unterschied zwischen den Gruppen nicht mehr durch das Alter erklärt werden. Leider hat dieses Verfahren auch Nachteile. Wenn man für mehrere *Confounder* matchen möchte, kann das, vor allem aus logistischer Sicht, problematisch werden: Es finden sich nicht genug Kontrollprobanden. Weiters kann man den Effekt des *Confounders* nicht untersuchen. Oft sind die matching-Kategorien relativ breit und *Residual Confounding* ist möglich. Ich möchte auch darauf hinweisen, dass *Matching* auch eine gematchte Analyse erfordert.

Die Rolle der Randomisierung um *Confounding* zu vermeiden wird im Kapitel 12 ausführlich besprochen.

3.1.2 Berücksichtigung von *Confounding* im Rahmen der Analyse

In Rahmen der Analyse kann *Confounding* entweder durch Stratifikation, oder durch multivariates *Modelling* erkannt und korrigiert werden. Das ist aber nur möglich, wenn man in der Planungsphase schon daran gedacht hat, welche Parameter möglicherweise *Confounder* sind und diese mit ausreichender Genauigkeit erfasst hat.

Stratifikation bedeutet, dass man die Population in Subgruppen des vermeintlichen Störfaktors, so genannte Strata, aufteilt und dann neuerlich analysiert. Das ist einfach, wenn sich diese Strata automatisch anbieten, wenn zum Beispiel vermutet wird, dass Geschlecht ein *Confounder* ist (siehe auch Kapitel 26). Schwieriger ist es schon, wenn der *Confounder* viele Ausprägungen haben kann, zum Beispiel Alter. Dann muss man mehr oder weniger künstliche Gruppen bilden.

EIN BEISPIEL FÜR STRATIFIKATION: Ähnlich wie in dem oben genannten Beispiel wurde Kaffeekonsum auch mit dem Auftreten des Pankreaskarzinoms in Zusammenhang gebracht. Sie wollen nun im Rahmen einer Fall-Kontroll Studie diesem Zusammenhang nachgehen. Der verdächtigte Risikofaktor ist also der Kaffeekonsum (ja *v* nein), das Auftreten eines Pankreaskarzinoms ist der Endpunkt und Nikotinkonsum (ja *v* nein) ist der *Confounder*.

Zuerst konstruiert man eine normale 4-Feldertabelle und errechnet die *Odds Ratio* (siehe Kapitel 6) (Tabelle 1).

Die *Odds Ratio* beträgt für dieses Beispiel 1,9 (=(450/200)/(300/250)) – Kaffeetrinker haben, im Vergleich zu denen die keinen Kaffee trinken, ein 1,9-fach erhöhtes Risiko an einem Pankreaskarzinom zu erkranken.

Nun macht man die gleiche Tabelle für Raucher und Nichtraucher getrennt (Tabelle 2) und berechnet die *Odds Ratio* für jede Tabelle. Diesen Vorgang nennt man Stratifikation.

Tabelle 1

	Patienten mit Pankreas-CA	*Gesunde Kontrollen*
Kaffeetrinker	450	200
Kein Kaffee	300	250

Tabelle 2

	Patienten mit Pankreas-CA	*Gesunde Kontrollen*
Raucher		
Kaffeetrinker	400	100
Kein Kaffee	200	50
Nichtraucher		
Kaffeetrinker	50	100
Kein Kaffee	100	200

Die *Odds Ratio* beträgt für die Raucher 1,0 (= (400/100)/(200/50)) – Kaffeetrinker haben, im Vergleich zu denen die keinen Kaffee trinken, ein 1-fach erhöhtes Risiko an einem Pankreaskarzinom zu erkranken (das heißt, das Risiko ist in beiden Gruppen gleich groß).

Für Nichtraucher beträgt die *Odds Ratio* ebenso 1,0 (= (50/100)/ (100/200)) – Kaffeetrinker haben, im Vergleich zu denen die keinen Kaffee trinken, ein 1fach erhöhtes Risiko an einem Pankreaskarzinom zu erkranken (das heißt, das Risiko ist auch hier in beiden Gruppen gleich groß). Durch die Stratifikation konnte der störende Einfluss des Rauchens eliminiert werden und es zeigt sich, dass Kaffeekonsum keinen Einfluss auf das Auftreten der Erkrankung hat.

Leider erlaubt der Rahmen dieses Buches nur eine oberflächliche Diskussion der vielen Möglichkeiten um Confounding zu untersuchen und dafür zu kontrollieren. Im Kapitel 26 gehe ich noch weiter auf Möglichkeiten zur Behandlung von Confounding ein. Ich kann jedem die Einführung in die Welt der multivariaten Methoden von Katz (1999) empfehlen: Ein großartiges Buch, dass komplexe Inhalte einfach und ohne einer einzigen Formel (!) erklären kann. Die Grundzüge von Bias und *Confounding* werden auch von Hennekens (1987) ausgezeichnet erklärt. Wenn es jemand wirklich wissen will, dann empfehle ich ein Buch von Rosenbaum (2002) über Beobachtungsstudien. Für dieses Buch sind gewisse mathematische Vorkenntnisse empfehlenswert.

4. Interaktion

Zuletzt möchte ich noch das Konzept der Interaktion kurz besprechen. Interaktion oder *Effect Modification* bedeutet, dass der Effekt eines Risikofaktors über die Größe eines dritten Risikofaktors variiert. Interaktion ist kein Fehler, sondern ein Effekt den es zu entdecken und beschreiben gilt. Leider ist das Konzept der Interaktion kompliziert und ich erkläre das am besten anhand zweier Beispiele.

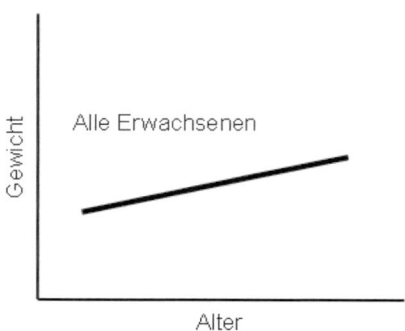

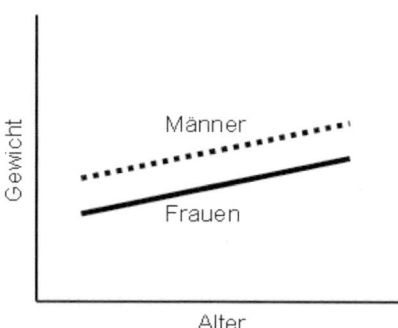

Abb. 1. Linearer Zusammenhang zwischen Alter (x-Achse) und Gewicht (y-Achse) bei Erwachsenen: mit jeder „Einheit" Alter (z.B. pro Jahr) nimmt unser Gewicht zu

Abb. 2. Linearer Zusammenhang zwischen Alter (x-Achse) und Gewicht (y-Achse) bei Männern und Frauen getrennt: Männer sind schwerer als Frauen, aber die Gewichtszunahme ist mit zunehmendem Alter gleich

EIN BEISPIEL: Mit zunehmendem Alter nimmt bei uns leider auch das Gewicht zu. In Abb. 1 sieht man den linearen Zusammenhang zwischen Alter und Gewicht: mit jeder Einheit Alterszunahme steigt das Gewicht ein wenig (mehr über Regression gibt es im Kapitel 25).

In dieser Abbildung beschreibt die Regressionslinie das Gewicht für Männer und Frauen gemeinsam. Wir wissen natürlich, dass Männer im Durchschnitt etwas schwerer sind, als Frauen. Wenn wir jeweils für Män-

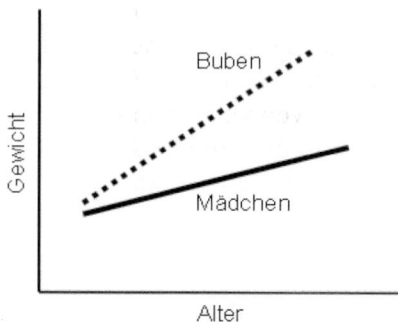

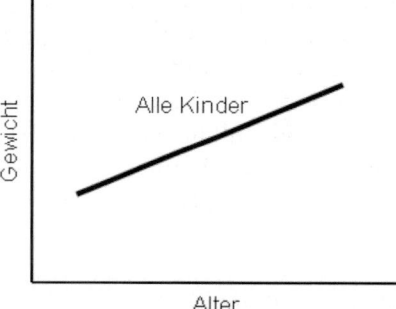

Abb. 3. Linearer Zusammenhang zwischen Alter (x-Achse) und Gewicht (y-Achse) bei Buben und Mädchen getrennt: in den ersten Lebensjahren sind Buben kaum schwerer als Mädchen, aber im weiteren Verlauf ist die Gewichtszunahme bei Buben höher als bei Mädchen

Abb. 4. Der lineare Zusammenhang zwischen Alter (x-Achse) und Gewicht (y-Achse) bei Buben und Mädchen gemeinsam ist irreführend und sollte nicht als Durchschnittswert angegeben werden

ner und Frauen den Zusammenhang zwischen Alter und Gewicht darstellen, sehen wir, dass die Linien parallel verlaufen (Abb. 2).

Die Differenz zwischen den Linien entspricht der durchschnittlichen Gewichtsdifferenz zwischen Männern und Frauen. Wenn ich in einer Studie das Gewicht zwischen zwei Gruppen vergleiche und einen Unterschied finde, gleichzeitig aber auch entdecke, dass in einer Gruppe viel mehr Männer als Frauen sind, so kann ich vermuten, dass ein Teil des Gewichtsunterschieds durch die ungleichmäßige Geschlechtsverteilung zu erklären ist. Hier besteht lediglich *Confounding*.

Anders ist das bei Kindern. Hier nimmt das Gewicht von Buben in den ersten 15 Lebensjahren stärker zu, als das von Mädchen, da diese schneller wachsen (Körpergröße und Muskelmasse): der Gewichtsunterschied zwischen Buben und Mädchen ist in den ersten Lebensjahren deutlich geringer als in der Pubertät (Abb. 3).

Sie sehen wie das Gewicht über das Alter, in Abhängigkeit vom Geschlecht, variiert. Das ist eine Interaktion. In diesem Fall ist eine durchschnittliche Regressionsgerade bei der das Geschlecht ignoriert wird, wie in Abb. 4, irreführend.

EIN BEISPIEL AUS DER KLINISCHEN PRAXIS: Fehlt das Enzym alpha1-Antitrypsin (ein angeborener Defekt), so funktioniert die Selbstreinigungskraft der Lunge nicht ausreichend und es kommt schon in relativ jungem Alter zur chronischen Lungenerkrankung. Wenn der/die Betroffene auch noch raucht, so tritt die chronische Lungenerkrankung noch früher und stärker auf. Der alpha1-Antitrypsinmangel ist der Risikofaktor, das Auftreten der chronischen Lungenerkrankung ist der Endpunkt und Rauchen ist der Effektmodifikator: Der Effekt eines Risikofaktors (Schwere und Zeitpunkt der Lungenerkrankung) variiert über die Größe eines dritten Risikofaktors (je mehr der/die Betroffene raucht, desto schwerer/früher die Lungenerkrankung).

Interaktion ist kein Störfaktor, sondern ein richtiger Effekt, der, wenn er nachgewiesen werden kann, auch präsentiert werden muss.

Kapitel 8
Verblindung und Bias

- Verblindung ist notwendig um einen selektiven Messfehler zu vermeiden
- Ein selektiver Messfehler führt zu falschen Ergebnissen (Bias)
- Im Rahmen einer Fall-Kontroll Studie sollte den Untersuchern bei der Erhebung von Risikofaktoren nicht bekannt sein, ob es sich um einen Fall oder eine Kontrolle handelt
- Im Rahmen einer Kohortenstudie sollte den Untersuchenden bei der Erhebung des Endpunktes nicht bekannt sein, ob der Proband den Risikofaktor hat
- Bei randomisierten, kontrollierten Studien darf die Gruppenzugehörigkeit nicht vorhersehbar sein, da es sonst zu einem selektiven Einschluss bzw. Nichteinschluss kommen kann

1. Wir sehen nur, was wir sehen wollen

Wissen ist im Wesentlichen kein objektives Gut, sondern immer Konstrukt der jeweiligen Gesellschaft. So wissen wir heute, dass die Erde kugelförmig ist; einige Jahrhunderte zuvor „wussten" unsere Vorfahren um ihre Scheibenform. Wahrnehmung wird also nicht nur vom „wahren" Zustand (wenn es diesen überhaupt gibt), sondern vom gesellschaftlich definierten Wahrnehmungsvermögen beeinflusst. Dieser Hintergrund ist wichtig, um zu verstehen, warum Verblindung in der klinischen Forschung so wichtig ist.

Es ist eine menschliche Eigenschaft, Sachverhalte so zu sehen, wie sie am besten in unser Weltbild und Wertgefüge passen. Das heißt, wir haben vorgeprägte Anschauungen und Meinungen und handeln danach. Diese Prozesse laufen meist unbewusst ab. Verblindung im Rahmen der klinischen Forschung bedeutet, dass die Wahrnehmung so gut wie möglich aus dem Kontext genommen wird: Der Wahrnehmende hat nicht mehr die Möglichkeit das Beobachtete so einzuordnen und zu bewerten, wie es am besten in die „Weltordnung" passt.

Vorgeprägte Anschauungen und Meinungen können die Ergebnisse von wissenschaftlichen Projekten auf besondere Art stören: Es kommt zu einem systematischen Messfehler, und was auch immer wir beobachten oder messen entspricht nicht dem wahren Effekt (siehe Kapitel 7) (Day 2000). Ich

möchte den Einfluss der (fehlenden) Verblindung auf den Messfehler gemeinsam mit verschiedenen Studienformen erklären.

2. Verblindung bei Fall-Kontroll Studien

Fall-Kontroll Studien sind retrospektiv, das heißt der Risikofaktor wird
rückwirkend gemessen, nachdem der Endpunkt bereits eingetreten ist
(siehe Kapitel 10). Hier muss man versuchen, die Untersucher, die den Risikofaktor erheben, zu verblinden. Das heißt sie sollten nicht wissen, ob der
betroffene Studienteilnehmer zu den Fällen oder den Kontrollen zählt.
Selbst wenn die Risikofaktoren „hart" sind, wie zum Beispiel in eine Kran-
kenkurve eingetragenen Laborwerte, sind unbewusste Rundungsfehler
möglich. Wenn die Risikofaktoren „weich" sind, also eine subjektive Ein-
schätzung des Untersuchers notwendig ist, ist der Messfehler bei fehlender
Verblindung mitunter beträchtlich. Wenn der Risikofaktor durch ein Interview erhoben wird, lässt es sich oft nicht vermeiden, dass der Interviewer
im Rahmen der Befragung erfährt, ob der Befragte Fall oder Kontrolle ist.

Um den Fehler zu minimieren sollte man mit allen Mitteln versuchen,
den Fall- bzw. Kontroll Status geheim zu halten. Bei Interviews sollte man
den Interviewern immer gleich viele Fälle und Kontrollen zuordnen. Wenn
man ein epidemiologischer Saubermann ist, erhebt man auch, ob der Interviewer oder Datenüberträger glaubt, dass es sich jeweils um einen Fall, oder
eine Kontrolle gehandelt hat. Man kann den Messfehler so zwar nicht vermeiden, aber zumindest beschreiben, wie gut die Verblindung gelungen ist.
Wenn man sich redlich um Verblindung bemüht hat, aber gescheitert ist, so
ist das keine Schande und sollte in der Arbeit erwähnt werden – insbesondere wenn man überzeugt ist, dass es einfach nicht besser geht.

3. Verblindung bei Kohortenstudien

Bei Kohortenstudien ist der Zugang zur Analyse genau anders herum als bei
der Fall-Kontroll Studie: Der Risikofaktor wird gemessen, und dann das Auftreten des Endpunktes abgewartet (siehe Kapitel 11). Das kann prospektiv,
oder retrospektiv ablaufen. Bei retrospektiven Kohortenstudien gilt im
Wesentlichen das Gleiche, wie für Fall-Kontroll Studien. Bei prospektiven
Kohortenstudien sollten alle für die Erfassung des Endpunktes Verantwort-
lichen verblindet sein (siehe Kapitel 11). Das heißt, sie sollten nicht wissen,
ob der Risikofaktor vorhanden ist. Wenn das nicht gewährleistet ist, könnte es sein, dass der Endpunkt wegen dieses Wissens häufiger erkannt wird.

EIN (ERFUNDENES) BEISPIEL: Der Risikofaktor ist Rauchen und der Endpunkt Lungenkrebs, der durch eine Röntgenuntersuchung festgestellt wird.

Frühphasen der Krebserkrankung sind im Röntgenbild schwer zu erkennen, daher sind so genannte Messfehler unvermeidlich. Unsere Untersucherin kennt die Studienhypothese und während sie das Röntgenbild macht befragt sie alle Probanden, ob diese rauchen. Bei den Rauchern sucht sie nun besonders genau nach Anzeichen der Erkrankung. Wenn sie in der Gruppe der Raucher mehr Karzinomfälle entdeckt, wissen wir nicht, ob der Effekt wahr ist oder durch genauere Untersuchung vorgetäuscht wurde.

In diesem Fall kann man das Problem vermeiden indem man die Untersucherin verblindet (kein Gespräch mit den Patienten) oder statt dem „weichen" Endpunkt (Röntgenbild) einen harten Endpunkt wählt, wie zum Beispiel den Tod. Das ist aber nicht immer möglich. Wenn der Untersucher bezüglich des Risikofaktors verblindet ist macht er zwar noch immer Fehler, aber der Fehler ist für beide Gruppen gleich.

4. Verblindung bei randomisierten, kontrollierten Studien

4.1 Verblindung vor der Randomisierung

Ärzte und wissenschaftliches Personal, die Patienten in eine randomisierte kontrollierte Studie einschließen, sollten nicht wissen welcher Gruppe der nächste Patient zugeteilt wird (*allocation concealment*). Das ist von Bedeutung, da die oben diskutierten Vorlieben auch zu einem selektiven Einschließen bzw. Nichteinschließen von Patienten führen kann. In der klinischen Praxis heißt das zum Beispiel, dass wir von zwei möglicherweise gleichwertigen Therapieformen meist eine bevorzugen. In so einem Fall verordnen wir eine lieber als die andere und sind auch geneigt, Ergebnisse positiver zu empfinden, als es den Tatsachen entspricht. Wenn solche Mechanismen wirksam sind, verfälschen sie den Effekt der Intervention (*Selection Bias*).

Das bedeutet, dass die Gruppenzuteilung vor dem Einschluss in eine Studie auf keinen Fall bekannt sein sollte. Das ist z.B. gewährleistet, wenn die Gruppenzugehörigkeit jedes Patienten in einem versiegelten, blickdichten Kuvert aufbewahrt ist, das erst nach Einschluss des Patienten geöffnet wird. Randomisierung über Telefon hat den gleichen Effekt. Gruppenzuteilung nach alternierenden Tagen (z.B. gerade *v* ungerade), oder offene Randomisierungslisten sollten vermieden werden, da so die Gruppenzugehörigkeit vorhersehbar ist. Da *Allocation Concealment* technisch einfach durchzuführen ist, kann ich mir keine guten Gründe vorstellen, warum die letztgenannten, schlechteren Alternativen verwendet werden sollten.

4.2 Verblindung der Patienten

Auch der Patient sollte nicht wissen, welche Intervention er erhalten hat, da das Wissen um die Gruppenzugehörigkeit das Ergebnis beeinflussen kann, insbesondere wenn es ein subjektiv beeinflusster Endpunkt ist (z.B. Schmerzen). In manchen medizinischen Situationen, wie z.B. bei chirurgischen Eingriffen ist die Verblindung des Patienten unmöglich. Für viele medizinische Situationen, vor allem bei Medikamentenstudien, ist Verblindung meist möglich, wenn man entweder das aktive Medikament, oder eine unwirksame Substanz (ein so genanntes Placebo) verabreicht. Bei Interventionen wie z.B. der Akupunktur ist die Verblindung der Patienten nur bedingt möglich.

Es sollte auch die so genannte Placebowirkung berücksichtigt werden. Obwohl das Placebo unwirksam ist, kann es beim Patienten eine gewisse „Wirkung" zeigen, da der Patient von der Wirksamkeit überzeugt ist. Dieser Effekt ist, in Abhängigkeit von der behandelten Erkrankung minimal bis beträchtlich. Placebos wirken auch durch ihre Erscheinungsform (bei Tabletten Farbe, Größe, Geschmack). Daher sollen Placebomedikamente in Aussehen, Konsistenz, Geruch und Geschmack von der aktiven Medikation nicht zu unterscheiden sein.

Möglichkeiten der Verblindung bei randomisierten Studien sind folgende:
- der Untersucher weiß nicht, ob der Patient die Intervention erhält, oder in der Kontrollgruppe ist (*single blind*)
- weder Untersucher, noch Patient wissen, ob der Patient die Intervention erhält, oder ob er in der Kontrollgruppe ist (*double blind*)
- bei einem Medikamentenvergleich erhält der Patient zweimal ein Medikament, eines davon ist Placebo (*double dummy*)

Eine Studie bei der sowohl der Untersucher, als auch der Patient weiß, in welcher Gruppe der Patient ist, heißt offene Studie.

Am Ende einer verblindeten, randomisierten, kontrollierten Studie sollte immer erfasst werden, ob die Verblindung erfolgreich war. Bei einer einfach-blind Studie sollte der Untersucher befragt werden, welcher Interventionsgruppe seiner/ihrer Meinung nach der Patient angehört. Bei einer doppel-blind Studie sollten sowohl Patient, als auch Untersucher danach befragt werden.

4.3 Verblindung bei der Messung des Endpunktes

Die randomisierte kontrollierte Studie ist eine Sonderform der Kohortenstudie. Der Risikofaktor ist eine Intervention und nur der Zufall entscheidet, ob der Proband den Risikofaktor „erhält", oder nicht (siehe Kapitel 12). Analog zur Kohortenstudie sollte der Untersucher der den Endpunkt erhebt, nicht wissen welche Intervention der Proband erhalten hat.

EIN ERFUNDENES BEISPIEL: In diesem Beispiel sind alle möglicherweise auftretenden Probleme eines offenen Designs mit alternierender Gruppenzuteilung diskutiert.

Es ist bekannt, dass Digitalis bei Patienten mit Herzinsuffizienz und regelmäßigem Herzschlag (Sinusrhythmus) die Häufigkeit der Krankenhausaufnahme senkt (The Digitalis Investigation Group 1997), aber nicht das Überleben verlängert. Ein großer Teil der Patienten mit Herzinsuffizienz hat aber unregelmäßigen Herzschlag (Vorhofflimmern). Vorhofflimmern hat einen negativen Einfluss auf die Funktionsfähigkeit des Herzen. Es ist nicht bekannt, ob Digitalis bei Patienten mit Vorhofflimmern den gleichen Effekt hat, wie bei Patienten mit Sinusrhythmus. Nun ist eine neue Studie geplant, in deren Rahmen auch Patienten mit Vorhofflimmern untersucht werden sollen. Die Studie ist offen (Patienten und Untersucher kennen die Gruppenzugehörigkeit) und die Gruppenzugehörigkeit wird nach alternierenden Tagen entschieden: Patienten die an geraden Tagen kommen, erhalten Digitalis, Patienten die an ungeraden Tagen kommen, werden beobachtet.
Diejenigen Ärzte und Studienassistenten, die dazu neigen an die Wirksamkeit von Digitalis zu glauben (ich gehöre, glaube ich, auch dazu) und wissen, ob der Patient Digitalis oder Placebo bekommt, werden sich nicht immer objektiv verhalten:
• Vielleicht werden Patienten, die eigentlich in die Placebo Gruppe gehören, nicht in die Studie eingeschlossen, weil der Arzt überzeugt ist, dass dieser spezielle Patient von der Digitalistherapie profitieren würde.
• Vielleicht werden Patienten mit sehr schwerer Herzinsuffizienz nicht eingeschlossen, weil man Ihnen die möglichen Nebenwirkungen des Medikamentes „ersparen" will.
• Vielleicht neigt der Arzt dazu, die Befindlichkeit des Patienten am Ende der Studie eher besser zu bewerten, wissend, dass dieser eine „wirksame" Therapie erhält.
• Vielleicht werden Patienten, die Digitalis erhalten, leichter im Rahmen von Folgeuntersuchungen ausgeschlossen, wenn sie sich schlechter/kranker fühlen, da es als Digitalisnebenwirkung interpretiert werden kann (Digitalis kann in hohen Dosen Übelkeit hervorrufen).
Patienten haben natürlich auch Vorlieben:
• Vielleicht neigt auch der Patient dazu sein Befinden als besser wahrzunehmen, weil er weiß, dass er eine „wirksame" Therapie erhält.
• Vielleicht verlassen Patienten in der Kontrollgruppe selektiv die Studie, da sie von einem anderen Arzt endlich die „wirksame" Therapie erhalten wollen.
Wie schon erwähnt, gibt es Studien, wo Verblindung schwer oder gar nicht möglich ist. In der Chirurgie ist Verblindung oft nur schwer möglich, da ein „Placeboeingriff" von vielen Menschen als unethisch abgelehnt wird.

EIN BEISPIEL: Viele Gelenke zeigen im Lauf der Zeit Abnutzungserscheinungen, insbesondere die Knie (Gonarthrose). Aus der Perspektive des Betroffenen ist dieses Problem von großer Bedeutung: das Problem verkürzt zwar nicht unser Leben, kann aber die Lebensqualität nachhaltig beeinträchtigen. Etwa jeder siebente über 55-Jährige leidet unter heftigen Schmerzen und reduzierter Lebensqualität. Aus volksgesundheitlicher Perspektive ist die Gonarthrose auch ein großes Problem durch den Ausfall von Arbeitskraft und der Verwendung von Gesundheitsressourcen. Eine häufig angewandte Untersuchung ist die Arthroskopie – eine Gelenksspiegelung. Im Rahmen der Untersuchung kann der Chirurg raue Oberflächen glätten und evtl. Teile der Menisci (Gelenksscheiben der Knie) entfernen, wenn diese Fehlerhaft sind. Orthopäden schwören auf die Wirksamkeit dieses Eingriffs. Nun wurde unlängst tatsächlich eine randomisierte, „placebokontrollierte" Studie durchgeführt, um die Wirksamkeit zu untersuchen (Moseley 2002). In der Kontrollgruppe erhielten die Patienten wirklich Vollnarkose und einen Hautschnitt und der Chirurg manipulierte mit dem Arthroskopie am Knie, aber ohne in das Gelenk einzudringen. In dieser Studie konnte kein Vorteil für den Eingriff gefunden werden: die Schmerzen nach dem Eingriff waren in beiden Gruppen weiterhin gleich. Die chirurgischen Orthopäden betonen, dass diese Studie problematisch ist, und die Ergebnisse nicht der Wirklichkeit entsprechen. Ob das wohl damit etwas zu tun hat, dass solche Eingriffe für Ärzte ein einträgliches Geschäft sind?

Diese Studie ist ein gutes Beispiel, dass die Verblindung hier nicht unethisch war, sondern, ganz im Gegenteil, aus einer utilitaristischen Perspektive zu fordern ist (Kapitel 32).

Die Liste der möglichen Einflüsse kann beliebig fortgesetzt werden. Es ist nicht vorhersehbar welchen Einfluss ein nichtverblindetes Design auf eine Studie haben wird: Der Effekt der Intervention kann unterschätzt werden, gleich bleiben (siehe auch Kapitel 7), oder überschätzt werden – schlechtes Design führt meist zu einer Überschätzung des Effekts (Schulz 1995). Jedenfalls wissen wir nicht, ob unser Ergebnis der klinischen Realität nahe kommt.

5. Weiterführende Literatur

Neben den Standardwerken der Epidemiologie (z.B. Hennekens 1987), Statistik (Altman 1992) und über das Design von randomisierten, kontrollierten Studien (Pocock 1983) kann ich den Artikel von Day (2000) als Zusammenfassung empfehlen.

Kapitel 9
Beobachtungsstudien

- Beobachtungsstudien helfen bei der Formulierung von Hypothesen, können Hypothesen jedoch nicht beweisen
- In die Gruppe der Beobachtungsstudien gehören:
  - der Fallbericht/die Fallserie
  - die Prävalenzstudie (auch Querschnittstudie)
  - die Fall-Kontroll Studie (siehe Kapitel 10)
  - die Kohortenstudie (siehe Kapitel 11)

1. Fallbericht und Fallserie

Ein Fallbericht ist, wie schon der Name sagt, der Bericht eines einzelnen Falles, und eine Fallserie ist eine Reihe von (mehr oder weniger) aufeinander folgenden Fällen. Obwohl diese Berichtformen derzeit oft belächelt werden, waren Sie für Erkenntnisse und die Entwicklung der modernen westlichen Medizin notwendig.

1.1 Wozu braucht man Fallberichte und Serien?

Auch jetzt noch bieten sie immer wieder die Gelegenheit nützliche Informationen zu transportieren. Natürlich haben sich die Ansprüche verändert und die Beschreibung von Symptomen einer seltenen Erkrankung wird nicht oft auf großes Interesse stoßen. Dies aber nicht, weil es unwissenschaftlich ist, sondern weil es nur mehr wenige Krankheiten gibt, die nicht schon ausreichend beschrieben wurden. Wenn plötzlich eine Epidemie auftritt, die durch einen bis dahin unbekannten Erreger ausgelöst wird, sind auch die weltbesten Journale gerne bereit solche Berichte zu veröffentlichen.

EIN BEISPIEL: Die Beschreibung von 17 Fällen von Erkrankungen durch das bis dahin in den USA unbekannte Hantavirus kann sogar in eminente Journale wie das *New England Journal of Medicine* gelangen (The Hantavirus Study Group 1994). Erkrankungen durch das Hantavirus traten bislang vor allem in Asien und Osteuropa auf und kennzeichnen sich durch Fieber, Blutgerinnungsstörungen und Nierenversagen, eine Mitbeteiligung der Lunge tritt eher selten auf. In dem oben genannten Bericht werden 17 Fälle beschrieben, die im Süden der USA auftraten und durch einen besonders schweren Verlauf auffielen. Von den 17 Patienten hatten alle Fieber, die meisten hatten unspezifische grippale Symptome und Blutgerinnungsstörungen (im Sinne von Blutungsneigung), 15 entwickelten ein Lungenödem und 13 verstarben an dieser Erkrankung! Hier handelt es sich also um eine seltene, sehr bedrohliche und Aufsehen erregende Erkrankung.

Diese Art der Berichterstattung eignet sich auch sehr gut zu Fortbildungs- und Lehrzwecken. So gibt es zum Beispiel im *BMJ* die so genannte *„lesson of the week"* in deren Rahmen Erkrankungen präsentiert und diskutiert werden, die selten aber nicht zu selten sind, und daher oft übersehen und unzureichend behandelt werden (*„Do not assume that haematuria in association with adult polycystic kidney disease is always benign"* Dedi 2001). Letztlich eignen sich Fallberichte auch gut, bisherige Grenzen des Wissens um Pathophysiologie oder Diagnostik zu überschreiten, um zum Beispiel eine neue Erklärung für die angeborene Resistenz gegen Androgene zu beschreiben (Adachi 2000).

1.2 Nachteile

Der Nachteil dieser Form der Berichterstattung ist, dass die beschriebenen Patienten in der Regel nicht repräsentativ sind: oft werden seltene, beinahe exotische Erkrankungen beschrieben (siehe oben) und die vielen Fälle, deren Verlauf weniger spektakulär ist, werden nicht berichtet (weil unerkannt, oder „nicht berichtenswert"). Letztlich führt das unweigerlich zu einer Verzerrung des wahren Bildes.

2. Querschnittstudie (auch *„cross sectional"*-, oder Prävalenzstudie)

Bei dieser Art des Studiendesigns werden sowohl Risikofaktoren, als auch Endpunkte zum selben Zeitpunkt, bzw. innerhalb eines relativ engen Zeitraumes, erhoben. Man erhält so einen Querschnitt (Abb. 1).

BEISPIEL: Die koronare Herzkrankheit ist als eine Verengung der Herzkranzgefäße definiert, die in weiterer Folge zu einer Durchblutungsstörung des Herzmuskels führen kann. Die koronare Herzkrankheit ist die häufigste Todesursache in westlichen Ländern. Es wird immer wieder postuliert, dass die koronare Herzkrankheit durch psychologische Faktoren wie Angst, Depression, oder Stress mitverursacht wird. Amerikanische Forscher untersuchten daher 630 Armeemitglieder: Es wurde mit einer speziellen Röntgenmethode das Ausmaß der Verkalkungen der Herzkranzgefäße gemessen und mit Fragebögen die oben genannten psychologischen Faktoren erhoben (O'Malley 2000). Keiner der Faktoren war mit dem Ausmaß der Gefäßver-

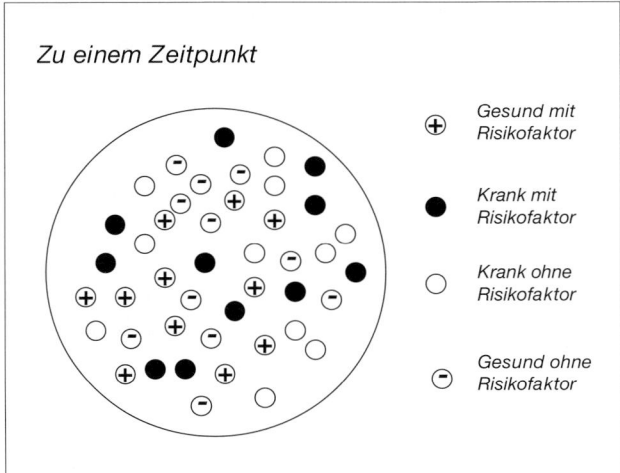

Abb. 1. Querschnittsstudie. Zu einem Zeitpunkt werden in einer Stichprobe gleichzeitig das Vorhandensein von Risikofaktoren und Endpunkten erhoben. Da nur die Prävalenz erfasst werden kann, ist als Maß für das relative Risiko nur eine Prävalenzratio möglich

kalkungen assoziiert. Diese Beobachtung deckt sich durchaus mit meinem Weltbild. Diese Studie festigt zwar meine Meinung, ist aber sicher kein endgültiger Beweis gegen den Zusammenhang zwischen koronarer Herzerkrankung und diesen Faktoren. Die Querschnittsstudie kann Hypothesen nicht beweisen! Obendrein sind die Studienteilnehmer dieser speziellen Studie nicht unbedingt repräsentativ für die Durchschnittsbevölkerung (relativ jung, gute Ausbildung) und die Verkalkung der Herzkranzgefäße ist sicherlich nur ein schlechtes Surrogatmaß für die koronare Herzerkrankung.

2.1 Wozu braucht man Querschnittsstudien?

Der Vorteil dieses Designs ist, dass man relativ schnell, und damit auch günstig, Daten erheben kann, zum Beispiel im Rahmen eines Interviews, oder einer schriftlichen Umfrage. Prävalenzstudien sind vor allem nützlich, um die Versorgung von bestimmten chronischen Krankheiten auf organisatorischer Ebene zu planen – nicht gerade das, was klinisch tätige Wissenschafter häufig tun.

2.2 Nachteile

Der größte Nachteil ist, dass Prävalenzstudien lediglich eine Hypothese aufstellen bzw. untermauern, sie jedoch niemals beweisen können (das gilt für alle Beobachtungsstudien). Ein weiterer Nachteil ist, dass man nur die Prävalenz eines Risikofaktors und vor allem des Endpunktes, nicht aber seine Inzidenz erheben kann. Die Prävalenz einer Studie kann nur sehr schwer mit der Prävalenz aus einer anderen Umgebung verglichen werden, da sie durch die Inzidenz und die Krankheitsdauer bestimmt wird. Weiters ist es nicht möglich zu erfassen, ob ein so genannter Risikofaktor nun tatsächlich Ursache oder doch Folge der Erkrankung ist, es sei denn, der Risikofaktor ist angeboren (zum Beispiel genetische Marker) (siehe Kapitel 3).

Die praktischen Vor- und Nachteile der Querschnittsstudie im Vergleich zu anderen Designformen wird auch im Appendix I dargestellt.

3. Hypothesen formulieren – Hypothesen beweisen

Der Beweis einer Hypothese, das heißt, dass ein Risikofaktor kausal mit einem Endpunkt zusammenhängt, kann nur mit einem Experiment erbracht werden. In diesem Experiment müssen, abgesehen vom Risikofaktor, alle anderen Faktoren ausgeschaltet sein, um sicher sein zu können, dass nur der genannte Risikofaktor für den Effekt ursächlich ist. Das ist nur im Rahmen einer Interventionsstudie möglich, wenn es eine Gruppe mit der Intervention gibt (der Risikofaktor) und eine Kontrollgruppe und die Gruppenzugehörigkeit nach dem Zufallsprinzip ausgewählt wird (siehe auch Kapitel 12). Beobachtungsstudien sind daher nur geeignet Hypothesen aufzustellen, können diese aber niemals beweisen.

Kapitel 10
Fall-Kontroll *(Case-Control-)* Studie

- Zuerst werden „Fälle" und entsprechende „Kontrollen" gesucht, dann wird der Risikofaktor gemessen
- Die Häufigkeit eines Risikofaktors wird zwischen „Fällen" und „Kontrollen" verglichen
- „Fälle" müssen für Patienten mit dieser Erkrankung repräsentativ sein
- „Kontrollen" müssen für die Population repräsentativ sein, aus der die Fälle stammen
- Als Kontrollgruppe eignet sich vor allem:
  - Eine Zufallsstichprobe von Patienten mit anderen Erkrankungen
  - Eine Zufallsstichprobe aus der Bevölkerung
  - Bekannte oder Verwandte des Falles
- Vorteile: Untersuchung von seltenen Erkrankungen möglich; schnell und günstig
- Nachteile: *Bias*, Datenqualität oft unzulänglich, zeitlicher Zusammenhang zwischen Risikofaktor und Endpunkt unklar

1. Allgemeines

Bei der Fall-Kontroll Studie verläuft der Vorgang im Vergleich zur Kohortenstudie umgekehrt: Man sucht sich „Fälle," die den Endpunkt bereits erreicht haben, und nach dem Zufallsprinzip (in seltenen Fällen auch systematisch) wählt man Kontrollen, die den Endpunkt, meist eine Krankheit, nicht haben. Dann erhebt man, ob der Risikofaktor in der einen Gruppe ebenso häufig zu finden ist wie in der anderen Gruppe (Abb. 1).

EIN ERFUNDENES BEISPIEL: Von 220 Probanden sind 110 „Fälle", haben also eine definierte Erkrankung und 110 sind gesunde „Kontrollen", haben also keine Erkrankung. Neun aus der Gruppe der Fälle haben den Risikofaktor (101 haben ihn nicht), aber nur 2 aus der Gruppe der gesunden Kontrollen haben den Risikofaktor (108 haben ihn nicht) (Tabelle 1).

Da die Kontrollen willkürlich gewählt werden und nicht der natürlichen Situation entsprechen, können wir leider nicht einfach den prozentuellen Anteil der Fälle mit Risikofaktor, mit dem prozentuellen Anteil der Kont-

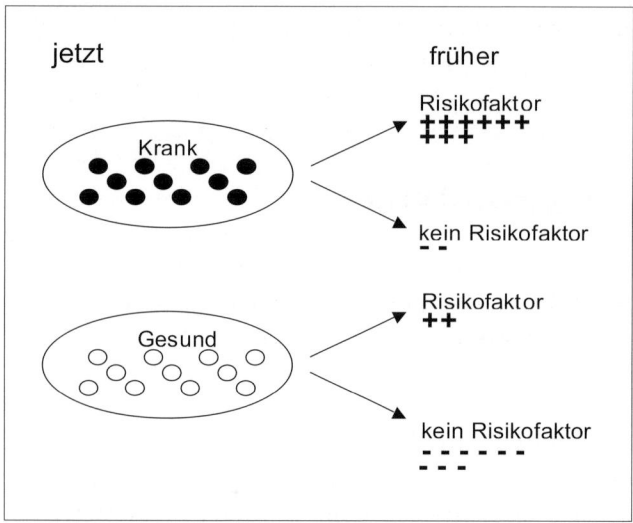

Abb. 1. Fall-Kontrollstudie. 11 Kranke und 11 Gesunde werden nach dem Vorhandensein des Risikofaktors untersucht: 9 Kranke haben den Risikofaktor im Vergleich zu 2 Gesunden. Die Odds Ratio beträgt [(9/2)/(2/9)=] 20,3. Das heißt, bei Vorhandensein des Risikofaktors ist die Chance die Krankheit zu bekommen 20,3fach erhöht im Vergleich zu denen die den Risikofaktor nicht haben

rollen mit Risikofaktor vergleichen. Weder die Häufigkeit der Erkrankung, noch die der Risikofaktoren entspricht in einer Fall-Kontroll Studie der tatsächlichen Verteilung in der Bevölkerung, abgesehen von wenigen sehr speziellen Situationen. Das Verteilungsverhältnis des Risikofaktors zwischen den Gruppen bleibt aber gewahrt. In diesem Fall muss man sich die so genannte *Odds Ratio* ausrechnen: (9/101)/(2/108) = 4.8 (siehe auch Kapitel 6). Das heißt, wenn jemand ein „Fall" ist, dann ist der Risikofaktor 4,8mal so häufig vorhanden. Aber auch der Umkehrschluss ist erlaubt: Wenn der Risikofaktor vorhanden ist, ist das Risiko den Endpunkt zu erreichen 4,8-fach höher im Vergleich zu Patienten, die den Risikofaktor nicht haben.

EIN PRAKTISCHES BEISPIEL: Ein Beispiel aus der Praxis ist eine Fall-Kontrollstudie, die den Zusammenhang zwischen selektiven Serotoninwiederaufnahme-Hemmern (ein häufig verwendetes Antidepressivum, kurz SSRI) und der Gefahr einer Blutung im Magen-Darmtrakt untersuchte (Abajo

Tabelle 1

	Fälle	Kontrollen
Risikofaktor positiv	9	2
Risikofaktor negativ	101	108

1999). Im Experiment können SSRI die Blutplättchenfunktion stören und es gibt Fallberichte über Blutungsneigung nach der Einnahme von SSRI. In einer Datenbank von praktischen Ärzten in England waren 1899 Fälle von gastrointestinaler Blutung eingetragen; als Kontrollgruppe diente eine Zufallsstichprobe von 10.000 registrierten Patienten, die keine gastrointestinale Blutung hatten (in England sind ca. 90% aller Einwohner bei einem praktischen Arzt registriert). Das relative Risiko, in diesem Fall die *Odds Ratio*, eine gastrointestinale Blutung zu erleiden, war bei Patienten die SSRI einnahmen, um das 3-fache erhöht. Das geschätzte absolute Risiko betrug etwa 1 Blutungskomplikation auf 8000 behandelte Patienten.

2. Auswahl der Fälle

Man sollte sich aber immer fragen, ob Patienten, die man als Fall einschließen möchte und deren Daten man hat, auch wirklich repräsentativ für die Population der Fälle sind.

EIN BEISPIEL: Patienten mit Herzinfarkt, die in einer Universitätsklinik aufgenommen werden, unterscheiden sich häufig von Herzinfarktpatienten in kleineren Krankenhäusern. So ist z.B. das Durchschnittsalter dieser Patienten im Allgemeinen Krankenhaus in Wien mit 61 Jahren sicherlich deutlich niedriger als in den Gemeindespitälern. Wenn ich also meine Fälle für eine Fall-Kontrollstudie bei Herzinfarkt aus dem Allgemeinen Krankenhaus Wien nehme, ist es möglich, dass ich ein speziell ausgewähltes, nicht generalisierbares Patientengut untersuche. Die Ergebnisse einer solchen Studie sind daher nur schwer zu interpretieren.

3. Auswahl der Kontrollen

Das schwierigste an einer Fall-Kontrollstudie ist die Auswahl der Kontrollen. Die Gruppe der Kontrollen sollte der Population entsprechen, aus der auch die Fälle kommen. Wenn das nicht der Fall ist, so sind die Resultate unbrauchbar. Die Kontrollen müssen unbedingt nach dem Zufallsprinzip ausgewählt werden (siehe Kapitel 21).

Die drei am häufigsten verwendeten Kontrollgruppen sind (a) eine Zufallsstichprobe von Patienten die wegen einer anderen Krankheit erfasst wurden, (b) eine Zufallsstichprobe aus der Bevölkerung und (c) Freunde bzw. Verwandte.

3.1 Patienten mit anderen Erkrankungen

Der Vorteil dieser Gruppe ist, dass Probanden und dazugehörige Informationen bereits vorhanden oder relativ einfach zu bekommen sind. Der Nachteil ist, dass man sicher sein muss, dass die Erkrankung der Kontrollpatienten in keinem Zusammenhang mit dem gesuchten Endpunkt steht und diese Kontrollpatienten trotzdem repräsentativ für die Gruppe sind, welche die Fälle produziert.

ZWEI BEISPIELE: Wenn man den Zusammenhang zwischen Rauchen und Herzinfarkt untersuchen möchte, eignen sich als Kontrollen weder Patienten mit chronischen Lungenerkrankungen, noch Patientinnen einer Geburtenstation. Im ersten Fall ist anzunehmen, dass ein Zusammenhang zwischen Rauchen und den beiden Krankheiten besteht. Das nennt man *Overmatching* und führt möglicherweise dazu, dass man den gesuchten Effekt nicht oder nur sehr abgeschwächt sehen kann. Im zweiten Fall sind die Kontrollen einfach nicht repräsentativ für das Kollektiv, das die Fälle produziert: der Großteil der Patienten, die einen Herzinfarkt bekommen, sind Männer, oder Frauen in der Menopause.

3.2 Zufallsstichprobe aus der Bevölkerung

Wenn die Zufallsstichprobe richtig erhoben wird, so ist diese Gruppe sicher repräsentativ für die Population aus der die Fälle stammen. Leider sind Zufallsstichproben aus der Bevölkerung technisch und logistisch schwer zu erheben. Das sollte man am besten Profis (z.B. Meinungsforschungsinstituten) überlassen, was aber entsprechend teuer ist.

3.3 Freunde bzw. Verwandte des „Falles"

Freunde bzw. Verwandte des jeweiligen Falles als Kontrollen zu verwenden ist sehr elegant. So kann man wichtige, aber schwer messbare *Confounder* kontrollieren. Wenn Freunde als Kontrollen verwendet werden, kann man z.B. den sozioökonomischen Status, der schwer zu messen ist, kontrollieren. Wenn Verwandte als Kontrollen verwendet werden, kann man für schwer messbare genetische Faktoren, und in einem geringeren Ausmaß auch den sozioökonomischen Status kontrollieren. Weiters sind Freunde und Verwandte von Patienten mit einer meist schweren Erkrankung eher geneigt an einer relevanten Studie teilzunehmen.

Es ist nicht immer einfach, die „richtige" Kontrollgruppe zu definieren. Manche Epidemiologen verwenden daher mehrere Kontrollgruppen und beschreiben den Einfluss der jeweiligen Kontrollgruppe auf den Effekt.

Eine „schlechte" Kontrollgruppe sind beispielsweise Probanden, die im Rahmen einer Gesundenuntersuchung rekrutiert wurde. Es ist bekannt, dass diese Probanden nicht für die Durchschnittsbevölkerung repräsentativ sind: Teilnehmer einer Gesundenuntersuchung sind im Vergleich zur Durchschnittsbevölkerung jünger, gesünder, haben weniger Risikofaktoren hinsichtlich der koronaren Herzerkrankung und sind sozioökonomisch besser gestellt. Jede selbstgewählte Kontrollgruppe ist mit Skepsis zu betrachten.

4. Wozu braucht man Fall-Kontrollstudien?

Der große Vorteil dieses Studiendesigns ist, dass Fall-Kontrollstudien, im Vergleich zu Kohortenstudien, relativ schnell durchführbar sind, da man nicht jahrelang auf das Eintreten des Endpunktes warten muss. Dadurch kosten Fall-Kontrollstudien in der Regel viel weniger Zeit und Geld, als die Durchführung von Kohortenstudien. Risikofaktoren von seltenen Krankheiten sind durch Kohortenstudien besonders schwer oder gar nicht zu erfassen. Die Erfassung des Einflusses von Risikofaktoren auf seltene Erkrankungen ist daher die Domäne der Fall-Kontroll Studie.

5. Nachteile und Schwachstellen der Fall-Kontrollstudie

5.1 Bias

Wegen der retrospektiven Natur dieses Design ist es leider fehleranfällig. Bei der Erstellung des Fallkollektivs muss man sich ehrlich fragen, ob die eingeschlossenen Fälle repräsentativ für die Fälle der jeweiligen Krankheit sind. Bei der Erstellung des Kontrollkollektivs muss man sich ehrlich fragen, ob das Kollektiv für das Gesamtkollektiv repräsentativ ist, das die Fälle produziert. Das heißt, man sollte sich bei den Kontrollen immer fragen: „Wenn dieser Patient die Krankheit bekommen hätte, wäre er von mir auch als Fall erfasst worden?" Wenn man diese Frage nicht sicher bejahen kann, so ist Selektions Bias anzunehmen.

Meistens ist die Fall-Kontrollstudie retrospektiv und daher leider auch für *Information Bias* anfällig. „Fälle," also Patienten die einen definierten Endpunkt erreicht haben, neigen eher als Gesunde dazu, sich an bestimmte Risikofaktoren zu erinnern (*Reporting Bias*). Das ist besonders stark ausgeprägt, wenn z.B. in den Medien schon ein Zusammenhang zwischen der Krankheit und dem genannten Risikofaktor diskutiert wurde. Natürlich neigen auch Ärzte dazu, eine Krankheit eher zu entdecken, weil ein „verdächtiger" Risikofaktor vorliegt (*Observer Bias*). In seltenen Fällen ist die Fall-Kontrollstudie in einer prospektiven Kohortenstudie eingebettet (*nested*), wodurch viele Probleme des retrospektiven Design vermieden werden können.

5.2 Zeitlicher Zusammenhang zwischen Risikofaktor und Auftreten des Endpunktes

Wenn die Fall-Kontrollstudie retrospektiv ist, kann man nicht sicher sagen, ob der so genannte Risikofaktor Folge oder Ursache des Endpunktes ist. Wenn die Fall-Kontrollstudie in einer Kohortenstudie eingebettet (nested) ist, ist das meist möglich. Der zeitliche Zusammenhang ist auch bei angeborenen Risikofaktoren eindeutig. Vor wenigen Jahren gab es nicht allzu viele angeborene Merkmale, die wir problemlos erfassen konnten, wie zum Beispiel die Blutgruppe, oder die Augenfarbe. Mit molekulargenetischen Methoden hat die Fall-Kontrollstudie wieder stark an Bedeutung gewonnen.

5.3 Seltene Risikofaktoren

Seltene Risikofaktoren kann man im Rahmen einer Kohortenstudie nicht bzw. nur schlecht verwenden, da man eine sehr große Anzahl von Probanden erfassen und beobachten müsste.

5.4 Qualität der Daten

Da die Fall-Kontrollstudie in den meisten Fällen retrospektiv ist, ist die Qualität der Daten oft nicht gut. Der Grund ist, dass diese Daten retrospektiv erhoben werden, meist von Routineinformationsquellen, wie zum Beispiel Krankengeschichten. Das Problem mit solchen Datenquellen liegt darin, dass diese nicht für wissenschaftliche Zwecke erschaffen wurden: die Reihenfolge, die Genauigkeit bzw. überhaupt das Vorhandensein von Informationen ist stark variabel.

5.5 Inzidenz und Prävalenz der Erkrankung

Da die Informationen aus dem natürlichen Zusammenhang gerissen werden, kann man zwar die Stärke der Assoziation zwischen Risikofaktor und Endpunkt erfassen, nicht aber deren Inzidenz, oder Prävalenz.

Die praktischen Vor- und Nachteile der Fall-Kontrollstudie im Vergleich zu anderen Designformen wird auch im Appendix I dargestellt.

6. Weiterführende Literatur

Die Grundprinzipien der Fall-Kontrollstudie werden in den Standardbüchern der Epidemiologie gut beschrieben (z.B. Hennekens 1987, McMahon 1996). Wer sich weiter vertiefen möchte, dem empfehle ich das Standardwerk über Fall-Kontrollstudien von Schlesselmann (1982); es ist sehr anschaulich präsentiert.

Kapitel 11
Die Kohortenstudie

- Zu Studienbeginn wird das Vorhandensein eines Risikofaktors erfasst
- Die Studienteilnehmer werden über die Zeit beobachtet und das Auftreten eines Endpunktes wird erfasst
- Die Häufigkeit des Endpunktes in der Gruppe mit Risikofaktor wird mit der Häufigkeit des Endpunktes in der Gruppe ohne Risikofaktor verglichen
- Vorteile: Die Kohortenstudie erlaubt die Erfassung der Inzidenz eines Endpunktes und auch den zeitlichen Zusammenhang zwischen Risikofaktor und Endpunkt
- Nachteile: Kohortenstudien sind teuer, seltene Endpunkte können nicht erfasst werden, und insbesondere *Selection Bias* muss vermieden werden

1. Allgemeines

Für eine Kohortenstudie werden Probanden in die Studie eingeschlossen (rekrutiert) und zum Zeitpunkt der Rekrutierung werden ein oder mehrere Risikofaktoren erhoben. Risikofaktoren sind z.B. Blutdruck, Rauchen oder Essgewohnheiten (siehe Kapitel 3). Die Teilnehmer werden über die Zeit beobachtet und es wird erfasst, ob ein vorher definierter Endpunkt eintritt (Abb. 1). Der Endpunkt ist meist eine Erkrankung oder zumindest der Vorläufer einer Erkrankung, es kann natürlich auch der Tod sein.

Zum Zeitpunkt der Aufnahme in die Studie müssen die Studienteilnehmer frei vom Endpunkt sein. Nur so kann man vergleichen, ob der Endpunkt bei denen häufiger eintritt, die den Risikofaktor haben, im Vergleich zu denen, die den Risikofaktor nicht haben. Der Endpunkt ist meist binär (z.B. krank/nicht krank) und das Maß für die Stärke der Assoziation zwischen dem Risikofaktor und dem Endpunkt wird als relatives Risiko (*Risk Ratio* oder *Rate Ratio*, in seltenen Fällen als *Odds Ratio*) angegeben (siehe Kapitel 6).

EIN BEISPIEL: Eine Kohortenstudie ermöglicht zum Beispiel, die Größe des gesundheitsschädigenden Effektes von Tabakrauchen zu erfassen. Im Jahr 1991 wurden in China 224.500 Menschen hinsichtlich ihrer Rauchge-

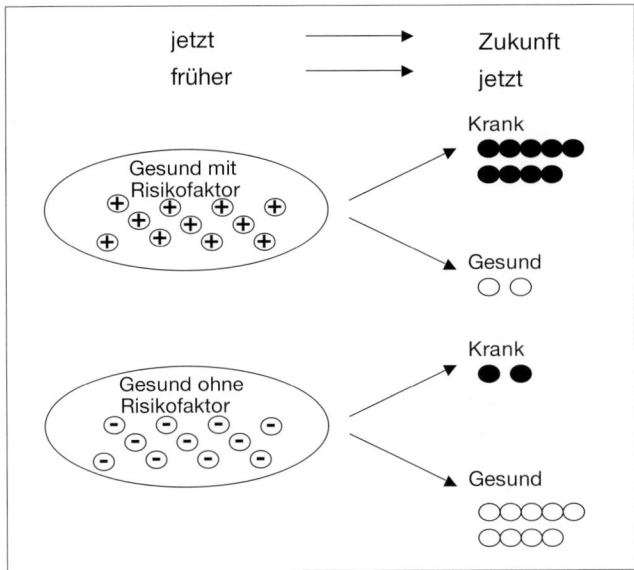

Abb. 1. Kohortenstudie. Zu Beginn haben 11 Probanden einen Risikofaktor und 11 haben ihn nicht. Am Ende der Studie haben 9 Probanden die auch den Risikofaktor hatten, einen definierten Endpunkt (z.B. eine Krankheit) erreicht, aber nur 2 Probanden, die den Risikofaktor nicht hatten. Die (relative) *Risk Ratio* beträgt [(9/11)/(2/11)=] 4,5. Das heißt, beim Vorhandensein des Risikofaktors ist das Risiko die Krankheit zu bekommen 4,5-fach erhöht im Vergleich zu denen, die den Risikofaktor nicht haben

wohnheiten befragt (Risikofaktor) und dann über 5 Jahre beobachtet. Der Endpunkt war definiert als „Tod im Beobachtungszeitraum". 73% der Studienteilnehmer waren zum Zeitpunkt der Befragung Raucher und das relative Risiko in dieser Zeit zu sterben war bei Rauchern um 20% erhöht (Niu 1998). Die Effektgröße ist zwar schon seit vielen Jahren bekannt, diese Studie hat aber erstmals eine Zufallsstichprobe aus der Bevölkerung befragt und ist somit die erste, die das wahre Ausmaß der Problematik dokumentiert – 12% aller Todesfälle in China sind durch Tabakrauchen verursacht. Diese 12% nennt man *Population Attributable Risk* und kann aus dem Relativen Risiko errechnet werden (siehe Kapitel 6).

Obwohl bei Kohortenstudien meist eindeutig gezeigt werden kann, ob ein Risikofaktor vor dem Auftreten eines Endpunktes wirksam war, kann Kausalität nicht bewiesen werden. Der Beweis von Kausalität ist ausschließlich durch eine randomisierte Interventionsstudie möglich. Bei der oben genannten Fragestellung ist es nicht möglich, ein Experiment mit Menschen durchzuführen. Abgesehen von Vertretern der Tabakindustrie sind wir alle, so glaube ich, davon überzeugt, dass Rauchen mit koronarer Herzkrankheit und auch anderen Erkrankungen assoziiert ist – Prävalenzstudien, Fall-Kontrollstudien und Kohortenstudien sprechen dafür, aber endgültig bewiesen ist es nicht. Trotzdem hoffe ich, dass niemals eine randomisierte Studie durchgeführt wird, da dies aus ethischen Gründen natürlich abzulehnen ist. Es gibt also eine Hierarchie der Evidenz, die uns hilft festzulegen, ob ein beobachteter Zusammenhang zwischen einem Risikofaktor und einem Endpunkt kausal ist (siehe Kapitel 28).

2. Prospektiv oder retrospektiv?

Eine Kohortenstudie kann prospektiv oder retrospektiv sein. Die Kohortenstudie ist eindeutig prospektiv, wenn der Risikofaktor jetzt erfasst wird und die Probanden dann weiterbeobachtet werden, um den in der Zukunft eintretenden Endpunkt zu erfassen. Eindeutig retrospektiv ist das Design, wenn sowohl der Risikofaktor, als auch der Endpunkt noch vor der Planung der Studie erfasst bzw. eingetreten ist. Es ist aber interessant, dass unter den Spezialisten keine einheitliche Meinung darüber herrscht, was es bedeutet, wenn der Risikofaktor in der Vergangenheit gemessen wurde (zum Beispiel Geburtsgewicht) und man nun eine Kohorte von Erwachsenen über Jahre (prospektiv) hinsichtlich des Auftretens einer koronaren Herzerkrankung beobachtet: Manche sagen das sei retrospektiv, andere es sei prospektiv.

3. Wozu braucht man Kohortenstudien?

Der Vorteil dieser Methode ist, dass die zeitliche Abfolge von Risikofaktor und Endpunkt meist eindeutig festgehalten werden kann. Weiters ist es bei den meisten Kohortenstudien möglich, die Inzidenz einer Erkrankung zu erfassen, was andere Formen von Beobachtungsstudien gar nicht zulassen. Ein weiterer Vorteil ist, dass auch seltene beziehungsweise mehrere Risikofaktoren gleichzeitig untersucht werden können.

4. Nachteile und Schwachstellen der Kohortenstudie

4.1 Seltene Endpunkte

Seltene Endpunkte, wie zum Beispiel viele bösartige Tumorerkrankungen, kann man mit einer Kohortenstudie nicht gut erfassen, da man eine riesige Anzahl von Probanden erfassen und beobachten müsste.

4.2 Aufwand und Kosten

Um einen Zusammenhang zwischen den Risikofaktoren und einem Endpunkt zu erfassen, benötigt man oft viele Teilnehmer, da meist Risikofaktoren mit einer nur relativ schwachen Auswirkung auf den Endpunkt untersucht werden. Oft muss man die Studienteilnehmer über lange Zeiträume beobachten. Eine große Anzahl von Studienteilnehmern eventuell über lange Beobachtungszeiträume zu verfolgen, ist nicht nur sehr aufwändig, sondern kann auch sehr teuer werden.

4.3 Kausalität

Ein weiterer Nachteil ist, dass Kausalität nicht nachgewiesen werden kann. Kausalität kann man nur mit einer Sonderform der Kohortenstudie, der randomisierten, kontrollierten Studie nachweisen.

4.4 Bias

Kohortenstudien sind vor allem für *Selection Bias* anfällig, insbesondere durch den Verlust von Studienteilnehmern in der Nachbeobachtungsphase. Probanden können für die Studie verloren gehen, wenn sie sich entschließen, nicht mehr teilzunehmen, in ein anderes Gebiet ziehen, versterben, eine andere Krankheit bekommen usw. In diesem Zusammenhang ist es wichtig zwischen einem „zufälligen" und einem selektiven Verlust zu unterscheiden. Zufällig bedeutet, dass unabhängig vom Vorhandensein des Risikofaktors in beiden Gruppen (Probanden mit Risikofaktor und Probanden ohne Risikofaktor) Probanden verloren gehen. Wenn in beiden Gruppen Probanden (mit Risikofaktor und ohne Risikofaktor) zufällig verloren werden, wird der Zusammenhang zwischen dem Risikofaktor und dem Endpunkt nicht beeinflusst. Wenn aber über 20% der Teilnehmer einer ursprünglichen Kohorte verloren wurden, sind die Ergebnisse nicht mehr generalisierbar. Das heißt, die interne Gültigkeit bleibt eventuell erhalten, aber die externe Gültigkeit geht verloren. Diese 20% Grenze ist Konvention, und ich glaube man sollte hier nicht zu streng sein, obwohl diese Grenze im Rahmen von manchen, qualitativ hochwertigen *Evidence Based Medicine* Quellen rigoros eingehalten wird (siehe Kapitel 30).

Wenn Probanden in einer Gruppe häufiger verloren gehen als in der anderen, so entspricht das beobachtete Ergebnis möglicherweise nicht dem wahren Zusammenhang zwischen dem Risikofaktor und dem Endpunkt (*Bias* durch *selective-loss-to-follow-up*). Dies passiert zum Beispiel, wenn Patienten mit einem Risikofaktor für die Studie verloren gehen, da ein Zusammenhang zwischen dem Risikofaktor und dem Verlorengehen besteht.

EIN (ERFUNDENES) BEISPIEL : Ich möchte bei Pensionisten den Zusammenhang zwischen dem Einkommen, also der Pensionshöhe (hoch *v* niedrig) und der Häufigkeit von Lungenentzündung erfassen. Ich erhebe daher zu Beginn der Studie die Pensionshöhe und befrage alle Teilnehmer nach einem Jahr mit einem über den Postweg zugestellten Fragebogen, ob sie im Beobach-tungszeitraum eine Lungenentzündung hatten. Die Lungenentzündung wird durch die Frage „Hat Ihnen innerhalb der letzten 12 Monate ein Arzt gesagt, dass sie eine Lungenentzündung haben?" definiert. Am Ende der Stu-die muss ich feststellen, dass 95% der Pensionisten in der Gruppe mit „hoher" Pension geantwortet haben, aber nur 75% der Pensionisten mit „niedriger" Pension. Egal, was ich nun als relatives Risiko errechne, ich kann nicht ausschließen, dass es einfach falsch ist. Vielleicht hatten viele der *Non-responder* eine Lungenentzündung, antworten aber nicht, weil sie (1) gerade im Krankenhaus sind, (2) weil sie so krank sind, dass sie nicht antworten können, (3) weil sie bereits verstorben sind, (4) weil soziöko-nomisch schlechter Gestellte nachweislich seltener auf Fragebögen ant-worten. Im schlimmsten Fall sind die Punkte 1 bis 3 sogar durch eine Lungenentzündung verursacht. In diesem Zusammenhang könnte auch ein *Informationsbias* wirksam sein: Sozioökonomisch Bessergestellte gehen vielleicht häufiger zum Arzt, als finanziell Benachteiligte und die Diagnose Lungenentzündung wird daher öfter gestellt.

Dieses Beispiel ist, wie bereits gesagt, erfunden und wenn man ein wenig nachdenkt findet man weitere Biasmöglichkeiten. Die meisten dieser Feh-lerquellen kann man relativ einfach vermeiden, indem man bereits in der Planungsphase daran denkt, und deren Vermeidung im Studiendesign be-rücksichtigt wird.

Die praktischen Vor- und Nachteile der Kohortenstudie im Vergleich zu anderen Designformen wird auch im Appendix I dargestellt.

Kapitel 12
Wie weist man die Wirksamkeit
von medizinischen Interventionen nach?

- Um die Wirksamkeit einer Intervention festzustellen braucht man:
  1) eine Interventionsgruppe und eine Kontrollgruppe
  2) eine Gruppenzuordnung nach dem Zufallsprinzip (Randomisierung)
- Ausschließlich randomisierte Vergleichsstudien gewährleisten, dass die beiden Gruppen sich nur hinsichtlich der Intervention unterscheiden und somit ein Effekt der Intervention zuzuschreiben ist
- Nicht-randomisierte Vergleichsstudien gewährleisten **nicht**, dass die beiden Gruppen sich nur hinsichtlich der Intervention unterscheiden
- Nicht-randomisierte Studien überschätzen oft die Wirksamkeit einer Intervention

1. Allgemeines

In der Medizin wenden wir die unterschiedlichsten Behandlungsformen an, um das bestmögliche Ergebnis zu erlangen. Der Begriff Behandlungsform ist absichtlich weit gefasst und beinhaltet Präventivmaßnahmen (z.B. Beratung, Diät), aber auch medikamentöse Therapien oder chirurgische Eingriffe und wird hier im Weiteren kurz *Intervention* genannt. Ebenso ist der *Endpunkt* sehr breit zu interpretieren und kann sich auf die Verkürzung von Krankheit beziehen, ebenso wie auf Überleben oder die Verminderung von Beschwerden.

Um die Wirksamkeit einer Intervention zu erfassen, ist es notwendig, dass 1) eine Kontrollgruppe existiert (keine Intervention), 2) eine Interventionsgruppe existiert und, dass 3) sich die Kontrollgruppe von der Interventionsgruppe zu Beginn ausschließlich (!) hinsichtlich des Risikofaktors unterscheidet. Wenn neben der Intervention noch andere Unterschiede bestehen, kann man nie sicher sagen, ob der beobachtete Effekt durch die Intervention oder durch andere Unterschiede zu erklären ist (siehe Kapitel 7). Studien ohne Kontrollgruppen, so genannte Fallserien, erzeugen oft ein stark verzerrtes Bild hinsichtlich der Wirksamkeit einer Intervention und der Therapieerfolg wird meist überschätzt (siehe Kapitel 9).

2. Wie erstellt man Kontrollgruppen?

Zur Auswahl stehen (1) so genannte historische Kontrollen, (2) Kontrollpatienten die durch ein nicht-zufälliges Auswahlverfahren einer Gruppe zugeteilt werden sowie (3) Kontrollpatienten die nach dem Zufallsprinzip der Intervention, oder der Kontrollgruppe zugeordnet werden.

2.1 Historische Kontrollen

Historische Kontrollen sind meist Patienten, die aus einer Zeit stammen, zu der die neue Intervention noch nicht erhältlich, oder gebräuchlich war (z.B. 30-Tage-Sterblichkeit nach Herzinfarkt vor der Ära der Thrombolyse *v* Nachher). Das Hauptproblem mit historischen Kontrollpatienten ist, dass ein adäquater Vergleich nicht sichergestellt werden kann:

- Einschlusskriterien der bereits „vorhandenen" Patienten sind oft weniger genau definiert; eventuell handelt es sich um eine ganz andere Patientenpopulation;
- Die Qualität der Daten ist oft schlechter, insbesondere wenn es sich um retrospektive Datenerhebung handelt; die Kriterien für den Therapieerfolg sind möglicherweise unterschiedlich;
- Die Begleittherapie kann sich über die Zeit ändern und so den Endpunkt beeinflussen;
- Kliniker neigen dazu Patienten in der „Nachher-Gruppe" von der Analyse auszuschließen, wenn kein Erfolg eintritt.

All diese Kriterien führen letztlich dazu, dass in Studien, die historische Kontrollen verwenden, der Therapieerfolg überschätzt wird. Selbst wenn die Studie mit historischen Kontrollen zeigt, dass eine Intervention wirksam ist, kann man die Effektgröße, und damit die klinische Relevanz, nicht abschätzen (Sacks 1982).

2.2 Nicht-zufälliges Auswahlverfahren

Wenn Patienten durch ein nicht-zufälliges Auswahlverfahren einer Gruppe zugeteilt werden, können wir niemals sicher ausschließen, dass andere Störfaktoren die Wirkung beeinflusst oder sogar verursacht haben. Nicht-zufällige Auswahlverfahren sind solche, wo z.B. der behandelnde Arzt entscheidet, ob der Patient eine Intervention erhält, oder nicht. Es ist offensichtlich, dass hier selbst bei den größten Bemühungen von Seiten des Arztes eine objektive Auswahl nicht gegeben ist. Wahrscheinlich gibt es fast immer bestimmte Muster, die das Verhalten des Arztes mehr oder weniger unbewusst beeinflussen: Vielleicht sind Patienten die eine Intervention erhalten sollen, jünger, gesünder, oder wohlhabender (oder das Gegenteil). Im Falle einer belastenden Intervention, eine Operation zum Beispiel, kann man sich vorstellen, dass ältere oder sehr kranke Patienten eher konservativ behandelt werden. Diese Form des *Bias* nennt man Selektionsbias. Aber auch andere Methoden, wie zum Beispiel eine systematische Zuordnung (nach geraden/ungeraden Aufnahmetag, Geburtstag, oder alternierend) erlauben einen gewissen Selektionsbias, da im Vorhinein absehbar ist, welcher Gruppe der Patient zugehören wird und entsprechend bestimmte Patienten vielleicht nicht eingeschlossen werden. Weiters verweise ich auf die Kapitel 10 und 11, wo die Rekrutierung von Kontrollen für diese Formen des Studiendesigns beschrieben wird. Generell gilt, dass nicht-randomisierte Studien den Effekt einer Intervention überschätzen (Ioannidis 2001).

2.3 Randomisierung

Durch die Randomisierung wird der Störfaktor „Selektion" vollkommen ausgeschaltet und andere Einflussgrößen in beiden Gruppen konstant gehalten. Daher ist ein Unterschied des Interventionserfolges (der Effekt) nur mehr durch die Intervention zu erklären.

Erstmalig wurden randomisierte Studien im Bereich der Agrikultur eingesetzt, in denen Landeinheiten nach dem Zufallsprinzip mit bestimmten Düngemitteln oder auch bestimmten Saatformen „behandelt" wurden. Die erste randomisierte Studie mit Menschen wurde 1948 veröffentlicht: Patienten mit Lungentuberkulose erhielten Bettruhe und Streptomycin oder nur Bettruhe (Medical Research Council 1948).

3. Macht es einen Unterschied, ob man randomisiert oder nicht?

Ein Beispiel: Ioannidis und Kollegen (2001) suchten systematisch nach klinischen Studien zu Themenbereichen, wo sowohl nicht-randomisierte, als auch randomisierte Studien zum jeweiligen Thema vorhanden waren. Sie fanden insgesamt 45 Themenbereiche zu denen es randomisierte und nicht-randomisierte Arbeiten gab (gesamt 408). Der Behandlungseffekt in nicht-randomisierten Studien war „überzufällig" größer: Bei 60% wurde der Effekt um 50% überschätzt und bei $1/3$ der Studien wurde der Effekt um mehr als 200% überschätzt.

Es macht also einen relevanten Unterschied, wenn man nicht randomisiert: (1) Hypothesen können nicht bewiesen werden, da man nie sicher sein kann, dass der beobachtete Effekt alleine durch die Intervention bedingt ist und (2) das Ausmaß des Effekts wird in der Regel überschätzt.

Die praktischen Vor- und Nachteile der randomisierten, kontrollierten Studie, im Vergleich zu anderen Designformen, wird im Appendix I dargestellt.

Kapitel 13
Wie führt man die Randomisierung durch?

- Nur randomisierte kontrollierte Studien erlauben den Nachweis der Effektivität einer Intervention
- Randomisierung bedeutet, dass der Zufall entscheidet, welche Intervention der Studienteilnehmer erhält
- Möglichkeiten der Randomisierung
    - Einfache Randomisierung
    - Blockweise Randomisierung
    - Stratifizierte Randomisierung
    - *Minimisation*
    - *Cluster* Randomisierung
    - Faktorielle Randomisierung
    - *Cross-over* Randomisierung

Nur randomisierte kontrollierte Studien erlauben den Nachweis der Effektivität einer Intervention (siehe Kapitel 12). Der Vorgang der Randomisierung ist einfach und es gibt nur selten gute Gründe, ein anderes Vorgehen, wie zum Beispiel alternierende Tage, zu wählen. Ich möchte hier auf die wichtigsten Arten der Randomisierung eingehen.

1. Einfache Randomisierung

Bei der einfachen Randomisierung teilt man die Studienobjekte (es müssen nicht immer Menschen sein) nach einem Zufallssystem einer Gruppe zu. Die Zufallszuteilung kann auf viele verschiedene Möglichkeiten erfolgen: Durch Münzwurf, unter Zuhilfenahme von Tabellen mit Zufallszahlen, oder durch Computerprogramme.

Man braucht eine Liste/Tabelle mit Zufallszahlen (siehe z.B. Tabelle 1 im Kapitel 21), die Anzahl der zu randomisierenden Teilnehmer und die Anzahl der Zuteilungsgruppen. Nehmen wir an, dass wir 20 Patienten einer Interventionsgruppe A und einer Kontrollgruppe B zuteilen wollen. Die Tabelle der Zufallszahlen wurde mit Excel erstellt. Das geht recht einfach, erlaubt aber nur Zufallszahlen zwischen 0 und 1. Das macht nichts aus, da wir die Null vor dem Komma einfach ignorieren können.

EIN BEISPIEL FÜR 2 GRUPPEN

Schritt 1: Man teilt den Gruppen Zahlen zu und wenn dann eine der Zahlen in der Zufallszahlenliste auftaucht, wird der Studienteilnehmer der jeweiligen Gruppe zugeteilt. Die Zufallszahlen 0 bis 4 entsprechen Gruppe A und die Zahlen 5 bis 9 entsprechen Gruppe B.

Schritt 2: Nun nimmt man die Liste mit Zufallszahlen zur Hand, wählt einen beliebigen Punkt und liest die aufeinander folgenden Zahlen in eine Richtung (horizontal auf- oder abwärts oder vertikal links oder rechts) bis man 20 Teilnehmer erhoben hat. Wenn ich links oben beginne, die Null vor dem Komma ignoriere, und immer senkrecht lese, dann sind die ersten 20 Zahlen: 2 0 4 1 7 6 1 1 7 6 9 3 9 0 4 3 5 3 5 8 (die letzte Zahl ist die Erste aus der zweiten Spalte oben).

Schritt 3: Nun werden der Reihe nach den Teilnehmern die Gruppen zugeteilt: Teilnehmer 1 kommt in die Gruppe A, da die erste Zahl eine 2 ist, also zwischen 0 und 4 liegt … usw. Die Teilnehmer 1, 2, 3, 4, 7, 8, 12, 14, 15, 16, 18 werden daher Gruppe A zugeteilt und Teilnehmer 5, 6, 9, 10, 11, 13, 17, 19, 20 der Gruppe B.

EIN BEISPIEL FÜR 3 GRUPPEN

Schritt 1: Man teilt den Gruppen Zufallszahlen zu. Wenn 3 Gruppen (A, B, C) verwendet werden und ich 15 Teilnehmer zuteilen will, dann entspricht A den Zahlen 1 bis 3, B den Zahlen 4 bis 6, C den Zahlen 7 bis 9 und 0 wird ignoriert.

Schritt 2: Nun werden die Zufallszahlen aus der Tabelle gelesen. Wenn ich rechts unten beginne und immer horizontal von rechts nach links lese (die Null vor dem Komma wird auch ignoriert; siehe oben), ergeben sich folgende Zahlen: 8 5 2 2 7 (0) 2 9 3 6 3 6 9 3 (0) 1 2.

Schritt 3: Jetzt werden die Teilnehmer anhand der Zahlen den Gruppen zugeteilt. Der erste Teilnehmer hat die Zahl 8 und wird daher der Gruppe C zugeteilt. Insgesamt werden die Teilnehmer 3, 4, 6, 8, 10, 13, 14, 15 der Gruppe A zugeteilt, die Teilnehmer 2, 9 11 der Gruppe B und Teilnehmer 1, 5, 7 und 12 der Gruppe C.

Der Nachteil dieser einfachen Methode ist, dass bei kleineren Stichproben (< 100 pro Gruppe) die Anzahl der Teilnehmer pro Gruppe beträchtlich unterschiedlich sein kann, was man bei dem Beispiel für 3 Gruppen gut sehen kann.

2. Blockweise Randomisierung

Wenn man ungleich große Gruppen vermeiden will, muss man Blöcke bilden. Die Gesamtzahl der Studienteilnehmer sollte immer ein Vielfaches des Blockes sein und es sollten sich gleich große Gruppen ausgehen. So sollte bei einer 2-armigen Studie und einer Blockgröße von 4 die Gesamtzahl z.B. 24, 32, 40 usw. sein.

EIN BEISPIEL FÜR 2 GRUPPEN: Ich will 40 Patienten entweder Gruppe A oder Gruppe B zuordnen, möchte aber, dass beide Gruppen gleich groß sind.

Schritt 1: Ich bilde Blöcke zu jeweils 4 Teilnehmern. Die Kombinationsmöglichkeiten (Blockpermutationen) sind AABB, ABAB, BBAA, BABA, ABBA und BAAB.

Schritt 2: Jeder Block wird einer Zahl zugeordnet: AABB = 1, ABAB = 2, BBAA = 3, BABA = 4, ABBA = 5, BAAB = 6; die Zahlen 7, 8, 9 und 0 werden nicht mit Gruppen besetzt und später auch ignoriert.

Schritt 3: Auf der Liste mit den Zufallszahlen (wieder Tabelle 1 im Kapitel 21) wählt man einen beliebigen Punkt, bei mir ist es „zufällig" wieder ganz links oben. Ich gehe nun horizontal von links nach rechts vor, bis ich 10 Zufallszahlen zwischen 1 und 7 habe: 2, 4, 4, 7, 1, 7, 5, 4, 3, und 6.

Schritt 4a: Jetzt werden wieder den Nummern die entsprechenden Blöcke zugeteilt. Unser erster Block hat also die Nummer 2 (ABAB): Der erste Patient wird der Gruppe A zugeordnet, der Zweite der Gruppe B, der Dritte der Gruppe A, der Vierte der Gruppe B. Die ersten vier Teilnehmer sind nun versorgt und der erste Block ist gefüllt.

Schritt 4b: Nun wird der nächste Block gefüllt: Der zweite Block hat die zweite Zufallszahl auf der Liste, die Nummer 4 (BABA): Der fünfte Patient wird der Gruppe B zugeordnet, der Sechste der Gruppe A, der Siebte der Gruppe B, der Achte der Gruppe A. Ende des zweiten Blocks, Beginn des nächsten Blocks usw.

Bei größeren Blöcken geht man ähnlich vor, ich verweise diesbezüglich aber auf weiterführende Literatur (z.B. Smith 1996). Man kann auch unterschiedliche Blockgrößen kombinieren und so vermeiden, dass die Einschließenden den Code vorhersehen und so „knacken" können.

3. Stratifizierte Randomisierung

Wenn man sichergehen will, dass wichtige Untergruppen in beiden Studienarmen gleichwertig vertreten sind, oder wenn zu erwarten ist, dass die Intervention in bestimmten Gruppen anders wirkt (z.B. Wirkung bei Frauen anders als bei Männern; siehe auch Kapitel 7), muss eine stratifizierte Randomisierung durchgeführt werden.

EIN BEISPIEL: Sie sind eingeladen über das Design einer randomisierten, kontrollierten Studie mit Patienten die einen schweren Schlaganfall erlitten haben, nachzudenken. Die Arbeitshypothese ist, dass das Ausmaß des Gehirnschadens verringert werden kann, wenn die Körpertemperatur des Patienten in den ersten 24 Stunden nach dem Schlaganfall gesenkt wird.

Mehrere Zentren wollen an dieser Studie teilnehmen, aber die Anzahl der Teilnehmer und auch das praktische klinische Vorgehen ist zwischen diesen Zentren sehr unterschiedlich. Um zu vermeiden, dass durch diese Unterschiede der Effekt der Intervention beeinflusst wird, bildet jedes Zentrum einen eigenen Arm (Stratum) in dem die Patienten jeweils gesondert randomisiert werden. Die Randomisierung innerhalb eines Armes kann wieder einfach oder blockweise erfolgen. Man kann auch zum Beispiel nach Geschlecht, Altersgruppen oder Diagnosegruppen stratifizieren.

Auch mehrere, hierarchisch geordnete Strata sind theoretisch möglich: Ich will nicht nur, dass die Gruppen (siehe oben) hinsichtlich Zentrum vergleichbar sind, sondern auch die Anzahl der Frauen in Gruppe A und B gleich ist. Der Nachteil dieses Vorgehens ist, dass eine Stratifikation für mehr als 3 Variablen sehr kompliziert und oft nicht mehr praktikabel ist.

4. Minimisation

Als Alternative zur stratifizierten Randomisierung gibt es ein Verfahren, dass eine ausgewogene Gruppenzuteilung ermöglicht, obwohl viele Strata notwendig sind. Dieses Verfahren ist relativ einfach und nennt sich *Minimisation*. Ich empfehle aber für dieses Design einen Spezialisten einzubinden. Eine ausführliche Beschreibung bietet Altman (1992) oder Pocock (1983).

5. Faktorielle Randomisierung

In bestimmten Situationen kann man im Rahmen einer einzigen Studie mehrere Faktoren gleichzeitig untersuchen.

EIN BEISPIEL (DAS WIR SCHON GUT KENNEN): Im Kapitel 3 wurde die ISIS-2 Studie schon beschrieben (ISIS-2 Collaborative Group 1988). Die Studie untersuchte bei ca. 17.000 Patienten den Effekt von Streptokinase und Aspirin im Vergleich zu Placebo (einem Scheinmedikament) bei Patienten mit akutem Herzinfarkt. Damals war weder der Effekt von Aspirin, noch der Effekt von Streptokinase, gesichert. Weiters war vollkommen unklar, wie diese beiden Medikamente gemeinsam wirken: möglicherweise verstärkt sich der Effekt, möglicherweise erhöht sich aber auch das Blutungsrisiko. Wenn man jedes Medikament einzeln untersucht, muss man jeweils mehrere tausend Patienten einschließen, was einen beträchtlichen zeitlichen Aufwand bedeutet, da jede Studie mehrere Jahre dauert und jeweils über mehrere Jahre läuft. Weiters sind die logistischen Anforderungen an so große Studien beträchtlich und die Kombination aus Zeit und Logistik verschlingt natürlich viel Geld. Mit einem faktoriellen Design kann man beides gleichzeitig untersuchen. Weiters kann man untersuchen, ob es eine Interaktion

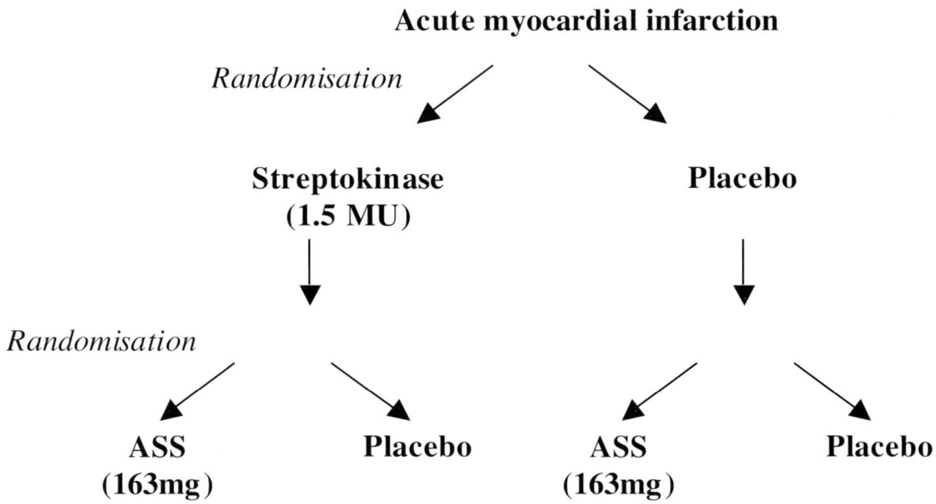

Acute myocardial infarction

Randomisation

**Streptokinase
(1.5 MU)**   **Placebo**

Randomisation

**ASS
(163mg)**   **Placebo**   **ASS
(163mg)**   **Placebo**

Abb. 1. Faktorielle Randomisierung mit zwei Faktoren (Streptokinase und Aspirin). Die Randomisierung zu Streptokinase oder Placebo und die Randomisierung zu Aspirin oder Placebo werden unabhängig voneinander durchgeführt

– eine Wirkungsverstärkung – zwischen den beiden Medikamenten gibt. In der ISIS-2 Studie wurden die 17.187 Patienten zuerst in den Streptokinasearm (8.592 Patienten) oder den Placeboarm (8.595 Patienten) randomisiert und gleich darauf in den Aspirinarm (8.587 Patienten) oder den Placeboarm (8.600 Patienten) (Abb. 1). Das heißt, es gab eigentlich vier Gruppen: Patienten die nur Streptokinase erhielten, Patienten, die nur Aspirin erhielten, Patienten die beides erhielten und Patienten die überhaupt nur Placebo erhielten. Diese Designform ist vor allem sinnvoll, wenn große Fallzahlen für die Studien rekrutiert werden sollen.

6. *Cross-over* Randomisierung

Bei chronischen, stabilen Erkrankungen kann man eine randomisierte Studie so anlegen, dass jeder Patient seine eigne Kontrolle ist. Das geht natürlich auch nur wenn die Intervention keine dauerhafte Wirkung hat: z.B. ein Blutdrucksenker wirkt, je nach Substanzklasse, über ein paar Stunden bis die Wirkung wieder nachlässt beziehungsweise ganz verschwindet.

Es wird eine Gruppe von Studienteilnehmern in die Interventionsgruppe oder die Kontrollgruppe randomisiert, dann wird nach einem definierten Zeitraum (Periode 1) der Endpunkt gemessen. Dann wird eine bestimmte Zeit zugewartet, ohne dass eine Intervention stattfindet, damit die Wirkung der Intervention (meistens ein Medikament) wieder weg ist, „ausgewaschen" durch den Stoffwechsel (*washout* Periode). Dann erhalten Studienteilnehmer die zuerst in der Kontrollgruppe waren, die Intervention und umgekehrt (Abb. 2).

Eigentlich ist so ein Design recht einfach und elegant. Da jeder Patient seine eigene Kontrolle ist, ist die biologische Variabilität stark reduziert und man kann mit viel kleineren Fallzahlen auskommen. Dieses Design bietet sich an, wenn Sie biologische Mechanismen untersuchen wollen, und es sich, wie schon oben erwähnt, um einen relativ stabilen bzw. konstanten Zustand handelt, der nur durch die Intervention beeinflusst wird. Chronische Schmerzzustände können so untersucht werden. Auch im Bereich der Intensivmedizin gibt es viele Studien, die ein *cross-over* Design verwenden um die Wirkung von Vasopressoren bei Patienten mit Schock zu untersuchen.

Der Nachteil ist, dass klinisch relevante und/oder dauerhafte Endpunkte – das Überleben oder etwa Heilung – so nicht untersucht werden können. Und viele der mit diesem Design untersuchbaren Endpunkte sind Surrogatendpunkte (siehe Kapitel 3), deren klinische Bedeutung oft vollkommen

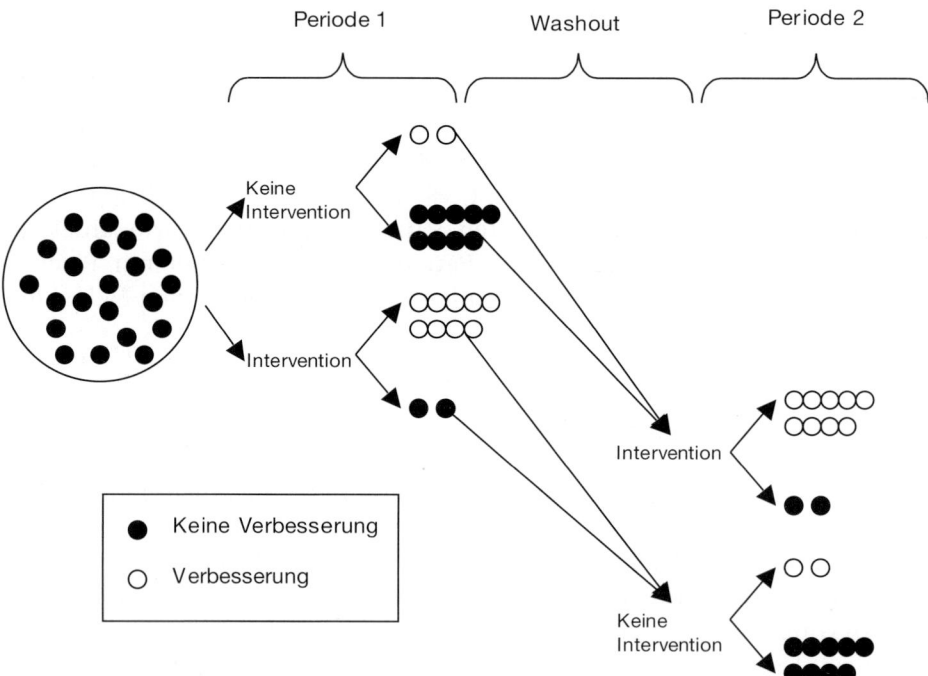

Abb. 2. *Cross-over* Randomisierung. Patienten werden zu ‚Medikament' oder Placebo randomisiert und der Effekt wird am Ende der Phase 1 gemessen. Dann wird das Medikament abgesetzt und das Verschwinden der Wirkung abgewartet (*Washout*). Dann erhalten Patienten die am Beginn der Phase 1 das Medikament erhielten das Placebo, und umgekehrt und am Ende der Phase 2 wird wieder der Effekt gemessen

unklar ist. Um beim Beispiel der Vasopressoren zu bleiben: es ist nicht so wichtig, welches Medikament besser den Blutdruck bei Patienten mit Kreislaufschock hebt, sondern welches Medikament die Überlebenswahrscheinlichkeit verbessert.

Wenn ein Patient bei einer Untersuchung nicht mitmacht (technisches Versagen, kann nicht kommen, usw.) so fällt er komplett aus der Analyse raus. Das heißt, dass Fehlwerte sehr schnell zu Fallzahl und damit Power-Problemen führen können.

Solche Studien muss man hinsichtlich der *washout* Periode gut planen und ein so genannter *carry-over* Effekt muss auch im Rahmen der Analyse aktiv gesucht werden. Wenn die *washout* Periode aber zu lang ist, kann es passieren, dass die Effekte in den Perioden unterschiedlich sind, was aber auf andere Einflüsse als der Intervention zurückzuführen ist. Auch nach Periodeneffekten muss man im Rahmen der Analyse aktiv suchen. Wenn ein Periodeneffekt nachweisbar ist, so sind die Ergebnisse oft schwierig zu interpretieren.

7. *Cluster* Randomisierung

Es gibt Umstände wo es entweder (1) nicht möglich ist, einzelne Patienten den unterschiedlichen Interventionsgruppen zuzuordnen, oder (2) es erwünscht ist, den Effekt auf ganze Gruppen zu untersuchen.

7.1 Individuelle Randomisierung nicht möglich

Die Zuordnung individueller Patienten ist nicht möglich, wenn zu erwarten ist, dass andere Teilnehmer auch von der Intervention (z.B. Verhaltensmaßnahmen wie Diätvorschläge um das Risiko der koronaren Herzkrankheit zu senken (Steptoe 1999)) erfahren würden und vielleicht auch ihr Verhalten ändern und die Intervention erhalten, obwohl sie in der Kontrollgruppe sind. Wenn man aber alle Patienten jeweils einer Praxis der jeweiligen Interventionsgruppe zuordnet, kann man diese „Kontamination" vermeiden.

7.2 Effekt auf ganze Gruppe untersuchen

Wenn nachgewiesen werden soll, dass Interventionen auf organisatorischer Ebene wirksam sind, kann man das nur mit einem *Clusterdesign*. Wenn zum Beispiel untersucht werden soll, ob die Verabreichung von Vitamin A in der Schwangerschaft, die Sterblichkeitsrate von Schwangeren, Gebärenden und jungen Mütter in Nepal senkt, so sollte das auf Gemeindeebene geschehen (West 1999). Nur so kann man auch erfassen, ob die Gemeinden überhaupt in der Lage sind, die Gesundheitsintervention an den Wirkort – die gebärfähige Frau und ihr Umfeld – zu bringen.

Der Nachteil der *cluster*-randomisierten Studie ist, dass die Resultate nur für die Gruppe gelten und man daraus nichts für den Einzelnen schließen kann. Weiters sind größere Fallzahlen als bei der individuellen Randomisierung notwendig sowie spezielle statistische Analysemethoden. Bland (1997) und Kerry (1998) diskutieren diese Punkte ausführlich und verständlich.

8. Weiterführende Literatur

Von Pocock (1983) ist DAS Buch über Design und Analyse von randomisierten, kontrollierten Studien. Es ist leider schwer zu bekommen und wahnsinnig teuer, aber das Geld wert. Sollten Sie jemals ernsthaft über die Planung und Durchführung eine *cluster*-randomisierten Studie denken, dann ist das Buch von Donner und Klar (2000) Pflichtlektüre.

Kapitel 14
Wie analysiert und präsentiert man randomisierte, kontrollierte Studien?

- Basisdaten werden am besten in Form einer Tabelle präsentiert
- Die Basisdaten der unterschiedlichen Gruppen sollten vergleichbar/ähnlich sein
- Die Vergleichbarkeit von Basisdaten kann nicht mittels statistischer Tests bewiesen, sondern nur durch Betrachtung der Daten vermutet werden
- Randomisierte kontrollierte Studien sind ausgelegt Endpunkte zwischen den Gruppen
- Unbedingt ein Maß für die Effektgröße (z.B. Differenz) und das 95% *Confidence Interval* angeben
- Der statistische Vergleich (vorher-nachher) innerhalb der jeweiligen Gruppe ist nicht sinnvoll

Die Auswertung der Ergebnisse einer gut durchgeführten, randomisierten kontrollierten Studie scheint vordergründig einfach. Bezüglich Datenpräsentation und statistischer Tests verweise ich auf die entsprechenden Kapitel (Kapitel 22 und 24). Es gibt jedoch einige Punkte auf die ich hier näher eingehen möchte und zwar (1) wie man die Basisdaten im Speziellen (nicht) angibt, und (2) was man beim Vergleich der Endpunkte beachten muss.

1. Vergleich der Basisdaten

Werden Patienten in eine randomisierte kontrollierte Studie eingeschlossen, so werden zu diesem Zeitpunkt normalerweise die demographischen Daten (Alter, Geschlecht, Begleiterkrankungen, Lebensqualität usw.) und die Basiswerte der Endpunkte erhoben. Wenn die Randomisierung richtig durchgeführt wurde, so sollten diese Variablen, bei entsprechend großem Stichprobenumfang, in beiden Gruppen etwa gleich verteilt sein. Die wahrscheinlich beste Methode um dem Leser zu zeigen, dass diese Variablen zwischen den Gruppen vergleichbar sind, ist eine Tabelle. Diese Variablen sollten aber nicht mittels statistischer Tests verglichen werden, insbesondere, da ein nicht-signifikanter Test nicht bedeutet, dass die Gruppen gleich sind

(Assman 2000). Ob die Gruppen vergleichbar sind, kann lediglich durch Betrachtung und subjektiver Bewertung der beobachteten Unterschiede entschieden werden.

EIN BEISPIEL: Im Kapitel 15 beschreibe ich eine randomisierte kontrollierte Studie mit Patienten nach Kreislaufstillstand mit primär erfolgreicher Wiederbelebung (Hypothermia after Cardiac Arrest Study Group 2002). Wenn Patienten einen so genannten plötzlichen Herztod erleiden, aber erfolgreich wiederbelebt werden konnten, ist oft eine neurologische Schädigung zu beobachten. Diese Studie untersuchte den Einfluss von milder Hypothermie (Untertemperatur bis 33°C durch aktive Kühlung) auf die neurologische Erholung. Es wurden 275 Patienten nach dem Zufallssystem der „Behandlung wie üblich" Gruppe zugeteilt oder der Gruppe, die auf 33°C Körpertemperatur gekühlt wurden.

In Tabelle 1 sind die Basisdaten der Patienten zum Zeitpunkt der Randomisierung angegeben. Wenn man die Gruppen hinsichtlich der Verteilung der Variablen vergleicht, erwartet man geringfügige Unterschiede, die durch Zufallsvariabilität bedingt sind. Ein statistischer Vergleich zwischen allen Gruppen ist nicht sinnvoll, da ich so nur teste, ob aus statistischer Sicht ordentlich randomisiert wurde. Das beurteilt man aber am besten anhand des im Methodenteil beschriebenen Designs. Wenn man solche Tests durchführt, sind die Ergebnisse nicht einfach zu interpretieren. Man würde auf 20 Vergleiche einen „signifikant Unterschiedlichen" erwarten; so auch hier: 1 von 18 Tests unterscheidet sich (Diabetes). Diese Tests untersuchen **nicht,** ob die Gruppen vergleichbar sind.

Es fällt jedoch auf, dass sich insgesamt 3 Variablen etwas abheben: Diabetes, koronare Herzkrankheit und Laienreanimation war etwas häufiger in der ersten Gruppe (19% v 8%, 42% v 32%, und 50% v 43%). Dieser Unterschied kann entweder wirklich vorhanden sein (ein echter Effekt), oder lediglich Ausdruck der Zufallsschwankung sein. Wenn der Unterschied echt ist, so gab es bei der Randomisierung Probleme. Wie schon im obigen Absatz erwähnt glaube ich, dass es sich am ehesten um Zufallsvariabilität handelt. Das kann ich natürlich nicht beweisen, sondern nur durch Analogie behaupten. Mit Analogie meine ich, dass eben 1 Test von 18 positiv war, was ungefähr im Bereich des Erwarteten liegt.

Wenn solche Ungleichheiten bestehen, sollte man unbedingt einen klinischen Epidemiologen, oder einen Statistiker um Hilfe bitten, da man diese Störfaktoren bei der Analyse berücksichtigen muss (siehe unten).

2. Vergleich der Endpunkte

Randomisierte kontrollierte Studien sind darauf ausgelegt, zwischen den Interventionsgruppen zu vergleichen. Wenn der Endpunkt eine *kontinuier-*

Tabelle 1. Basisdaten bei und unmittelbar nach erfolgreicher Wiederbelebung (vor Randomisierung) (Hypothermia after Cardiac Arrest Study Group 2002)

	Normothermie	*Hypothermie*
Demographische Daten		
Alter – Jahre (Interquartilen Range)	59 (49–67)	59 (51–69)
	(N=137)	(N=136)
Frauenanteil – no./total no. (%)	31/137 (23)	34/136 (25)
Vorerkrankungen –no./total no. (%)		
Diabetes	26/137 (19)	11/136 (8)
Koronare Herzkrankheit	58/137 (42)	44/136 (32)
Cerebrovaskuläre Erkrankungen	10/137 (7)	11/136 (8)
Herzinsuffizienz (NYHA Klasse III oder IV)	14/129 (11)	15/130 (12)
Ort des Kollapses – no./total no. (%)		
Zuhause	69/137 (50)	70/136 (52)
Öffentlicher Platz	53/137 (39)	48/136 (35)
Andere*	15/137 (11)	18/136 (13)
Einschlusskriterien erfüllt		
Kollaps beobachtet – no./total no. (%)	135/137 (99)	135/138 (98)
Kardiale Genese – no./total no. (%)	134/137 (98)	136/138 (99)
Kammertachykardie oder –Flimmern – no./total no. (%)	131/137 (96)	134/138 (97)
Reanimations- und Postreanimationsdaten		
Laienreanimation – no./total no. (%)	68/137 (50)	59/138 (43)
Kollaps bis Wiedererlangen von Kreislauf-		
tätigkeit – Minuten (Interquartilen Range)	23 (17–33)	21 (15–28)
	(N=134)	(N=134)
Gesamtepinephrin – mg (Interquartilen Range)	3 (1–6)	3 (1–5)
	(N=137)	(N=136)
Hypotonie nach Wiederbelebung – no./total no. (%)	67/137 (49)	76/138 (55)
Neuerl. Kreislaufstillstand nach Wieder-		
belebung – no./total no. (%)	11/137 (8)	15/138 (11)
Thrombolyse nach Wiederbelebung – no./total no. (%)	24/132 (18)	27/136 (20)

*Arztpraxis, Arbeitsplatz, Krankenhaus

liche Variable ist (zum Beispiel Blutdruck, siehe Kapitel 22) gibt es im Wesentlichen vier Möglichkeiten das zu tun:

Variante 1

Man vergleicht den absoluten Wert am Ende der Studie zwischen den beiden Gruppen (Beispiel: der durchschnittliche systolische Blutdruck in Gruppe A betrug 145 mmHg und in Gruppe B 173 mmHg).

Variante 2

Man errechnet den relativen Wert, also in Relation zum Ausgangswert, für beide Gruppen und vergleicht ihn (Beispiel: in Gruppe A fiel der systolische Blutdruck um 20% und in Gruppe B um 4%).

Variante 3

Man errechnet den absoluten Unterschied zwischen der Basismessung und der letzten Messung für beide Gruppen und vergleicht diese (Beispiel: der systolische Blutdruck in Gruppe A fiel um 36 mmHg und in Gruppe B um 7 mmHg).

Variante 4

Man vergleicht den Wert am Ende der Studie zwischen den beiden Gruppen, während man gleichzeitig mit einer multivariaten Methode für Unterschiede der Basiswerte kontrolliert (z.B. ANCOVA; nähere Details überschreiten den Rahmen dieses Buches). Man könnte mit solchen Modellen auch für Ungleichheiten anderer Werte kontrollieren (siehe oben).

In den meisten Fällen ist das Design, insbesondere die Fallzahlschätzung (siehe Kapitel 19), darauf ausgerichtet die Werte des Endpunktes der einen Gruppe mit denen der anderen Gruppe zu vergleichen (Variante 1). Wenn die Fallzahlberechnung für Variante 1 durchgeführt wurde, aber Variante 2 oder Variante 3 verwendet wird, sinkt die Aussagekraft (auch genannt Mächtigkeit oder *Power*) der Studie! (Vickers 2001) Wenn die Variante 4 in diesem Fall verwendet wird, steigt die Aussagekraft der Studie. Multivariate Methoden erfordern aber mehr als einen Computer und ein Statistikprogramm und sollten daher nur angewandt werden, wenn die entsprechende Ausbildung und Erfahrung vorhanden ist.

Welche Variante Sie auch wählen, es sollte unbedingt die Differenz und das dazugehörige 95 % Konfidenzintervall angegeben werden (siehe Kapitel 23).

Wenn der Endpunkt eine *kategorische Variable mit nur zwei Möglichkeiten* ist (zum Beispiel gesund versus nicht-gesund, siehe Kapitel 22) sollte man Absolutzahlen und Prozent zum Zeitpunkt der letzten Messung angeben und vergleichen. Weiters sollte die absolute Risikodifferenz und das 95 % Konfidenzintervall angegeben werden (Beispiel: „...am Ende der Beobachtungsperiode hatten in Gruppe A noch 11 % der Patienten (8/72) Symptome und 31 % der Patienten in Gruppe B (23/74), (Risikodifferenz 20 %, 95 % Konfidenzintervall 5 % bis 35 %)." Der Gruppenvergleich erfolgt mit dem entsprechenden Test.

Wenn der Endpunkt eine kategorische Variable mit mehr als 2 Möglichkeiten ist (ordinal z.B. selbstgeschätzte Gesundheit: sehr gut/gut/mittel/ schlecht/sehr schlecht; kategorisch z.B. ledig/verheiratet/geschieden/verwitwet – zugegeben ein unsinniger Endpunkt) soll man auch hier die Absolutzahl mit der Prozentangabe pro Kategorie angeben. Um die Möglichkeiten der detaillierten Präsentation und für den statistischen Vergleich richtig abzuwägen, sollte man zur Sicherheit einen Statistiker oder klinischen Epidemiologen konsultieren.

Bei der Zusammenfassung der Ergebnisse sollten Autoren auch darauf achten, dass klar zwischen den primären- und etwaigen sekundären Endpunkten unterschieden wird.

3. Was man nicht machen sollte

Häufig sieht man, dass die Autoren von randomisierten, kontrollierten Studien nicht nur zwischen den Gruppen vergleichen, sondern auch innerhalb der Gruppen Vergleiche anstellen (Beispiel: der systolische Blutdruck in Gruppe A fiel von 181 mmHg auf 145 mmHg ($p = 0.001$) und in Gruppe B von 180 mmHg auf 173 mmHg ($p = 0.17$). Diese Art des Vergleiches sieht man vor allem, wenn der Vergleich zwischen den Gruppen keine „signifikanten" Ergebnisse brachte. So ein vorher-nachher Vergleich ist nicht sinnvoll, da er keine klinisch brauchbare Zusatzinformation liefert: lediglich der Vergleich zwischen den Gruppen ist relevant!

Kapitel 15
Protokollverletzungen

- In der Planungsphase soll man versuchen, mögliche Probleme vor-herzusehen und diese durch ein durchführbares Studiendesign zu minimieren
- Patienten, die eingeschlossen wurden, obwohl sie eigentlich nicht eingeschlossen werden sollten, sind von der Analyse auszuschließen (begründete Ausnahmen sind möglich)
- Patienten mit fehlenden Messwerten vom Endpunkt sollte man am ehesten von der Analyse ausschließen
- In der *intention-to-treat* Analyse werden Protokollverletzungen igno-riert und alle Probanden so analysiert, als wären sie „richtig" behan-delt worden
- In der *per-protocol* Analyse werden Probanden bei Protokollverlet-zungen von der Analyse ausgeschlossen
- *Effectiveness* misst die Wirksamkeit einer Intervention aus der Pers-pektive der Gesundheitsversorgung und kann nur durch eine *inten-tion-to-treat* Analyse erfasst werden
- *Efficacy* misst die biologische Wirksamkeit einer Intervention und wird durch die *per-protocol* Analyse erfasst

1. Es läuft nicht immer alles so, wie wir wollen

In einer idealen Welt wird ein perfektes Protokoll verfasst noch ehe eine Stu-die anläuft. Alle geplanten Vorgänge sind so plausibel und praktisch, dass jeder, der in die Studie eingebunden ist (Ärzte, Wissenschaftspersonal, Pro-banden, Patienten usw.) immer in der Lage ist, den Anforderungen zu ent-sprechen. Unter Realbedingungen sieht das natürlich anders aus: Patienten werden eingeschlossen, obwohl sie die Einschlusskriterien nicht erfüllen, manche Messungen werden nicht oder falsch oder zum falschen Zeitpunkt durchgeführt; Patienten erscheinen nicht zu allen Kontrolluntersuchungen oder wollen einfach nicht mehr teilnehmen (was ihnen zusteht), oder sie scheiden aus medizinischen oder behandlungstechnischen Gründen aus. Die angeführten Beispiele sind wahrscheinlich die Häufigsten, aber insge-samt ist die Liste der möglichen Probleme wirklich sehr lange.

2. Wie geht man am besten mit Protokollverletzungen um?

Hier spreche ich von methodologischen Protokollverletzungen, nicht ob z.B. eine vorgeschriebene Begleittherapie nach Vorgabe durchgeführt wurde; das kann natürlich auch zu Problemen führen.

Grundsätzlich muss man unterscheiden, auf welcher Ebene das Protokoll verletzt wurde:

(1) Wurden Patienten eingeschlossen, obwohl sie die Einschlusskriterien nicht, bzw. die Ausschlusskriterien eigentlich schon erfüllten?

(2) Wurden Patienten nach der Randomisierung der falschen Gruppe zugeteilt bzw. die zugeteilte Behandlung abgebrochen?

(3) Fehlen Messwerte zu bestimmten Zeitpunkten (z.B. Messwert vom primären Endpunkt)?

2.1 Patienten werden eingeschlossen, obwohl sie nicht eingeschlossen werden sollten

Wenn Patienten eingeschlossen wurden, obwohl sie die Einschlusskriterien nicht bzw. die Ausschlusskriterien eigentlich schon erfüllten, sollten diese – streng genommen – ausgeschlossen werden. Das trifft vor allem zu, wenn anzunehmen ist, dass man die Patienten ausschließt, da sie nicht von der Intervention/Therapie profitieren können. Stellen Sie sich vor, Sie wollen im Rahmen einer randomisierten, kontrollierten Studie ein neues Antihypertensivum mit Placebo vergleichen. Dieser Vergleich ist sinnlos, wenn ein Patient, der gar keinen Bluthochdruck hat, fälschlich eingeschlossen wurde – der Blutdruck war vorher normal und ist natürlich auch nachher nicht hoch. So ein Patient sollte von der Analyse ausgeschlossen werden.

Es gibt aber Umstände, wo es doch sinnvoll sein kann, „falsch eingeschlossene" Patienten in die Analyse einzubeziehen. Wenn Patienten eingeschlossen werden, obwohl sie die Einschlusskriterien nicht erfüllen, sind oft mehrere Mechanismen wirksam. Der/die Einschließende ist mit den Ein- und Ausschlusskriterien möglicherweise nicht gut vertraut oder vielleicht sind diese Kriterien zu kompliziert. Oft kommen erst später, also nach der Randomisierung, Informationen dazu, und es stellt sich zu spät heraus, dass die Einschlusskriterien eigentlich nicht erfüllt wurden.

EIN BEISPIEL: Wenn Patienten einen so genannten plötzlichen Herztod erleiden, aber erfolgreich wiederbelebt werden können, ist oft eine neurologische Schädigung zu beobachten. Im Rahmen einer Studie wurde der Einfluss von milder Hypothermie auf die neurologische Erholung bei diesen Patienten untersucht. Da der plötzliche Herztod für alle Beteiligten ein dramatisches Ereignis ist, kommt es gelegentlich vor, dass Informationen auf späteres, genaueres Hinterfragen der Umstände revidiert werden müssen. So wurden auch einige Patienten eingeschlossen, die eine Asystolie als Erstrhythmus im EKG hatten, obwohl nur Patienten mit Kammerflimmern oder Kammertachykardie eingeschlossen werden sollten (siehe auch Tabelle 1 in Kapitel 14). Diese Fehler sind sogar relativ einfach zu erklären, da durch die Herzdruckmassage im EKG ein Rhythmus simuliert wird, der im Trubel initial für eine Kammertachykardie gehalten werden kann. Die Fehlerrate war aber insgesamt gering (<10%) und nicht systematisch, also in beiden Gruppen gleich verteilt. In diesem Fall spricht für mein Empfinden nichts dagegen, diese Patienten in der Analyse zu behalten. Eventuell wird die Effektgröße reduziert, die Generalisierbarkeit aber erhöht. Wenn sich eine Intervention als effektiv erweist, wird es auch in der täglichen klinischen Routine zur Behandlung der „falschen" Patienten kommen.

2.2 Patienten erhalten nach Randomisierung die „falsche" Intervention bzw. die zugeteilte Behandlung/ Intervention wurde abgebrochen

Im Rahmen einer randomisierten, kontrollierten Studie geschieht es immer wieder, dass Patienten zwar der einen Behandlung zugeordnet werden, aber fälschlich diese Behandlung nicht, oder sogar die Alternativtherapie erhalten.

In der oben erwähnten Studie (HACA 2002) traten mehrfach Probleme mit dem Kühlgerät auf. Die Körpertemperatur wurde physikalisch mit kühler Luft gesenkt. In einigen Fällen war die Kühlmatratze defekt, wie das eben bei technischen Geräten gelegentlich vorkommt. In einem Fall wurde ein Patient der Standardtherapie zugeteilt (also keine Kühlung) und erhielt fälschlich doch die Kühlungstherapie.

Wenn Patienten nach Randomisierung der falschen Gruppe zugeteilt wurden bzw. die zugeteilte Behandlung abgebrochen wurde, sollte nach dem *intention-to-treat* Prinzip analysiert werden. *Intention-to-treat* bedeutet, dass die Analyse solche Fehler eben nicht berücksichtigt und man so tut, als wäre alles richtig gelaufen. Das bedeutet aber, dass die Ergebnisse abgeschwächt werden (wenn diese Protokollverletzungen rein zufällig passieren). Bei einer derartigen Analyse wird also die *Effectiveness* einer Therapie erfasst. Wenn man nur die Probanden analysiert, welche die „richtige" Intervention erhalten haben – also eine *per-protocol* Analyse durchführt – erfasst man die Wirksamkeit einer Intervention unter Idealbedingungen (*Efficacy*). In der täglichen klinischen Routine ist die Behandlung aber eben nicht immer ideal, so dass die *Effectiveness* aus der Sicht der Gesundheitsversorgung die wichtigere Perspektive darstellt.

Im Fall der Hypothermiestudie bedeutet das *intention-to-treat* Prinzip, dass man die Patienten, bei denen die Kühlung nicht geklappt hat, dennoch in der Analyse so behandelt, als ob sie die Kühlung erhalten hätten. Der Patient der fälschlich die Kühlbehandlung erhielt, muss so analysiert werden, als hätte er sie nicht bekommen.

Auch in guten wissenschaftlichen Journalen veröffentlichte randomisierte kontrollierte Studien geben oft nicht explizit an, ob eine *intention-to-treat* Analyse durchgeführt wurde. Aber selbst wenn diese Angabe gemacht wird, ist diese in über 10% der Fälle inkorrekt und die Analyse folgt nicht dem *intention-to-treat* Prinzip (Hollis 1999).

EIN BEISPIEL: Tardif et al. (1997) wollten erfassen, ob Antioxidantien im Vergleich zu Placebo die Restenoserate nach koronarer Angioplastie (Aufdehnung von verengten Herzkranzgefäßen) verringern. Es wurden 317 Patienten randomisiert, aber 11 Patienten, bei denen Angioplastie nicht erfolgreich war, später ausgeschlossen. Natürlich kann die Restenose nicht verhindert werden, wenn sie zu Beginn nicht beseitigt werden kann, aber um abschätzten zu können wie vielen Patienten mit arteriellen Gefäßverengungen die Intervention (Verabreichung von Antioxidantien) helfen kann, ist eben die *intention-to-treat* Analyse notwendig.

Die *per-protocol* Analyse gibt Auskunft über die biologische Wirksamkeit der Intervention. Es gibt Interventionen die biologisch wirksam sind aber (derzeit) nicht richtig angewandt werden können. Der Grund dafür kann sein, dass die Intervention noch so komplex ist, dass sie oft fehlerhaft angewendet wird oder oft mit inakzeptablen Nebenwirkungen verbunden ist.

EIN ERFUNDENES BEISPIEL: Wir wissen, dass sich die endoskopische Darmuntersuchung sehr gut eignet um Darmkrebs frühzeitig zu entdecken; diese Untersuchung ist also biologisch wirksam. Die Untersuchung ist leider für alle Beteiligten aufwändig und für den Untersuchten sehr unangenehm. Eine volksweite Vorsorgeuntersuchung ist daher wahrscheinlich für viele Menschen nicht annehmbar. Wenn so eine Vorsorgeuntersuchung nun geplant wird, ist es sehr gut vorstellbar, dass viele Menschen nicht zur Untersuchung gehen werden. Vorsorgeuntersuchungen sind aber nur sinnvoll und wirksam, wenn ein großer Teil der Bevölkerung auch teilnimmt und es könnte passieren, dass durch die Untersuchung nicht mehr Leben gerettet werden können (fehlende *Effectiveness*) obwohl die Methode biologisch wirksam ist.

2.3 Es fehlen Messwerte von primären (und anderen) Endpunkten

Messwerte können fehlen, weil die Messung einfach nicht durchgeführt wurde (sie wurden vergessen, der/die PatientIn konnte, oder wollte nicht), aber auch zum Beispiel, weil das Messgerät defekt war, oder richtig gemessen wurde, aber die Unterlagen verloren gingen.

Es gibt mehrere Möglichkeiten mit fehlenden Messungen umzugehen, aber keine ist notwendigerweise die Beste bzw. die einzig „Richtige."

(1) Man kann die Probanden mit fehlenden Daten weglassen (ausschließen). In diesem Fall muss man aber immer genau angeben, wie viele Patienten letztlich analysiert wurden.

(2) Man kann den letzten Messwert fortführen (*carry-forward*), aber dieser Wert entspricht genau so wenig dem tatsächlichen, nicht gemessenen Wert, wie ein erfundener Wert.

(3) Man kann einen Durchschnittswert des Messwertes für die jeweilige Gruppe einsetzen (*imputation*). Solche Methoden sind auch nicht unbedingt besser als ein *carry-forward*, obwohl es schon recht gefinkelte Methoden gibt, die fehlenden Daten anhand der Struktur der Kovariablen zu „rekonstruieren".

(4) Man kann auch, im Sinne eines *worst-case* Szenarios, den schlechtest möglichen Wert annehmen, was nur bei Endpunkten mit wenigen möglichen Kategorien sinnvoll ist. Letztlich kann man auch ein *best-case* Szenario annehmen.

2.3.1 Was macht man nun wirklich?

Sie haben zwei Möglichkeiten: (1) Sie entscheiden sich beinhart für eine der oben genannten Methoden. In diesem Fall empfehle ich den Ausschluss der Patienten mit fehlenden Daten. Wenn Sie Patienten aus der Analyse ausschließen, müssen Sie das gut nachvollziehbar im Methoden- oder Resultate-Teil der Arbeit beschreiben. Weiters müssen Sie versuchen herauszufinden, ob die Daten zufällig fehlen, oder ob es da ein „Muster" gibt. Sie können z.B. die vorhandenen demographischen Daten (Alter, Geschlecht usw.) dieser Studienteilnehmer mit denen der Studienteilnehmer mit vollständigem Datensatz vergleichen. Im Idealfall sind sich diese Gruppen ähnlich. Meistens werden auch statistische Tests zum Vergleich verwendet. Beachten Sie dabei bitte, dass ein nicht-signifikantes Ergebnis nicht unbedingt bedeutet, dass die Gruppen ähnlich sind; häufig fehlt einfach die *Power*. Wenn die Gruppen unterschiedlich, vielleicht sogar statistisch signifikant unterschiedlich sind, es also ein „Muster" gibt, dann ist *Selection Bias* möglich. Bitte versuchen Sie dann nicht, diesen Teil der Ergebnisse zu verschweigen (d.h. auszulassen), sondern diskutieren Sie das Problem kritisch. Nur so erlauben Sie uns Lesern der Wahrheit näher zu kommen!

(2) Sie verwenden mehrere dieser Möglichkeiten im Rahmen einer Sensitivitätsanalyse, um zu erfassen, wie groß der *Bias* durch diese fehlenden Daten sein könnte. Man muss sich also nicht unbedingt für nur eine dieser Möglichkeiten entscheiden. Es ist eher wichtig mit den eigenen Daten kritisch umzugehen. Durch die *Sensitivitätsanalyse* kann überprüft werden, wie sehr das Ergebnis durch die „Instabilität" der zugrunde liegenden Annahmen beeinflusst wird.

Tabelle 1

INCLUSION CRITERIA

	No	Yes
• age ≥19 and < 65 years	❏	❏
• Normal findings in the medical history and physical examination	❏	❏
• Normal laboratory values	❏	❏
• Lower back pain localised between 12th rib and gluteal fold	❏	❏
• Duration of pain of the current period <7 days	❏	❏
• Attending the Univ. Klinik für Notfallmedizin because of low back pain	❏	❏
• Agree to be randomised	❏	❏
• Written informed consent	❏	❏

Any NO will exclude the subject from the study

EXCLUSION CRITERIA

	No	Yes
• *History:*		
• ingestion of any analgetic drug within last 6 hours	❏	❏
• direct impact trauma	❏	❏
• history of cancer	❏	❏
• unexplained weight loss (>10 kg within 3 months)	❏	❏
• current injection drug use	❏	❏
• any known chronic infection, such as Hepatitis, HIV, tuberculosis	❏	❏
• immunosuppressive therapy (such as systemic corticosteroids, cyclosporine, or such)	❏	❏
• organ transplantation	❏	❏
• history of inflammatory arthritis of large joints	❏	❏
• current bowel or bladder dysfunction	❏	❏
• alcohol abuse	❏	❏
• age < 19 and ≥65 years	❏	❏
• current abdominal problems (epigastric pain)	❏	❏
• a history of gastric or duodenal ulcer	❏	❏

Any YES will exclude the subject from the study

Welche der Methoden auch gewählt wird, man muss sie unbedingt prospektiv definieren!

3. Wie vermeidet man Protokollverletzungen?

Protokollverletzungen sind oft schon in der Planungsphase, zumindest teilweise, vorhersehbar. Fehler beim Einschließen entstehen, wenn die Einschlusskriterien kompliziert sind, oder klinisch nicht plausibel erscheinen – *keep it simple* ist diesbezüglich die beste Vorbeugungsmaßnahme. Am besten ist, man verwendet eine Checkliste anhand derer die Ein- und Ausschlusskriterien überprüft werden.

Ein Beispiel: Das angeführte Beispiel ist aus dem Protokoll einer randomisierten, kontrollierten Studie zur Behandlung von akuten Rückenschmerzen (Tabelle 1).

Fehler in der Durchführung werden am besten vermieden, wenn die notwendigen Anweisungen klar und verständlich und wenn die notwendigen Handlungen bzw. Schritte so einfach wie möglich durchzuführen sind. Das an der Studie beteiligte Personal sollte gut eingeschult und regelmäßig nachgeschult und motiviert werden.

Fehlende Messwerte von Endpunkten werden minimiert, indem man die *Response Rate* allgemein so hoch wie möglich hält (siehe Kapitel 7). Fehlende Endpunkte können zum *Selection Bias* (durch *selective loss to follow-up*) führen und somit die Gültigkeit einer Studie gefährden.

Kapitel 16
Nicht ohne CONSORT!

- Das CONSORT Statement ist eine Liste von Punkten, die bei der Planung und Präsentation von randomisierten, kontrollierten Studien hilft
- Eine randomisierte, kontrollierte Studie sollte immer anhand dieser Punkte geplant und präsentiert werden

Wie schon erwähnt ist die Qualität von publizierten wissenschaftlichen Arbeiten bzw. die Qualität der Präsentation oft so unzulänglich, dass der Leser oft nicht beurteilen kann, ob die Schlussfolgerung der Studie überhaupt gerechtfertigt ist (Kapitel 1).

Um zu gewährleisten, dass die notwendigsten Details von randomisierten, kontrollierten Studien im Rahmen der Publikation einer wissenschaftlichen Arbeit auch wirklich angegeben werden, wurde CONSORT ins Leben gerufen.

CONSORT ist ein Akronym für **CON**solidated **S**tandards **O**f **R**eporting randomised controlled **T**rials und wurde von Biostatistikern, klinischen Epidemiologen und Editoren von wissenschaftlichen Journalen entwickelt. CONSORT ist in seinem Kernstück eine Tabelle (Tabelle 1) und eine Grafik (Abb. 1), die als Anleitung für die Planung und Präsentation einer randomisierten, kontrollierten Studie verwendet werden sollen (Moher 2001a). Viele Journale verlangen, dass sich Autoren genau an diese Vorgaben halten. Tatsächlich hat sich die Qualität der Berichterstattung seit der Einführung dieser Vorgabe in diesen Journalen verbessert, nicht aber in Journalen, wie zum Beispiel das *New England Journal of Medicine*, die CONSORT nicht zwingend vorschreiben (Moher 2001b).

Der Text in der Tabelle 1 scheint selbsterklärend zu sein, ist es aber leider nicht immer bzw. für jeden. Wenn es Fragen oder Zweifel hinsichtlich einiger Punkte gibt, sollten Sie diesen mit einem klinischen Epidemiologen, oder einem Biometriker besprechen. Obendrein lohnt es, den Originaltext durchzuarbeiten – wenn nicht im Ganzen, dann zumindest problemorientiert (Altman 2001).

Der CONSORT *Flow Chart* (Abb. 1) ist notwendig, um erfassen zu können, ob (1) *Selection Bias* Einfluss auf die Ergebnisse haben kann und ob (2) die Information im Sinne der *Evidence Based Medicine* überhaupt brauch-

Table. Checklist of Items to Include When Reporting a Randomized Trial

Section and Topic	Item #	Descriptor	Reported on Page #
Titel and Abstract	1	How participants were allocated to interventions (eg, „random allocation", „randomized", or „randomly assigned").	
Introduction Background	2	Scientic background and explanation of rationale.	
Methods Participants	3	Eligibility criteria for participants and the settings and locations where the data were collected.	
Interventions	4	Precise details of the interventions intended for each group and how and when they were actually administered.	
Objectives	5	Specific objectives and hypotheses.	
Outcomes	6	Clearly defined primary and secondary outcome measures and, when applicable, any methods used to enhance the quality of measurements (eg, multiple observations, training of assessors).	
Sample size	7	How sample size was determined and, when applicable, explanation of any interim analyses and stopping rules.	
Randomization Sequence generation	8	Method used to generate the random allocation sequence, including details of any restriction (eg, blocking, stratification).	
Allocation concealment	9	Method used to implement the random allocation sequence (eg, numbered containers or central telephone), clarifying whether the sequence was concealed until interventions where assigned.	
Implementation	10	Who generated the allocation sequence, who enrolled participants, and who assigned participants to their groups.	
Blinding (masking)	11	Whether or not participants, those administering the interventions, and those assessing the outcomes were blinded to group assignment. If done, how the success of blinding was evaluated.	

Table (*continuation*)

Section and Topic	Item #	Descriptor	Reported on Page #
Statistical methods	12	Statistical methods used to compare groups for primary outcome(s); methods for additional analyses, such as subgroup analyses and adjusted analyses.	
Results Participant flow	13	Flow of participants through each stage (a diagram is strongly recommended). Specifically, for each group report the numbers of participants randomly assigned, receiving intended treatment, completing the study protocol, and analyzed for the primary outcome. Describe protocol deviations from study as planned, together with reasons.	
Recruitment	14	Dates defining the periods of recruitment and follow-up.	
Baseline data	15	Baseline demographic and clinical characteristics of each group.	
Numbers analyzed	16	Number of participants (denominator) in each group included in each analysis and whether the analysis was by „intention-to-treat". State the results in absolute numbers when feasible (eg, 10/20, not 50%).	
Outcomes and estimation	17	For each primary and secondary outcome, a summary of results for each group, and the estimated effect size and its precision (eg, 95% confidence interval).	
Ancilary analyses	18	Address multiplicity by reporting any other analyses performed, including subgroup analyses and adjusted analyses, indicating those prespecified and those exploratory.	
Adverse events	19	All important adverse events or side effects in each intervention group.	
Comment Interpretation	20	Interpretation of the results, taking into account study hypotheses, sources of potential bias or imprecision, and the dangers associated with multiplicity of analyses and outcomes.	
Generalizability	21	Generalizability (external validity) of the trial findings.	
Overall evidence	22	General interpretation of the results in the context of current evidence.	

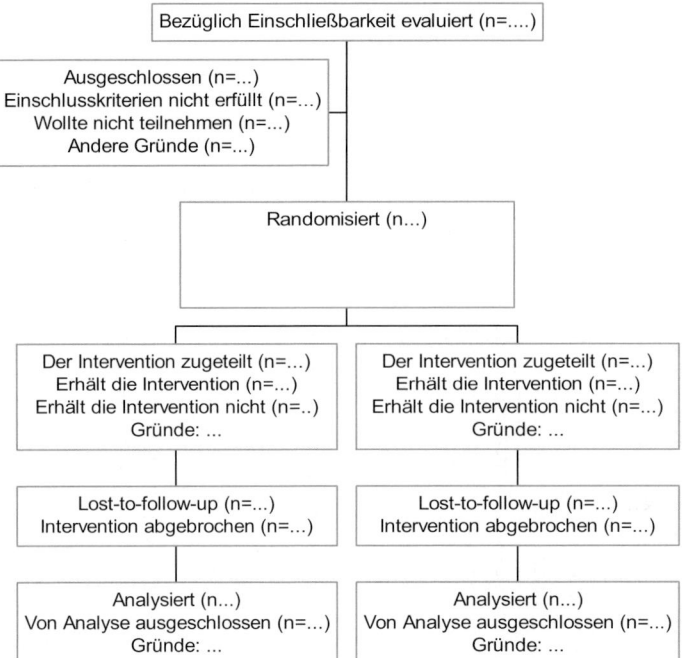

Abb. 1. CONSORT Flow Chart für das sogenannte Parallelgruppendesign (Probanden werden einer von zwei Gruppen zugeteilt und über die Zeit beobachtet)

bar ist (Egger 2001a). *Selection Bias* ist dann anzunehmen, wenn in einer Gruppe mehr Probanden verloren gehen, als in der anderen Gruppe. Wenn *Selection Bias* vorliegt ist die Studie leider unbrauchbar, da man die Ergebnisse nicht interpretieren kann (siehe Kapitel 7). Wenn schon während der Einschlussphase ein Großteil der Probanden/Patienten nicht in Frage kommt, oder >20% in beiden Gruppen während der Verlaufes verloren gehen, mag die Studie in sich gültig sein (interne Validität), man kann aber keine zuverlässigen Schlüsse für das „echte klinische Leben" daraus ziehen (externe Validität).

Die gesamten CONSORT Informationen sind in mehreren Sprachen gratis unter *www.consort-statement.org* erhältlich.

Kapitel 17
Was unterscheidet den herkömmlichen Übersichts- artikel vom systematischen Übersichtsartikel?

- Eine ausgewogene Literaturübersicht zu einem Thema ist nur durch eine systematische Literatursuche möglich
- Allen klinischen Empfehlungen sollten systematische Literatursuchen zugrunde liegen
- Wissenschaftlichen Projekten sollte eine systematische Literatursuche zum jeweiligen Thema vorangehen
- Eine systematische Suche ist in elektronischen Literaturdatenbanken relativ einfach und meist kostenlos
- Suchbegriffe müssen im Vorhinein definiert werden
- Die Qualität von eingeschlossenen Studien sollte erfasst und beschrieben werden
- Ein- und Ausschlusskriterien müssen im Vorhinein definiert werden
- Das Verfassen einer systematischen Literaturübersicht soll am besten nach vorgegebenen Leitlinien erfolgen

1. Wozu braucht man systematische Übersichtsartikel?

Der systematische Übersichtsartikel unterscheidet sich hinsichtlich der Präsentation nicht unbedingt vom herkömmlichen Übersichtsartikel. Der Unterschied liegt darin, wie der Inhalt zusammengestellt wurde. Nur wenn man die gesamte zu einem Thema vorhandene Literatur überblicken kann, ist es möglich sich für oder gegen eine medizinische Handlung zu entscheiden.

Der herkömmliche Übersichtsartikel wird meist von einem so genannten Spezialisten verfasst. Üblicherweise werden bekannte Fachleute und Spezialisten von den Fachjournalen um die Verfassung von Übersichtsarbeiten gebeten. Übersichtsartikel werden gerne gelesen und viele halten sie für lehrreich. Jedoch ist selbst ein belesener Spezialist normalerweise nicht in der Lage einen Überblick über alle zu einem Thema erscheinenden Originalarbeiten zu behalten: Es gibt derzeit weit über 5000 medizinische Journale – ich meine damit Journale, die Originalarbeiten veröffentlichen und einen *Peer Review* Prozess (Kapitel 27) haben – und wahrscheinlich erscheinen für jedes beliebige Fach in etwa 100 bis 150 Journalen klinisch relevante Arbeiten. Arbeiten mit spektakulären Ergebnissen erscheinen in renommierten, internationalen, englischsprachigen Journalen (die Journale, die „jeder" liest), Arbeiten mit weniger eindrucksvollen Ergebnissen erscheinen nachweislich viel häufiger in weniger eminenten Journalen, oft in der Landessprache der Autoren. Wie viele Spezialisten sprechen wohl fließend Englisch, Deutsch, Italienisch, Spanisch und womöglich auch Japanisch und Chinesisch? Weiters wäre es von Interesse, wie viele der Spezialisten, die „nur" drei Sprachen sprechen, sich auch die Mühe machen Artikel von Journalen zu bekommen, die nicht in der nächsten Bibliothek aufliegen. Außerdem ist bekannt, dass Spezialisten oft viel zu tun, und daher wenig Zeit haben. Man kann es ihnen fast nicht verübeln, wenn sie einfach in die Lade greifen und den Stoß der alt bewährten und gut bekannten Artikel verwenden (die so genannte *desk-drawer* Methode, oder Schreibtischladenmethode). *Bias* ist aber leider die Folge dieser Methode und *Bias*, wie wir wissen (siehe Kapitel 7) bedeutet, dass wir nicht wissen, ob das Ergebnis der Wahrheit entspricht.

Für den klinisch tätigen Arzt ist es unmöglich, jede seiner Handlungen durch eine systematische Literatursuche zu hinterfragen. Meinungsbildner sowie Expertengruppen die Leitlinien erstellen, sollten das jedoch tun. Klinischen Empfehlungen sollten immer einer systematischen Literatursuche zugrunde liegen. Ebenso sollte eine systematische Literatursuche jedem neuen Forschungsprojekt vorangehen. Wenn die Frage bereits beantwortet

Abb. 1. Die Abbildung zeigt 3 Gruppen (spinale Anästhesie, Myelographie, diagnostische Lumbalpunktion) bei denen die Häufigkeit von Kopfschmerz nach Subarachnoidalpunktion untersucht wurde. Es handelt sich um randomisierte, kontrollierte Studien wo kurze mit langer Liegedauer verglichen wurde. In der Gruppe „short bed rest" reichte die Liegedauer von sofortiger Mobilisation bis 2 Stunden Bettruhe. In der Gruppe „long bed rest" betrug die Liegedauer zwischen 4 und 24 Stunden. Die Quadrate geben die Effektgröße der einzelnen Studien an, die horizontalen Linien entsprechen dem 95% Vertrauensbereich. Die Rauten entsprechen der Effektgröße und dem 95% Vertrauensbereich nach quantitativer Synthese. „Short bed rest" ist die Gruppe mit kurzer Bettruhe, die in den individuellen Studien von sofortiger Mobilisierung bis 8 Stunden dauerte. „Long bed rest" ist die Gruppe mit langer Bettruhe, die in den individuellen Studien zwischen 12 und 24 Stunden dauerte. Die Zahlen in den jeweiligen Spalten links der Grafik entsprechen der Anzahl derer, die Kopfschmerzen bekamen und der Anzahl der Eingeschlossenen Patienten pro Gruppe.
Für Kapitel 18 wichtig: Rechts der Grafik ist die *Risk Ratio* mit dem dazugehörigen 95% Vertrauensbereich numerisch angegeben. In der letzten Spalte ist das „Gewicht" der einzelnen Studien angegeben, dass sich auch in der Größe der Quadrate widerspiegelt. Das Gewicht wird durch die Anzahl der Ereignisse und der Anzahl der Teilnehmer pro Gruppe bestimmt. Die „Anesthesia" Gruppe wurde wegen klinischer Heterogenität nicht mathematisch synthetisiert. Daher gibt es keine Angaben zum Gewicht und auch keinen Gesamteffekt für diese Gruppe.
"Does bed rest after cervical or lumbar puncture prevent headache? A systematic review and meta-analysis" – Reprinted from, by permission of the publisher, CMAJ 13 November 2001; 165 (10) 1311-1316 © 2001 Canadian Medical Association *http://www.cma.ca/cmaj/index.asp*

ist, lohnt es nicht, dass Experiment zu wiederholen. Wenn die Frage unzulänglich beantwortet ist, kann man so aus den Fehlern anderer Lernen und es besser machen.

EIN BEISPIEL: In den meisten neurologischen Abteilungen Österreichs müssen Patienten nach Lumbalpunktion 12 bis 24 Stunden Bettruhe ein-

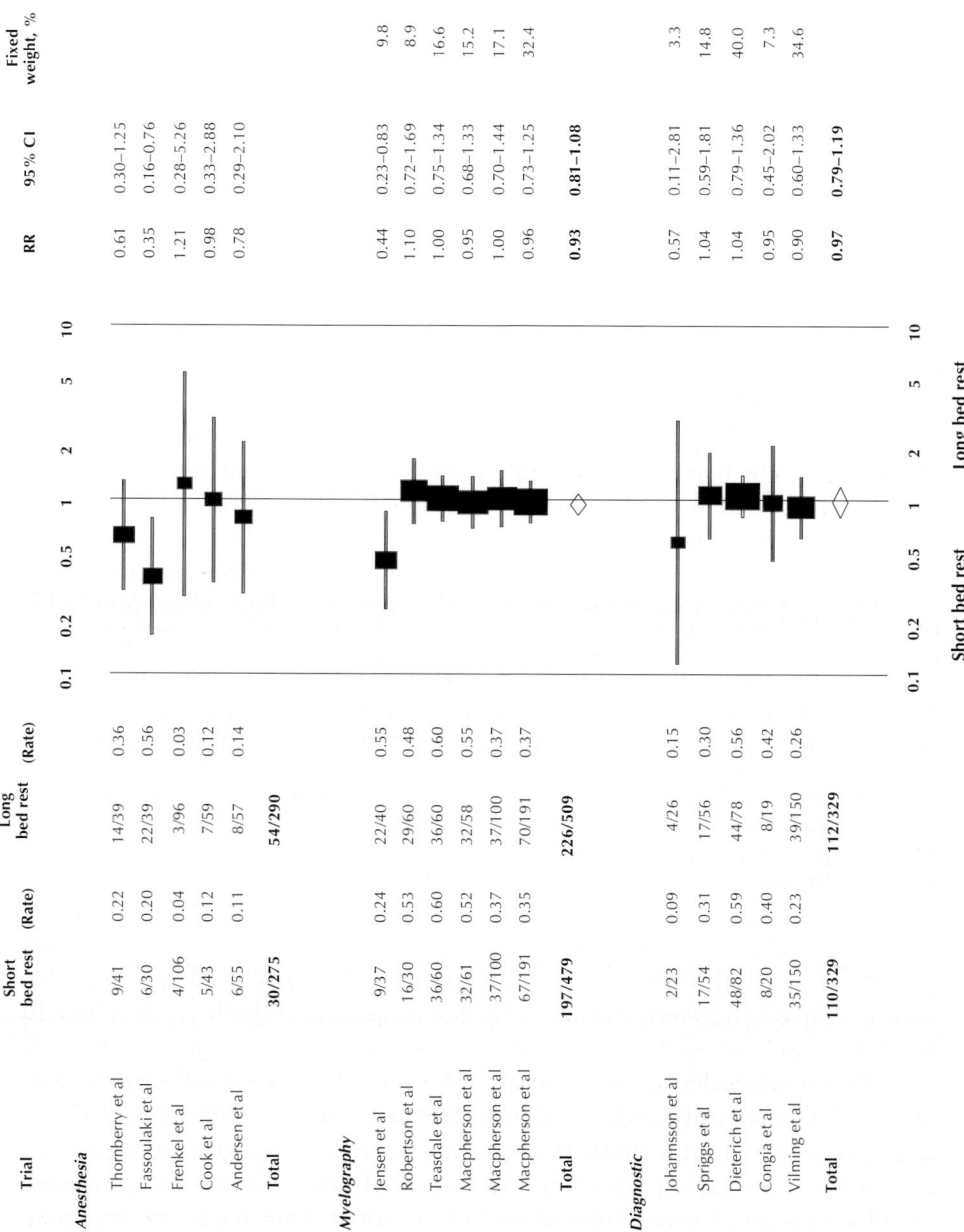

Trial	Short bed rest	(Rate)	Long bed rest	(Rate)		RR	95% CI	Fixed weight, %
Anesthesia								
Thornberry et al	9/41	0.22	14/39	0.36		0.61	0.30–1.25	
Fassoulaki et al	6/30	0.20	22/39	0.56		0.35	0.16–0.76	
Frenkel et al	4/106	0.04	3/96	0.03		1.21	0.28–5.26	
Cook et al	5/43	0.12	7/59	0.12		0.98	0.33–2.88	
Andersen et al	6/55	0.11	8/57	0.14		0.78	0.29–2.10	
Total	**30/275**		**54/290**					
Myelography								
Jensen et al	9/37	0.24	22/40	0.55		0.44	0.23–0.83	9.8
Robertson et al	16/30	0.53	29/60	0.48		1.10	0.72–1.69	8.9
Teasdale et al	36/60	0.60	36/60	0.60		1.00	0.75–1.34	16.6
Macpherson et al	32/61	0.52	32/58	0.55		0.95	0.68–1.33	15.2
Macpherson et al	37/100	0.37	37/100	0.37		1.00	0.70–1.44	17.1
Macpherson et al	67/191	0.35	70/191	0.37		0.96	0.73–1.25	32.4
Total	**197/479**		**226/509**			**0.93**	**0.81–1.08**	
Diagnostic								
Johannsson et al	2/23	0.09	4/26	0.15		0.57	0.11–2.81	3.3
Spriggs et al	17/54	0.31	17/56	0.30		1.04	0.59–1.81	14.8
Dieterich et al	48/82	0.59	44/78	0.56		1.04	0.79–1.36	40.0
Congia et al	8/20	0.40	8/19	0.42		0.95	0.45–2.02	7.3
Vilming et al	35/150	0.23	39/150	0.26		0.90	0.60–1.33	34.6
Total	**110/329**		**112/329**			**0.97**	**0.79–1.19**	

Short bed rest — Long bed rest

halten (siehe Kapitel 1) (Thoennissen 2001a). Man glaubt so die so genannten Postpunktionellen Kopfschmerzen vermeiden zu können. In Lehrbüchern der Inneren Medizin (Hahn 1997) und der Neurologie (Klingelhöfer 1997) aus dem Jahre 1997 kann man diese Empfehlungen auch finden.

Wenn man die Literatur systematisch in nur einer Datenbank (Medline®) sucht, so findet man neun randomisierte kontrollierte Studien zu dieser Fragestellung. Wenn man aber sechs Datenbanken durchsucht, kann man insgesamt 15 randomisierte Studien zu diesem Thema finden (Thoennissen 2001b). In fast allen Studien haben Patienten mit Bettruhe genau so oft Kopfschmerz wie Patienten die umgehend mobilisiert werden; in zwei Studien hatten Patienten mit Bettruhe sogar öfters Kopfschmerz (Abb. 1). Der vorhandenen Evidenz zufolge sollte Bettruhe nach Lumbalpunktion, Myelographie oder spinaler Anästhesie seit Jahren nicht mehr empfohlen werden.

Wenn man bedenkt, dass die letzte dieser Studien 1992 erschienen ist und ein Großteil der Arbeiten aus den 80er Jahren stammt, sind die klinischen Empfehlungen eigentlich verwunderlich. Systematische Literaturübersichten hätten das Fehlen der Wirksamkeit schon Jahre früher beschreiben können.

Ein (persönliches) Beispiel: Als ich einmal mit einem um einige Jahre älteren und sehr belesenen Kollegen über den Unterschied zwischen Übersichtsartikel – zu denen auch der typische Lehrbuchartikel zählt – und systematischem Übersichtsartikel diskutierte, sagte dieser, dass einem guten Übersichtsartikel „immer schon" eine systematische Literatursuche zugrunde lag. Wenn auch die meisten Autoren von Übersichts- und Lehrbuchartikel glauben, dass sie die relevante Literatur erfasst und beschrieben haben, reflektieren doch nur die Glaubens- und Wertvorstellungen des Autors. Manchmal deckt sich das mit der tatsächlich vorhandenen Evidenz, aber oft haben diese persönlichen Ansichten fast nichts mit der vorhandenen Evidenz zu tun.

2. Wo Suchen?

Man kann entweder elektronisch, oder mit der „Hand" suchen. Eigentlich sollten beide Methoden verwendet werden. Elektronisch sollten auf jeden Fall alle (!) wichtigsten und größten Datenbanken (Tabelle 1) durchsucht werden.

Handsuche bedeutet, dass man bestimmte Literaturquellen (z.B. Extrabände in denen auf Kongressen präsentierte *Abstracts* veröffentlicht werden) „händisch" durchsucht. Weiters gibt es noch die so genannte „graue" Literatur. Dazu zählen vor allem Veröffentlichungen die nicht in wissenschaftlichen Journalen herausgegeben wurden, sondern z.B. als Buchbei-

Tabelle 1. Die „großen" Datenbanken

- EMBASE, *www.embase.com*, (frei zugänglich)
- MEDLINE, *www.pubmed.gov*, (frei zugänglich)
- PASCAL BioMed, *www.silverplatter.com/catalog/pbma.htm* (kostenpflichtig bzw. über Bibliothek der Medizin Universität Wien)
- CC Search ® CSI, *www.isinet.com*, (kostenpflichtig bzw. über Bibliothek der Medizin Universität Wien)
- The Cochrane Library/Trial Registry, *www.cochrane.org/cochrane/cdsr.htm*, (kostenpflichtig bzw. über Bibliothek der Medizin Universität Wien)

---

träge, oder als eigenverlegte Hefte und Bücher erscheinen (z.B. Ergebnisse von ministerieller Auftragsforschung). Es gibt sogar Datenbanken von „grauer" Literatur, aber am ehesten findet man die richtigen Quellen, wenn man Experten befragt. So eine Befragung wird in den meisten Fällen schriftlich durchgeführt, es sei denn der Experte wohnt oder arbeitet zufällig in Ihrer Nähe.

Das „Befragen" von Experten zahlt sich wirklich aus, selbst wenn man davon ausgeht, dass ein großer Teil nicht antwortet. Sie dürfen nicht vergessen, dass Experten vielbeschäftigte Menschen sind. Wenn ich Experten um Literaturtipps bitte, versuche ich deren Aufwand so gering als möglich zu halten, um die Antwort-Rate zu erhöhen: Ich schicke eine Liste der bereits gefundenen und als relevant befundenen Literatur (in der Regel höchstens 20 bis 30 Zitate). Im Begleitschreiben erkläre ich, dass ich eine systematische Literatursuche zum jeweiligen Thema durchführe, und dass die beiliegende Liste die als relevant erachteten Zitate enthält. Ich bitte den Experten diese Liste anzusehen und mir mitzuteilen, ob ihr/ihm noch Arbeiten fehlen. Im Durchschnitt schreibe ich zu einem Thema 10 bis 15 Experten an und bekomme von zwei bis drei eine Antwort. Bis jetzt konnte ich so immer mindestens eine bis drei Arbeiten identifizieren, die ich durch die elektronische Suche nicht entdecken konnte.

3. Systematisches Suchen

Systematisches Suchen bedeutet lediglich, dass man am besten alle der oben genannten Datenbanken nach vorher definierten Stichworten durchsucht. Die so gefundenen Artikel werden auf Relevanz geprüft, das heißt, ob sie den Einschlusskriterien entsprechen (siehe unten). Von den so gefundenen Artikeln werden die Literaturangaben nach weiteren, möglicherweise relevanten Artikeln durchsucht. Wahrscheinlich lohnt der Aufwand im Verhältnis zum Nutzen nicht mehr, auch die Literaturangaben dieser Artikel nach relevanten Artikeln zu durchsuchen.

Tabelle 2. Schema für systematische Literatursuchen

---

1. Wo?
    1.1. Datenbasen
    1.2. Handsuche
    1.3. Experten
2. Zeitraum?
3. Welche Sprache(n)?
4. Bei elektronischer Suche: wie?
    4.1. Freitext
    4.2. Medical Subject Headings (MeSH)
    4.3. Kombiniert
5. Welche Suchbegriffe?
6. Aufzeichnungen

Die Suche sollte am besten immer nach dem gleichen Schema ablaufen. Daher empfehle ich die Verwendung einer Vorlage (z.B. Tabelle 2).

4. Suchbegriffe und ihre Verwendung

Die Schwierigkeit ist, Suchbegriffe so zu wählen, dass keine Artikel unerkannt bleiben. Wenn man zum Beispiel die Datenbank Medline mit Freitext nach randomisierten Studien durchsucht und die amerikanische Schreibweise (*randomized*) anwendet, finden sich zum Zeitpunkt der Verfassung dieses Beitrags 91.103 Artikel, wenn man die englische Schreibweise verwendet (*randomised*) finden sich 13.617 Artikel und 1.575 Artikel verwenden beide Schreibweisen gleichzeitig. Alternativ zur Freitextsuche kann man auch die so genannten *Medical Subject Headings* verwenden, kurz *MeSH Terms* (siehe auch *www.pubmed.gov*). Eine randomisierte Studie kann in den MeSH Terms hinter Begriffen wie *clinical trial*, *comparative trial*, *clinical trial*, *phase III* und einigen weiteren Begriffen verbergen. Die von der *Cochrane Collaboration* empfohlene Suchstrategie ist im Appendix II angegeben. Man kann nun schon erahnen, dass es nicht leicht ist, Symptome oder Diagnosen wie Übelkeit und Herzinfarkt zu definieren.

Wenn die Suchbegriffe ungenau sind, muss man eine gewaltige Anzahl von Artikeln durcharbeiten, die mit der eigentlichen Fragestellung nichts zu tun haben. Wenn Sie Information zum Thema Herzinfarkt und diagnostischer Wertigkeit von Troponinen (das sind Marker für den Myokardschaden) suchen und entsprechend die Begriffe ((myocardial infarction OR heart attack) AND troponin) eingeben, werden Sie viele hundert Artikel finden (711 zum Zeitpunkt der ersten Auflage), von denen nur etwa 80 für diese Frage relevante Informationen beinhalten. Ich muss auch betonen, dass die Suche nach diagnostischen Studien einen anderen Zugang erfordert als die systematische Suche nach Interventionsstudien (siehe Appendix III).

Um die richtigen Suchbegriffe zu finden benötigt man entweder ein gewisses Grundverständnis worum es geht, oder man bindet einen Spezialisten auf dem jeweiligen Gebiet ein – dieses empfiehlt sich aus vielen Gründen, vor allem, weil es Spaß macht mit Fachleuten aus anderen Gebieten zu arbeiten und weil man viel dazulernen kann. In jedem Fall sollte man eine ausführliche Liste mit möglichen Suchbegriffen zusammenstellen und nach einigen Tagen nochmals überarbeiten. Neben dem Fachwissen ist auch Erfahrung im Umgang mit den Suchmaschinen der Datenbanken ein Vorteil, aber keine Sorge, das Notwendigste ist schnell gelernt. Es lohnt sicherlich einen Kurs über systematische Literatursuche zu besuchen, oder zumindest die Hilfsrichtlinien vor der Suche genau zu lesen.

5. Beurteilung der Qualität von Studien

Eine systematische Übersicht mit oder ohne Meta-Analyse (siehe 18) ist nur so gut wie die Arbeiten, mit der sie gefüttert wird. Es ist bekannt, dass ein großer Teil aller veröffentlichten Studien qualitativ unzulänglich sind (siehe Kapitel 1). Das Erstaunliche daran ist, dass unser klinisches Handeln oft auf den Erkenntnissen solcher Studien beruht.

Je nach Studiendesign (Intervention, Kohorte, *Case Control*) gibt es bestimmte Merkmale welche die Qualität einer Studie beschreiben. Es gibt zahlreiche *Check*-Listen mit deren Hilfe man die Qualität einer interventionellen Studie erfassen kann (z.B. Jadad 1996). Im Wesentlichen geht es darum, ob, wann und wie randomisiert wurde, ob ein geblindetes Design verwendet wurde und ob die Ergebnisse nach dem *intention-to-treat* Prinzip ausgewertet wurden (siehe Kapitel 15). Für Kohorten- und *Case-Control* Studien gelten entsprechend andere Kriterien, deren Einhaltung notwendig sind um *Bias* zu minimieren (siehe Kapitel 10, 11, und 29).

Es gibt keine eindeutigen Richtlinien, wie man am Besten mit qualitativ minderwertigen Studien umgeht. Oft ist es unklar, ob Studien minderwertig sind, da die Präsentationsform das Erfassen der tatsächlichen Qualität nicht erlaubt. Studien, die offensichtlich qualitativ minderwertig sind, sollte man ausschließen, bei Studien, wo man die Qualität nicht sicher erfassen kann ist das etwas schwieriger: wenn man diese ausschließt, bleiben oft keine oder nur wenige Studien zur Beschreibung übrig, wenn man sie einschließt, entspricht das Ergebnis vielleicht nicht der Wahrheit.

6. Beschreibung der eingeschlossenen Studien

Es sollte immer definiert werden auf welchen Publikationszeitraum sich die Suche bezieht. Weiters sollte man im Vorhinein definieren, ob man die Suche auf bestimmte Landessprachen einschränkt. Studien die in nicht-englischen Sprachen veröffentlicht werden, sind im Durchschnitt qualitativ nicht schlechter als Studien in englischer Sprache, berichten aber häufiger „nicht signifikante" Ergebnisse. Wenn man daher nur Studien in englischer Sprache einschließt, kann es passieren, dass der Effekt einer Intervention überschätzt wird. Das ist der so genannte *Language Bias*, eine Sonderform des *Publication Bias*.

Weiters sollte im Studienprotokoll genau definiert werden, (1) welche Arten der gefundenen Studien weiter ausgewertet werden sollen (z.B. nur randomisierte kontrollierte Studien oder auch Beobachtungsstudien), (2) welche Studienpopulationen eingeschlossen werden sollen (nur Erwachsene, nur Kinder, nur Patienten mit Herzinfarkt, keine Tierexperimente usw.), (3) welche Arten der Intervention bzw. Risikofaktoren von Interesse sind, und (4) welche Endpunkte untersucht werden sollen. Eigentlich handelt es sich lediglich um die Punkte, die auch bei jeder anderen Studie mit individuellen Patientendaten definiert werden sollten.

Die Wahl der Einschlusskriterien hängt natürlich von der jeweiligen Fragestellung ab, was sich am besten anhand von Beispielen zeigen lässt.

EIN BEISPIEL: Eine systematische Übersichtsarbeit untersuchte, ob eine durch die Haut, mittels Seldingertechnik gelegte Tracheotomie (Luftröhreneröffnung) sich hinsichtlich Erfolg und Komplikationen von der chirurgisch angelegten Tracheotomie unterscheidet (Dulguerov 1999). In diese Studie wurden sowohl Fallserien als auch Kohortenstudien und auch wenige randomisierte Studien eingeschlossen. Diese Arbeit hilft einen Überblick zu vermitteln und zu zeigen, dass eine randomisierte Studie notwendig und ethisch vertretbar ist. Diese Art der Übersicht ist nicht oder nur bedingt geeignet, Hypothesen zu beweisen und sollte nicht verwendet werden, um Leitlinien zu erstellen, insbesondere, wenn es bessere Evidenz gibt.

NOCH EIN BEISPIEL: Die schon oben erwähnte Arbeit untersuchte, ob Bettruhe nach Lumbalpunktion die Häufigkeit von Kopfschmerzen senkt (Thoennissen 2001b). In diese Arbeit wurden nur randomisierte kontrollierte Studien eingeschlossen, die Bettruhe mit umgehender Mobilisation verglichen. Die meisten Studien waren wahrscheinlich nicht geblindet, was technisch in dieser Situation nur schwer möglich ist. Es wurde auch eine Studie eingeschlossen, die das *intention-to-treat* Prinzip (siehe Kapitel 14) verletzte. Trotzdem findet sich hier genug Evidenz gegen eine Empfehlung von Bettruhe.

Im Idealfall sollten nur Studien eingeschlossen werden, die randomisiert, doppelblind und nach *intention-to-treat* analysiert wurden. Nur so kann man die beste Evidenz für bzw. gegen eine Intervention interpretieren. Aber wie schon so oft in diesem Buch möchte ich Sie darauf aufmerksam machen, dass die klinische Realität alles andere als ideal ist (das gilt natürlich auch für die klinische Forschung). Daher ist es für viele Bereiche schwer bis unmöglich qualitativ einwandfreie Studien zu sammeln. Der Nachteil eines restriktiven Vorgehens ist, dass Studien verloren gehen.

7. Verfassen des systematischen Übersichtsartikels

Wenn man sich schon die Mühe einer systematischen Literatursuche gemacht hat, sollte man die Ergebnisse auch so präsentieren, dass der Leser die Suchstrategien nachvollziehen kann. Diese Art der Literatursuche und Präsentation ist ebenso von wissenschaftlichem Wert, wie zum Beispiel Grundlagenforschung, auch wenn das von manchen, meist schon betagten Klinikvorständen nicht anerkannt wird. In jedem Fall halten Journale wie *Lancet* und *BMJ* systematische Übersichtsarbeiten und Meta-Analysen für so wichtig, dass es ein definiertes Strategieziel ist, „die" Anlaufstelle für solche Artikel zu werden.

Wenn man die oben erwähnten Punkte beim Verfassen berücksichtigt, sollten die wichtigsten Informationen vorhanden sein, um dem Leser eine kritische Interpretation zu erlauben. Aber auch hier ist es am besten, wenn man systematisch einem „Plan" folgt, wie zum Beispiel dem Muster von *Cochrane Reviews* (Tabelle 3) (Clarke 2000), oder den QUOROM *Guidelines* (Moher 1999) (siehe auch Kapitel 18).

8. Was ist eine Meta-Analyse?

Eine Meta-Analyse ist die mathematische Zusammenfassung der Ergebnisse von einzelnen systematisch aufgespürten Artikeln. Sinn und Unsinn der Meta-Analyse wird im folgenden Kapitel besprochen.

Tabelle 3. Strukturplan für eine systematische Literaturübersicht nach Cochrane Standard

---

1. Background
2. Objectives
3. Criteria for considering studies for this review
    3.1. Types of studies
    3.2. Types of participants
    3.3. Types of interventions
    3.4. Types of outcome measures
4. Search strategy for identification of studies
5. Description of studies-Methodological quality of included studies
6. Results
    6.1. Characteristics of included studies
    6.2. Characteristics of excluded studies
    6.3. Comparisons and data
7. Discussion of results

---

9. Noch ein paar Worte zur Cochrane Collaboration

Man kann eigentlich nicht von systematischen Übersichtsartikeln und Meta-Analysen reden, ohne die *Cochrane Collaboration* zu erwähnen. Archibald Cochrane kann als einer der Begründer der *Evidence Based Medicine* genannt werden und hat schon zu Lebzeiten systematische Literaturübersichten propagiert und auch verfasst (Cochrane 1971).

Die *Cochrane Collaboration* ist erst wenige Jahre alt und sie beschreibt sich am besten mit ihren eigenen Worten (*www.cochrane.de* 2001): „Die *Cochrane Collaboration* ist ein weltweites Netz von Wissenschaftlern und Ärzten. Ziel ist, systematische Übersichtsarbeiten zur Bewertung von Therapien zu erstellen, aktuell zu halten und zu verbreiten. ... die Mitarbeit in einer Review-Gruppe ist unabhängig von lokalen Verhältnissen, gewünscht ist eine internationale Zusammensetzung. Jede Gruppe wird von einem redaktionellen Team betreut, das für die Begutachtung und Veröffentlichung der erarbeiteten Übersichten als Teil der periodisch aktualisierten *Cochrane*-Datenbank systematischer Reviews verantwortlich ist. ... die Mitarbeit ist freiwillig. ... die Datenbanken sind kollektives Eigentum der Mitarbeiter und Mitarbeiterinnen.“

Kapitel 18
Was ist eine Meta-Analyse?

- Eine Meta-Analyse ist die quantitative Kombination der Ergebnisse mehrerer Studien
- Die Basis einer Meta-Analyse ist die systematische Literatursuche
- Nutzen einer Meta-Analyse:
  - Quantifizierung der Bedeutung von vorhandener Evidenz
  - Synthese von kleinen Studien mit geringer Aussagekraft zu einer großen Studie mit hoher Präzision und Aussagekraft
  - Der Effekt kann genauer bestimmt werden
- Die Schwachstellen:
  - geringe wissenschaftliche Qualität von eingeschlossenen Studien
  - *Bias* (insbesondere *Publication*- und *Language Bias*)
  - Heterogenität (mangelnde Vergleichbarkeit der eingeschlossenen Studien)
- Durchführung einer Meta-Analyse:
  (a) Systematische Literatursuche
  (b) Ausschluss von klinischer und statistischer Heterogenität
  (c) Quantitative Synthese
  (d) Suche nach Hinweisen für *Publication Bias*
  (e) Sensitivitätsanalyse
  (f) Präsentation nach definierten Standards (z.B. *Cochrane Collaboration*, QUOROM, oder MOOSE)

---

1. Was ist eine Meta-Analyse?

Meta-Analyse bedeutet lediglich, dass die Ergebnisse von einzelnen, systematisch aufgespürten Artikel zum selben Thema mathematisch zu einem Gesamtergebnis verbunden (synthetisiert) werden. Da die Grundlage einer Meta-Analyse die systematische Literaturübersicht ist, ermöglicht die Meta-Analyse die Erfassung der gesamten vorhandenen Evidenz und deren Bedeutung. Das ist vor allem sinnvoll, (1) wenn einzelne Studien zu klein sind um einen Effekt zu zeigen (Typ II Fehler, siehe Kapitel 23), aber als Gruppe einen Therapieeffekt zeigen bzw. ausschließen können. Durch die Synthese steigt die Aussagekraft. Eine Meta-Analyse ist auch sinnvoll, wenn (2) die vorhandenen Studien unterschiedliche (positive und negative) Effekte zeigen und daher der Gesamteffekt vordergründig unklar ist.

EIN BEISPIEL: Mein Lieblingsbeispiel für die Bedeutung der Meta-Analyse ist ein Artikel von Lau (1993) (siehe auch Kapitel 1). Um den geringen, aber klinisch wichtigen therapeutischen Effekt von Thrombolytika (Substanzen die Blutgerinnsel auflösen können) bei Patienten mit Herzinfarkt nachweisen zu können, muss man mehrere tausend Patienten im Rahmen einer randomisierten, kontrollierten Studie untersuchen. 1986 wurde erstmals eine Studie mit 11.806 Patienten veröffentlicht, die zeigte, dass Streptokinase die 21-Tage-Mortalität von 13% auf 11% senkt (GISSI 1986). Die meisten Studien, die vor diesem Zeitpunkt veröffentlicht wurden, waren zu klein um einen Effekt dieser geringen Größe nachweisen zu können. Hätte man 1977 – 9 Jahre vor der Veröffentlichung der genannten Studie – eine Meta-Analyse der 15 damals bereits veröffentlichten Studien gemacht, wäre dieser Effekt schon sichtbar gewesen (Lau 1993) (Abb. 1).

Meta-Analysen eigenen sich auch gut, die Größe eines bekannten Effektes besser einzugrenzen. Wir wissen mittlerweile, dass sportliche Aktivität den Blutdruck senkt. Wie groß aber ist dieser Effekt?

EIN BEISPIEL: Wenn man 29 randomisierte Studien mit insgesamt 1533 Bluthochdruckpatienten im Alter zwischen 18 und 79 Jahren zusammenfasst, sieht man, dass nach vier Wochen regelmäßiger Belastung durch Gehen, Laufen oder Rad fahren, der systolische Blutdruck etwa 5 mmHg und der diastolische Blutdruck 3 mmHg sinkt (Halbert 1997).

NOCH EIN BEISPIEL: Mit zunehmendem Alter sinkt die Elastizität der Arterien und der systolische Blutdruck steigt. Hat das nun Krankheitswert, oder ist es lediglich ein Merkmal für höheres Lebensalter, wie zum Beispiel graue Haare? Soll isoliert erhöhter systolischer Blutdruck beim älteren Menschen behandelt werden oder nicht?

In einer Meta-Analyse (Staessen 2000) konnten insgesamt fünf randomisierte Studien gefunden werden, die untersuchten, ob blutdrucksenkende Therapie die Häufigkeit von Herzinfarkten, Schlaganfällen und das Überleben beeinflusst. Jede der Studien untersuchte etwa 1000 bis 4000 Patienten und es zeigten zwar alle eine Reduktion des Risikos unter Therapie, aber der Effekt war nicht immer eindeutig. Wenn man alle Studien zusammenfasst, also immerhin 15.700 Menschen untersucht, sieht man eindeutig, dass die Gefahr zu sterben im Vergleich zur Kontrollgruppe um 13% gesenkt, die Gefahr einen Schlaganfall zu erleiden wurde um 23% gesenkt wurde, wenn der systolische Blutdruck zwischen 7 und 18 mmHg gesenkt wurde. Die Gefahr an einem kardialen Ereignis zu sterben, oder einen Herzinfarkt zu erleiden sank sogar um 26%. Bei Hochrisikopatienten, zum Beispiel Alter über 70 Jahre, muss man nur 19 Patienten für 5 Jahre behandeln um ein unerwünschtes Ereignis zu vermeiden.

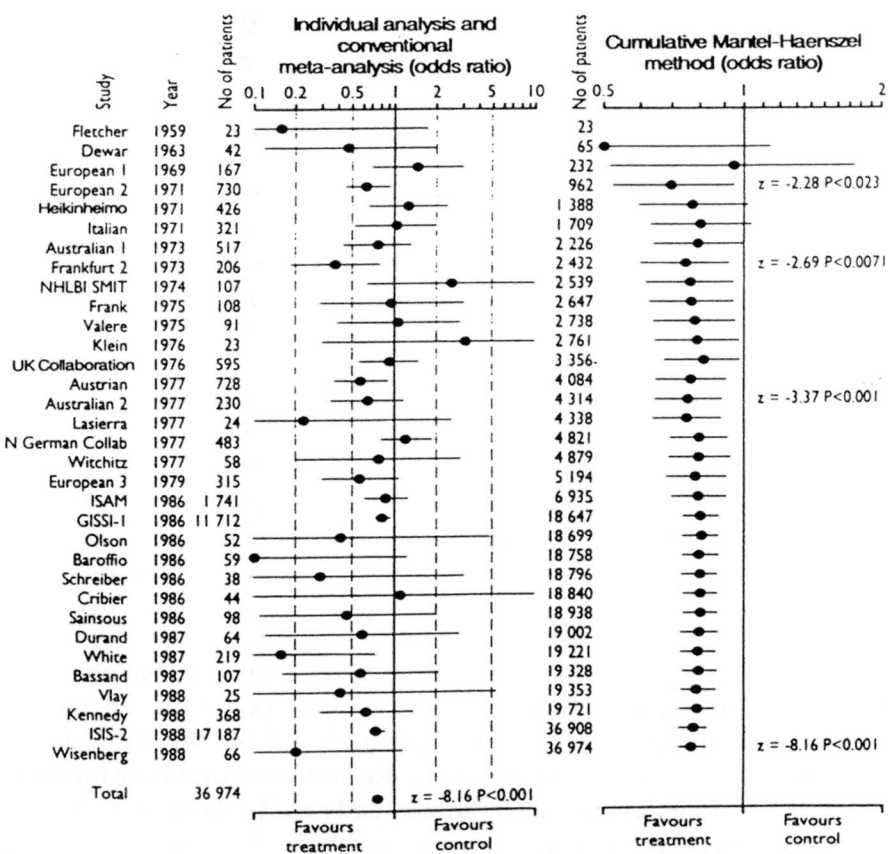

Study	Year	No of patients	Individual analysis and conventional meta-analysis (odds ratio)	No of patients	Cumulative Mantel-Haenszel method (odds ratio)
Fletcher	1959	23		23	
Dewar	1963	42		65	
European 1	1969	167		232	
European 2	1971	730		962	z = -2.28 P<0.023
Heikinheimo	1971	426		1 388	
Italian	1971	321		1 709	
Australian 1	1973	517		2 226	
Frankfurt 2	1973	206		2 432	z = -2.69 P<0.0071
NHLBI SMIT	1974	107		2 539	
Frank	1975	108		2 647	
Valere	1975	91		2 738	
Klein	1976	23		2 761	
UK Collaboration	1976	595		3 356	
Austrian	1977	728		4 084	
Australian 2	1977	230		4 314	z = -3.37 P<0.001
Lasierra	1977	24		4 338	
N German Collab	1977	483		4 821	
Witchitz	1977	58		4 879	
European 3	1979	315		5 194	
ISAM	1986	1 741		6 935	
GISSI-1	1986	11 712		18 647	
Olson	1986	52		18 699	
Baroffio	1986	59		18 758	
Schreiber	1986	38		18 796	
Cribier	1986	44		18 840	
Sainsous	1986	98		18 938	
Durand	1987	64		19 002	
White	1987	219		19 221	
Bassand	1987	107		19 328	
Vlay	1988	25		19 353	
Kennedy	1988	368		19 721	
ISIS-2	1988	17 187		36 908	
Wisenberg	1988	66		36 974	z = -8.16 P<0.001
Total		36 974	z = -8.16 P<0.001		

Favours treatment — Favours control   Favours treatment — Favours control

Abb. 1. Links sind alle randomisierten, kontrollierten Studien zum Thema Thrombolyse und 30-Tage-Sterblichkeit zwischen 1959 und 1988 chronologisch mit *Odds Ratio* und dazugehörigem 95% Vertrauensbereich angegeben (ein sogenannter *Forest Plot*); ganz unten findet sich die gepoolte Odds Ratio (nach mathematischer Kombination). Rechts ist eine kumulative Metaanalyse dargestellt: Die Odds Ratio und die dazugehörigen Vertrauensbereiche beziehen alle bis zu dem jeweiligen Zeitpunkt vorhandenen randomisierten, kontrollierten Studien ein und man hätte schon 1977 relativ präzise die Effektgröße vorhersagen können. (Lau J, Antman EM, Jimenez-Silva J, Kupelnick B, Mosteller F, Chalmers TC (1992) Cumulative meta-analysis of therapeutic trials for myocardial infarction. N Engl J Med 327:248-254, Copyright © 1992 Massachusetts Medical Society. All rights reserved)

Auch wenn der Einfluss der antihypertensiven Therapie auf das Risiko nicht sehr groß ist, so ist er doch von volksgesundheitlicher Bedeutung, da etwa 10% aller über 60-Jährigen eine isolierte systolische Hypertonie haben. Derzeit sind etwa 20% aller Menschen in westlichen Ländern über 60 Jahre alt, im Jahr 2030 werden es 35% sein.

2. Probleme der Meta-Analyse

„Wenn die Autoren wissen wollen, ob Bettruhe die Häufigkeit von Kopfschmerzen nach Liquorpunktion beeinflusst, sollten sie eine richtige Studie
durchführen. Eine Meta-Analyse ist nie so gut wie richtige Forschungsergebnisse." Das war die ablehnende Antwort eines Gutachters auf eine, an
ein wissenschaftliches Journal eingereichte Arbeit. Es scheint, dass Ignoranz
ein Problem der Meta-Analyse ist. Wie sonst kann man erklären, dass Journale wie *Lancet*, *BMJ* oder *JAMA* sich aktiv bemühen neben randomisierten, kontrollierten Studien auch viele systematische Übersichtsarbeiten
und Meta-Analysen zu veröffentlichen? Diese Journale machen das natürlich nicht einfach so, sondern wegen der vorhin genannten Gründe – die
Meta-Analyse ist die beste Form der Evidenz die es gibt. Natürlich gibt es
Diskrepanzen zwischen Meta-Analysen und großen randomisierten, kontrollierten Studien. In einer Studie wurden 19 Meta-Analysen mit 12 großen
randomisierten Studien zum selben jeweiligen Thema verglichen, und es
konnten in 12% relevante Unterschiede in der Effektgröße beobachtet werden (LeLorier 1997). Es gibt Erklärungen, sowohl für die obigen Aussagen,
als auch die beobachteten Diskrepanzen.

Die Meta-Analyse ist eine relativ junge Methode. Meta-analytische
Methoden gibt es zwar schon seit den 30er Jahren (Fisher 1932), sie wurden
aber kaum verwendet. Den Begriff Meta-Analyse gibt es seit 1976 (Glass
1976), aber erst in den letzten 10 Jahren hat die Weiterentwicklung und Verbesserung der Methodik stark zugenommen und parallel dazu auch die Veröffentlichung von Meta-Analysen in wissenschaftlichen Journalen (Abb. 2).

Wie andere Studiendesignformen hat auch die Meta-Analyse Schwachstellen. Wenn man diese Schwachstellen nicht entsprechend berücksichtigt, so sind die Ergebnisse verzerrt, eventuell sogar falsch. Die wichtigsten
Schwachstellen sind (1) individuelle Studien von schlechter wissenschaftlicher Qualität, (2) *Bias* und (3) Heterogenität.

2.1 Individuelle Studien von schlechter Qualität

Leider sind viele veröffentlichte wissenschaftliche Arbeiten von geringer
wissenschaftlicher Qualität (siehe Kapitel 1). Das Problem der qualitativ
minderwertigen Arbeiten ist, dass die Ergebnisse unzuverlässig sind und
den Effekt meist überschätzen. Das Hauptproblem ist *Bias*, also ein systematischer Fehler, der die Ergebnisse stört. Wenn ich eine Meta-Analyse mit
schlechten Arbeiten füttere, kann das Ergebnis nicht wertvoller sein als
seine Nährstoffe, selbst wenn ich alles richtig mache. Die Methodik zur
Erfassung und Quantifizierung von Studienqualitäten ist ein sehr junger
aber schnell wachsender Zweig der klinischen Epidemiologie und *Evidence
Based Medicine*. Es gibt *Scores* zur Erfassung der Studienqualität (siehe

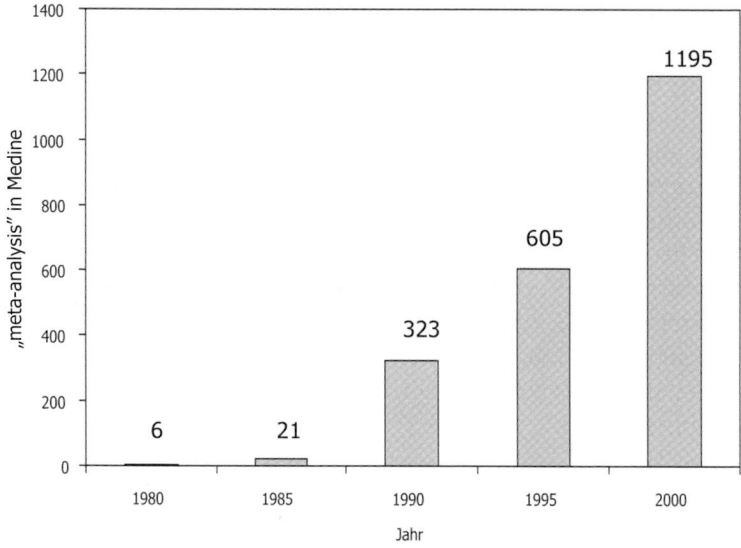

Abb. 2. Vorkommen des Wortes „meta-analysis" in Medline von 1980 bis 2000. Nicht jeder Hit entspricht notwendigerweise auch einer Meta-Analyse, da das Wort auch in den Abstracts anderer Arbeiten vorkommen kann. Trotzdem ist es ein brauchbares Surrogatmaß für den zunehmenden Gebrauch von Meta-Analysen

unten, Punkt 3.3), aber es ist nicht klar, wie diese *Scores* am besten verwendet werden sollen, bzw. ob sie überhaupt notwendig sind. Wie man mit Studien von schlechter Qualität am besten umgeht beschreibe ich weiter unten.

2.2 Publication und Language Bias

Ein mögliches Problem der Meta-Analyse ist der selektive Einschluss von Studien. Dieser *Bias* kann durch eine strenge systematische Literatursuche weitgehend minimiert werden (siehe Kapitel 17). Es gibt für systematische Literaturübersichten und Meta-Analysen jedoch eine besondere Biasform: Sie können sich wahrscheinlich gut vorstellen, dass eine Studie, die ein „statistisch signifikantes" Ergebnis berichtet, eher von einem Journal zur Veröffentlichung angenommen wird, als „negative" Studien, also Studien die keinen Unterschied zwischen den verglichenen Gruppen hinsichtlich des untersuchten Effekts finden.

EIN MÖGLICHES BEISPIEL: Stellen Sie sich vor, sie haben eine randomisierte kontrollierte Studie durchgeführt, aber leider haben sie keinen klinischen Epidemiologen oder Biometriker hinzugezogen. Die Studie ist wegen fehlender Berechnung der Stichprobengröße viel zu klein. Das Ergebnis Ihrer

Studie ist „negativ", aber wegen der kleinen Fallzahl wissen Sie nicht, ob wirklich kein Effekt vorhanden ist, oder ob doch etwas dran ist, und Sie den Effekt nur „statistisch" nicht wahrnehmen können (Typ II Fehler). Sie haben die Arbeit schon an fünf Journale geschickt und sie wurde jedes Mal mit der Begründung abgelehnt, dass die Fallzahl viel zu gering ist. Letztlich geben Sie auf und die Arbeit landet im Altpapiercontainer. Die Arbeit wäre wahrscheinlich veröffentlicht worden, wenn Sie einen Unterschied gefunden hätten, auch wenn dieser nur durch Zufallsvariabilität bedingt gewesen wäre. Diese Systematik der Veröffentlichung bzw. Ablehnung ist durch mehrere Beobachtungsstudien nachgewiesen worden und der damit verbundene Fehler ist, so glaube ich, gut erkennbar. Diesen Fehler nennt man *Publication Bias*, der in der Regel zu einer Überschätzung der Effektgröße in Meta-Analysen führt.

Wenn „negative" Arbeiten doch veröffentlicht werden, dann sehr oft in lokalen Journalen und eventuell in nicht-englischen Sprachen. Wenn man daher nur englischsprachige Arbeiten einschließt, kann es zu diesem so genannten *Language Bias* kommen, der eine Unterform des *Publication Bias* ist.

2.3 Heterogenität

2.3.1 Klinische Heterogenität

Heterogenität bedeutet, dass sich Studien hinsichtlich klinischer Merkmale so stark unterscheiden, dass sie nicht gut vergleichbar sind, und eine quantitative Synthese daher nicht sinnvoll ist. Heterogenität ist kein Fehler, sondern ein klinisch relevanter Effekt, der als solches beschrieben werden muss.

EIN BEISPIEL: Thoennissen (2001) hat untersucht, ob Bettruhe nach Lumbalpunktion das Auftreten von Kopfschmerzen verhindern kann (siehe auch Kapitel 17). Im Rahmen der systematischen Literatursuche konnten insgesamt 16 randomisierte kontrollierte Studien gefunden werden. Es wurden aber nicht nur Studien gefunden, die Bettruhe nach diagnostischer Liquorpunktion untersuchten (n=5), sondern auch Studien die Bettruhe nach Myelographie (eine Röntgenuntersuchung, bei der Kontrastmittel in den Subarachnoidalraum eingebracht wird) (n=6) und Studien die Bettruhe und Kopfschmerzen nach Spinalanästhesie untersuchten (n=5). Da diese Gruppen sich hinsichtlich der Intervention deutlich unterscheiden, ist es wahrscheinlich nicht empfehlenswert alle Studien in einen Topf zu werfen, also mathematisch zu kombinieren, sondern diese in „natürliche" Gruppen aufzuteilen (Kapitel 17, Abb. 1).

Nun stellt sich die Frage, ob die einzelnen Studien innerhalb jeder Gruppe vergleichbar sind. In den Gruppen „diagnostische Lumbalpunktion" und

„Myelographie" war dies scheinbar der Fall. In der Gruppe „Spinalanästhesie" fiel auf, dass eine Studie nur ältere Männer mit Prostatektomie untersuchte, eine Studie untersuchte nur Frauen, die Spinalanästhesie bei Geburt erhielten und eine Studie untersuchte nur junge Männer (<40 Jahre). Die Autoren entschieden sich daher gegen eine quantitative Synthese der Studien in dieser Gruppe. Die Studien in den beiden anderen Gruppen wurden kombiniert.

Es gibt keine festen Regeln, ab wann die klinische Heterogenität so stark ist, dass man die einzelnen Studien nicht quantitativ kombinieren darf. Für diese Entscheidung sind klinische Kenntnisse und gesunder Menschenverstand notwendig.

2.3.2 Statistische Heterogenität

Neben der klinischen Heterogenität gibt es auch noch die so genannte statistische Heterogenität. Es gibt mathematische Methoden, wie man statistische Heterogenität berücksichtigen kann. Dies ist aber nur sinnvoll, wenn ausgeschlossen ist, dass statistische Heterogenität lediglich ein Ausdruck von klinischer Heterogenität ist. Da dieser Text nur eine Einführung darstellt, verweise ich diesbezüglich auf weiterführende Literatur am Ende des Kapitels.

3. Wie macht man eine „Meta-Analyse"?

Der erste Teil (a) entspricht dem der systematischen Literaturübersicht (siehe Kapitel 17). Dann muss man entscheiden, ob (b) klinische Heterogenität besteht. Wenn sie besteht, ist eine quantitative Synthese nicht zulässig. Wenn die Studien aus klinischer Sicht ausreichend homogen genug sind, muss man sie (c) auf statistische Heterogenität untersuchen. Danach muss man (d) die geeignete Methode zur quantitativen Synthese verwenden. Dann muss man (e) nach Hinweisen für *Publication Bias* suchen. Es sollte auch untersucht werden, ob es (f) andere Störfaktoren gibt, die das Ergebnis empfindlich beeinflussen können. Letztlich müssen (g) die Ergebnisse präsentiert werden.

Die Punkte (a) bis (c) wurden bereits besprochen und ich gehe hier nur auf die anderen Punkte ein.

3.1 Die geeignete Methode zur quantitativen Synthese

Die quantitative Synthese ist, zumindest aus statistischer Sicht, das Kernstück der Meta-Analyse. Wenn die einzelnen Studien klinisch und statistisch homogen sind, kann man ein so genanntes *fixed-effects* Modell verwenden. Dieses Modell nimmt an, dass es für die untersuchte Intervention einen einzigen „wahren" Effekt gibt und die Effektgröße zwischen den einzelnen Studien nur unterschiedlich ist, weil es eben Zufallsvariabilität gibt (siehe Kapitel 23).

Wenn die Effektgröße der einzelnen Studien sehr stark variiert, obwohl diese klinisch scheinbar homogen sind, spricht man von statistischer Heterogenität. Die statistische Heterogenität kann man mit Tests nachweisen, die zeigen, ob die Variation stärker ist, als es durch Zufallsvariabiliät wahrscheinlich ist. In diesem Fall muss man ein *random-effects* Modell verwenden. Dieses Modell geht davon aus, dass es nicht einen, sondern mehrere Werte für die Effektgröße gibt.

Je nach Modell, Anzahl der Studienteilnehmer und Anzahl der Ereignisse pro Studie und Studienarm wird für die einzelnen Studien ein Gewicht errechnet, das den Einfluss der jeweiligen Studie auf das Gesamtergebnis bestimmt.

3.2 Wie findet man Publication Bias?

Eine Möglichkeit nach *Publication Bias* zu suchen, ist der so genannte *Funnel Plot* (*Funnel* heißt Trichter, da die Grafik im Idealfall wie ein symmetrischer Trichter aussehen sollte – siehe unten) (Egger 1997).

Je größer eine Studie ist, desto kleiner ist der Effekt und umgekehrt, also je kleiner eine Studie ist, desto größer kann der beobachtete Effekt sein. Die Ursache dafür ist die Zufallsvariabilität mit dem dazugehörigen Stichprobenfehler, der umso größer ist, je kleiner eine Studie ist. Wenn man nun die Effektgröße (z.B. *Risk Ratio* oder *Odds Ratio*) gegen den Stichprobenfehler der Effektgröße (den Standardfehler – siehe Kapitel 22) aufträgt, sollte das Ergebnis wie ein Trichter aussehen. In der Studie von Thoennissen (2001) sieht man, dass die Studien nicht symmetrisch verteilt sind (Abb. 3). Diese Asymmetrie kann durch *Publication Bias* bedingt sein, aber auch durch statistische oder klinische Heterogenität (leider ist das „wirkliche Leben" nicht so eindeutig wie Modellkonzepte).

Es gibt keinen Goldstandard für das Vorgehen, wenn der Verdacht auf *Publication Bias* vorliegt. Eine Möglichkeit ist die so genannte *trimm-and-fill* Methode (Sutton 2000). Wenn der Verdacht auf *Publication Bias* besteht, kann man (1) die Gesamteffektgröße A wie immer berechnen; (2) dann schließt man die Studien mit „zu viel" Effekt (so genannte Ausreißer), aus; (3) dann berechnet man die Gesamteffektgröße B ohne den Ausreißern neu; (3) dann setzt man die Ausreißer wieder ein und spiegelt sie um die vorher errechnete Gesamteffektgröße B und errechnet nun die Gesamteffektgröße C mit den Ausreißern und den gespiegelten Ausreißern. Wenn sich Effektgröße C nicht wesentlich von der ursprünglichen Effektgröße A unterscheidet, so ist *Publication Bias* kein Problem, egal ob vorhanden, oder nicht. Wenn ein relevanter Unterschied besteht, so muss man das sehr kritisch dis-

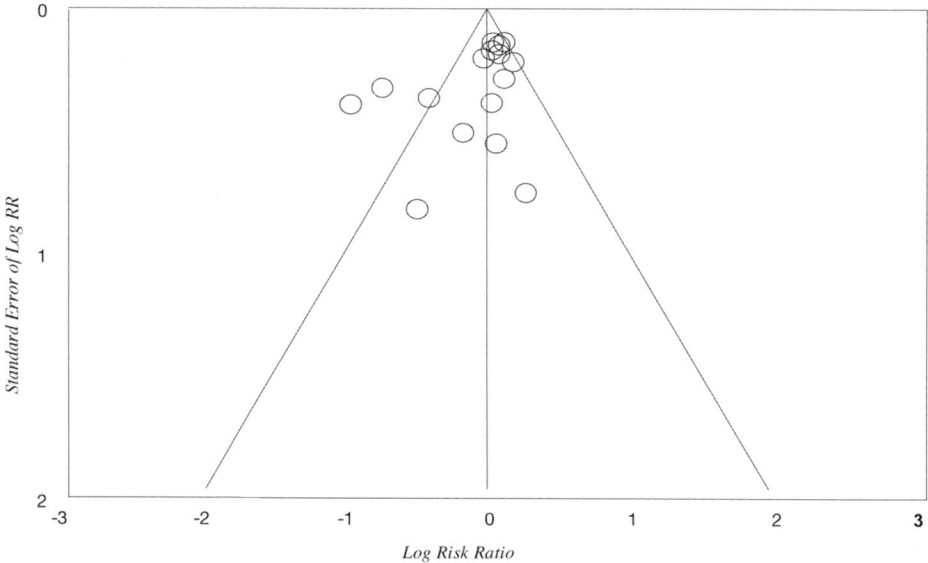

Abb. 3. Funnel Plot zur Erkennung von *Publication Bias* (nach Thoennissen 2001). Die Effektgröße wird gegen ihren Standardfehler aufgetragen. Um eine symmetrische Grafik zu ermöglichen, muss man den natürlichen Logarithmus der Effektgröße und des Standardfehlers verwenden. Wenn die Studien symmetrisch verteilt sind, so ist *Publication Bias* eher unwahrscheinlich (aber nicht ausgeschlossen). Asymmetrien der Grafik können durch *Publication Bias* bedingt sein, aber auch durch statistische Heterogenität bzw. andere Formen des Bias

kutieren, da der möglicherweise vorhandene *Bias* die Ergebnisse empfindlich stören kann.

3.3 Gibt es andere Störfaktoren, die das Ergebnis beeinflussen können?

Neben dem schon oben erwähnten *Publication Bias* gibt es noch andere mögliche Störfaktoren, wie zum Beispiel die Qualität von Studien (siehe Kapitel 7, 8, und 12). Hier kann man zum Beispiel die oben erwähnten *Scores* verwenden (Schulz 1995, Jadad 1996). Den Einfluss von möglichen Störfaktoren untersucht man am besten mit einer so genannten Sensitivitätsanalyse. Das heißt, man versucht zu erfassen, wie sensitiv die Gesamteffektgröße auf bestimmte Störgrößen reagiert. Zuerst wird die Gesamteffektgröße für alle Studien errechnet, und dann nochmals, nachdem bestimmte Studien (z.B. Studien mit schlechter Studienqualität) ausgeschlossen wurden. Auch hier gilt es die Meta-Analyse kritisch zu hinterfragen, wenn relevante Störfaktoren vorhanden sind.

3.4 Die Präsentation von Meta-Analysen

Meta-Analysen sind Sonderformen von systematischen Literaturübersichten und im Wesentlichen ebenso zu präsentieren (siehe Kapitel 17). Es ist sinnvoll, sich an Vorgaben zu halten, da man (1) Fehler vermeidet und (2) der Leser schnell erfassen kann, ob die Ergebnisse vertrauenswürdig sind.

Wenn es sich um eine Meta-Analyse von randomisierten, kontrollierten Studien handelt empfehle ich die Einhaltung der QUOROM Leitlinien (Moher 1999). QUOROM ist ein Akronym für „improving the **QU**ality **O**f **R**eports **O**f **M**eta-analyses of randomised controlled trials" und kann ebenso wie das CONSORT Statement bei *www.consort-statement.org* kostenlos aufgerufen, gespeichert und gedruckt werden. Nicht nur randomisierte kontrollierte Studien, sondern auch Beobachtungsstudien können für Meta-Analysen verwendet werden. Meta-Analysen von Beobachtungsstudien sollten nach den MOOSE Kriterien präsentiert werden (**M**eta-Analysis **O**f **O**beservational **S**tudies in **E**pidemiology) (Stroup 2000). Diese Leitlinien kann man ebenso unter *www.consort-statement.org* aufrufen. Voraussichtlich werden auch bald Leitlinien für die Präsentation von Meta-Analysen diagnostischer Studien herausgegeben werden (Bayes Library).

4. Meta-Analysen mit individuellen Patientendaten

Die meisten Meta-Analysen verwenden aggregierte Daten, also Angaben und Effektgrößen auf der Ebene der Gruppe. Besser noch wäre es, wenn die Daten der einzelnen Patienten gepoolt werden könnten. Diese Form der Meta-Analyse findet man nur sehr selten, da viele Autoren die individuellen Daten nicht zur Verfügung stellen.

5. Weiterführende Literatur

Wie schon erwähnt, ist das Gebiet der Meta-Analyse noch relativ jung und entwickelt sich schnell. Als Grundlage empfehle ich (auch in dieser Reihenfolge) die Bücher von Egger (2001b), Petiti (1994) oder Cooper (1994). Für alle die an unterschiedlichen Modellen zur Analyse interessiert sind, ist das Buch von Whithead (2002) sehr zu empfehlen. Die Meta-Analyse ist ein junger Wissenschaftszweig und es werden laufend Originalartikel zum Thema veröffentlicht (das ist aber hauptsächlich für *Afficionados* relevant). Die *Cochrane Collaboration Methods Group* gibt regelmäßig einen *Newsletter* heraus, der gut geeignet ist, den Interessierten auf dem neuesten Stand zu halten (*www.cochrane.org*). Weiters gibt es dort auch hervorragendes Material zum Selbststudium (*www.cochrane-net.org/openlearning/*).

Kapitel 19
Wie viele Patienten braucht man für eine Studie?

- Fallzahlschätzungen sind notwendig, um zu entscheiden, wie viele Probanden/Patienten man benötigt, um einen gewünschten Effekt nachzuweisen
- Die *Power* einer Studie ist die Wahrscheinlichkeit, einen Effekt, der tatsächlich vorhanden ist, nicht zu übersehen
- Für die Bestimmung der Fallzahl benötigt man
  - Die *Power*
  - Die Effektgröße und deren Streuung
  - Den Alpha-Fehler (siehe Kapitel 23)
- Eine Fallzahlschätzung ist für jedes Studiendesign und für jeden Endpunkt möglich

1. Der Kontext

Sie haben eine gute Idee für ein Studienprojekt und wollen diese umsetzen. Der nächste Schritt ist die Erstellung eines Studienprotokolls (siehe Kapitel 2). Wenn Sie endlich beim Punkt 5.4.2 der Tabelle 1 im Kapitel 2 angekommen sind, müssen Sie die Frage nach der Anzahl der Studienteilnehmer beantworten.

Der Sinn der Fallzahlberechnung ist nicht, eine **genaue** Fallzahl zu berechnen, sondern, eine **ungefähre** Vorhersage zu treffen und entspricht daher eigentlich einer Schätzung. Diese Vorhersage ist notwendig, um zu entscheiden, ob Sie überhaupt in der Lage sind, den gewünschten Effekt nachzuweisen. Im Kapitel 23 wird der Typ I und der Typ II Fehler beschrieben (auch Alpha und Beta Fehler). Kurz zusammengefasst, ist der Typ I Fehler die Wahrscheinlichkeit, dass Sie (durch Zufall) einen Effekt beobachten, obwohl er nicht vorhanden ist. Der Typ II Fehler ist die Wahrscheinlichkeit, dass Sie den Effekt nicht sehen, obwohl er vorhanden ist. Die Fallzahlberechnung schützt vor diesen Fehlern so gut es geht. Wenn Sie in Ihre Studie zu wenige Probanden einschließen, können Sie den Effekt möglicherweise nicht nachweisen, obwohl er vorhanden ist (Typ II Fehler). Wenn Sie zu viele Probanden einschließen, ist das nicht wirtschaftlich und vielleicht sogar unethisch, da sie, im Falle der Wirksamkeit, den Patienten der Kontrollgruppe die wirksame Therapie unnötig lange vorenthalten.

Ein Beispiel: Im Kapitel 1 habe ich beschrieben, dass die Thrombolyse beim akuten Herzinfarkt zwar eine wirksame Therapie ist, aber der Effekt gering ist und man sehr große Fallzahlen benötigt, um ihn nachzuweisen. 1986 wurde die erste Riesenstudie mit über 10.000 Teilnehmern veröffentlicht. Eine unsinnig kleine Studie ist daher die von Vlay und Kollegen aus dem Jahr 1988 (Vlay 1988), in die 25 Patienten eingeschlossen wurden.

2. Wie berechnet man die Stichprobengröße?

Die Stichprobengröße kann für alle Designformen und Endpunkte berechnet werden und ist in den meisten Fällen einfach durchzuführen. Man kann (a) Nomogramme (Altman 1992), (b) Formeln (Smith 1996), (c) Tabellen (Machin 1997), oder (d) Computerprogramme verwenden. Schwierig ist in den meisten Fällen nicht die Berechnung, sondern vernünftige Annahmen, auf denen die Berechnungen beruhen. Zu diesen Annahmen kommen wir nun.

2.1 Allgemeines

Für die Stichprobenberechnung benötigt man folgende Angaben: (1) die *Power*, (2) die Größe des Effects in der nicht exponierten Gruppe, (3) die Größe des Effektes in der exponierten Gruppe, (4) den Grenzwert des Typ I Fehlers, (5) wie viele Patienten voraussichtlich verloren gehen werden und (6) ob Interim Analysen vorgesehen sind.

2.1.1 Die Power

Der Beta Fehler gibt an, wie groß die Wahrscheinlichkeit ist, einen Unterschied nicht zu entdecken, obwohl er vorhanden ist (siehe Kapitel 23). Die *Power* errechnet sich aus 1-Beta, bzw. wenn man Prozent anstelle von Fraktionen verwendet 100% – Beta (in %). Für einen Beta- oder Typ II Fehler von 20% ist die *Power* daher 80% (=100%–20%). Im Rahmen einer Studie mit 80% *Power* (oder 0,8 als Fraktion angegeben) ist die Wahrscheinlichkeit einen Unterschied zu entdecken, wenn er vorhanden ist 80%. Definitionsgemäß sollte diese Wahrscheinlichkeit 80% oder mehr betragen.

2.1.2 Die Größe des Effekts in der nicht exponierten Gruppe

Die nicht exponierte Gruppe ist die Gruppe, die dem Risikofaktor nicht „ausgesetzt" ist. Bei einer randomisierten, kontrollierten Studie sollten diese Angaben bekannt sein, da sie dem derzeitigen Zustand entspricht. Es ist z.B. bekannt, dass ca. 6% der Patienten mit einem akuten Herzinfarkt, die einer Thrombolyse unterzogen werden, im Krankenhaus versterben.

2.1.3 Die Größe des Effektes in der exponierten Gruppe

Das ist die schwierigste und wichtigste Schätzung im Rahmen der Fallzahlberechnung. Diese Größe ist naturgemäß unbekannt. Wenn sie eine Interventionsstudie planen, sollte es zumindest Erfahrungswerte aus Beobachtungsstudien geben, auf deren Ergebnisse sie sich stützen können. Beachten Sie aber, dass Beobachtungsstudien, insbesondere Fallserien, die Effektgröße oft beträchtlich überschätzen. Ihre Schätzung sollte realistisch und gleichzeitig klinisch relevant sein.

Bleiben wir bei dem Herzinfarktbeispiel. Sie wollen wissen, ob es besser ist, wenn Sie statt der Thrombolyse die mechanische Wiedereröffnung, die so genannte Perkutane Transluminale Coronare Angioplastie (PTCA) verwenden. Die mechanische Wiedereröffnung sorgt theoretisch und in Studien dafür, dass das betroffene Areal früher wieder durchblutet wird. Die „Hypothese" – bitte nicht mit der Nullhypothese verwechseln – ist, dass der Herzmuskelschaden so kleiner gehalten werden kann und dies auch einen günstigen Effekt auf das Überleben hat. Andererseits ist die Intervention aufwändig und teuer, da man ein ganzes Katheterteam (etwa 3 hoch qualifizierte Leute) rund um die Uhr zur Verfügung stellen muss. Analog zum Vergleich von unterschiedlichen thrombolytischen Substanzen, kann man fordern, dass PTCA die Krankenhaussterblichkeit zumindest von 6% auf 4% senkt (eine absolute Risikoreduktion von 2%).

2.1.4 Der Grenzwert des Typ I Fehlers

Wir wollen vermeiden, dass wir ein zufälliges Ergebnis beobachten. Daher müssen wir den Typ I Fehler quantifizieren. Üblicherweise nehmen wir das 5%, oder das 1% Niveau an (also $p < 0,05$, oder $0,01$) (siehe Kapitel 23).

2.1.5 Wie viele Patienten werden verloren gehen

In den meisten Studien gehen Patienten im Verlauf „verloren" (siehe Kapitel 15). Prinzipiell sollten nicht mehr als 20% verloren gehen, sonst sind die Ergebnisse hinsichtlich ihrer Gültigkeit nicht mehr beurteilbar (siehe Kapitel 30). Aber auch wenn sie weniger als 20% der Patienten verlieren, kann das vor allem bei einer zuverlässigen Fallzahlschätzung dazu führen, dass die *Power* abnimmt und man einen Typ II Fehler begeht. Es ist daher ratsam, eine realistische Patientenverlustrate in die Fallzahlschätzung einfließen zu lassen.

EIN BEISPIEL: Sie planen 200 Patienten einzuschließen, erwarten aber, dass 10% der Patienten nicht bis zum Ende verfolgt werden können. Sie sollten daher 222 Patienten einschließen (200 Patienten entsprechen 90% und 222 daher 100%).

2.1.6 Sind Zwischenanalysen geplant?

Wenn Studien lange dauern und/oder der Endpunkt schwerwiegend ist, zum Beispiel Tod, sollten so genannte Zwischen- oder Interim Analysen eingeplant werden. Der Zweck dieser Zwischenanalysen ist, die Wirksamkeit (bzw. Schädlichkeit) einer neuen Therapie frühzeitig zu erkennen. Wenn sich eine neue Intervention sehr schnell als wirksam erweist, sollte die Studie abgebrochen werden, um den Patienten in der Kontrollgruppe eine wirksame Therapie nicht vorzuenthalten. Es ist natürlich auch vorstellbar, dass eine wirksam geglaubte Therapie schädlich ist – auch ein guter Grund eine Studie abzubrechen. Wenn sie Interim Analysen planen steigt die Wahrscheinlichkeit des Typ I Fehlers. Durch oftmaliges „Nachschauen" entdecken Sie durch Zufallsvariabilität einen Effekt, der nicht vorhanden ist. Der Grenzwert des Typ I Fehlers muss daher angepasst (d.h. verringert) werden und entsprechend nimmt damit die Stichprobengröße zu. Als Faustregel gilt, dass bei 2 Zwischenanalysen und einer abschließenden Analyse ein p-Wert von 0.02 für die Stichprobenberechnung verwendet werden sollte. Wenn sich dann bei den statistischen Test ein $p < 0.02$ findet, entspricht das etwa einem $p < 0.05$.

Das Thema Interim Analysen ist leider viel komplizierter als hier dargestellt. Wenn sie eine Studie planen, wo solche Analysen notwendig sind, empfehle ich ihnen unbedingt eine/n BiometrikerIn beizuziehen. Wenn Sie keine Zwischenanalysen planen, sollten sie ihre Daten bis zum Ende der Studie nicht einmal anschauen! Das meine ich wörtlich.

3. Die wichtigsten Formeln zur Berechnung der Stichprobengröße

Die Formel zu Berechnung der Stichprobe für die Differenz zweier Proportionen ist:

$$n(\text{pro Gruppe}) = [(z_1 + z_2)^2 \times 2p(1 - p)]/(p_1 - p_2)^2$$

z_1: 1,96 für einen Typ I Fehler von 5%
   2,576 für eine Typ I Fehler von 1%
z_2: 0,842 für eine *Power* von 80%
   1,282 für eine *Power* von 90%
p_1: Proportion in Gruppe 1
p_2: Proportion in Gruppe 2
p: Durchschnittliche Proportion $((p_1 + p_2)/^2)$

EIN BEISPIEL: Für unser Herzinfarktbeispiel (Thrombolyse Mortalität 6% $(= p_1)$ v PTCA Mortalität 4% $(= p_2)$), einem Alpha (oder Typ I) Fehler von 0.05 (oder 5%) und einer *Power* von 80% müssen wir pro Gruppe 1865 Patienten einschließen. Wenn man davon ausgeht, dass etwa 10% der Patienten in der Beobachtungszeit verloren gehen benötigt man ca. 2072 Patienten pro Gruppe. Das ganze nun Schritt für Schritt:

z_1: 1,96 für einen Typ I Fehler von 5%
z_2: 0,842 für eine *Power* von 80%
p_1: Proportion in Gruppe 1 = 6% (oder 0,06 als Fraktion)
p_2: Proportion in Gruppe 2 = 4% (oder 0,04 als Fraktion)
p: Durchschnittliche Proportion $((p_1 + p_2)/^2) = (0,06 + 0,04)/2 = 0,05$
Nun setzen Sie die Werte in die Formel ein.

$$n(\text{pro Gruppe}) = [(z_1 + z_2)^2 \times 2p(1 - p)]/(p_1 - p_2)^2$$

$$n(\text{pro Gruppe}) = [(1,96 + 0,842)^2 \times 2 \times 0,05(1 - 0,05)]/(0,06 - 0,04)^2 =$$
$$= 1864,66 \approx 1865$$

Sie vermuten aber, dass 1865 nur 90% der Stichprobe sind, da etwa 10% aus der Studie rausfallen werden; die vollen 100% sind daher 1865/90 x 100 = 2072 (einfacher noch 1865/0,9).

Die Berechnung funktioniert natürlich auch, wenn man einen kontinuierlichen Endpunkt hat. Die Formel zur Berechnung der Stichprobe für die Differenz zweier Mittelwerte ist

$$n(\text{pro Gruppe}) = [(z_1 + z_2)^2 \times (\sigma_1^2 + \sigma_2^2)]/(\mu_1 - \mu_2)^2$$

z_1: 1,96 für einen Typ I Fehler von 5%
    2,576 für eine Typ I Fehler von 1% (wie oben)
z_2: 0,842 für eine *Power* von 80%
    1,282 für eine *Power* von 90% (wie oben)
μ_1: Mittelwert in Gruppe 1
μ_2: Mittelwert in Gruppe 2
σ_1: Standardabweichung in Gruppe 1
σ_2: Standardabweichung in Gruppe 2

Als Beispiel siehe z.B. Punkt 5.2.

4. Wie hängen *Power*, Typ I Fehler, Stichprobengröße und Effektgröße zusammen?

Wie Sie anhand der Formeln sehen können hängen diese Größen zusammen. Man kann den Zusammenhang grafisch auch ganz gut darstellen. Was bedeutet der Zusammenhang in der Praxis? Bleiben wir bei dem Beispiel, wo wir bei Patienten mit akutem Herzinfarkt die herkömmliche Therapie (Thrombolyse, Spitalsmortalität 6%) mit mechanischer Revaskularisation vergleichen wollen (PTCA, geschätzte Spitalsmortalität 4%).

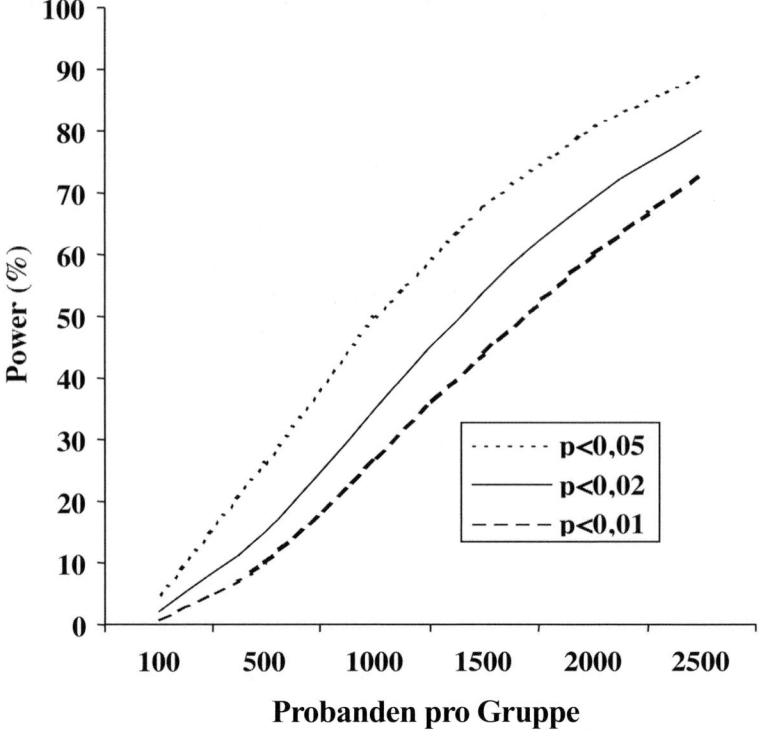

Abb. 1. Zusammenhang zwischen Power, Stichprobengröße, und Typ I Fehler bei konstanter Effektgröße (Krankenhaussterblichkeit 6% v 4%)

Wenn man annimmt, dass der Effekt, die 2% Unterschied, konstant ist, kann man in Abb. 1 sehen wie mit steigender Patientenzahl auch die *Power* steigt. Diese beiden Werte werden aber wiederum vom angenommenen p-Wert (oder Typ I Fehler) bestimmt. Wenn der p-Wert bei 0.02 oder weniger angenommen wird erreicht man bei einer Stichprobengröße von 5000 (2500 pro Gruppe) gerade einmal eine *Power* von 80%. Je kleiner ein Effekt bzw. je geringer der Typ I Fehler sein soll, desto größer ist die notwendige Fallzahl um den Effekt nachzuweisen.

Jetzt halten wir den p-Wert konstant, variieren aber die Effektgröße. Wir fragen uns, wie hängen *Power*, Stichprobengröße und Effektgröße zusammen (wenn der p-Wert konstant bei 5% bleibt)? Je größer die *Power* sein soll, desto mehr Probanden muss man einschließen, insbesondere, wenn der nachzuweisende Effekt gering ist (Abb. 2).

Wenn die Differenz in diesem Beispiel 3% beträgt, benötigt man viel weniger Probanden um eine *Power* von 80% zu erreichen. Wenn hingegen der Effekt viel kleiner ist, 1% in diesem Beispiel, benötigt man riesige Fallzahlen.

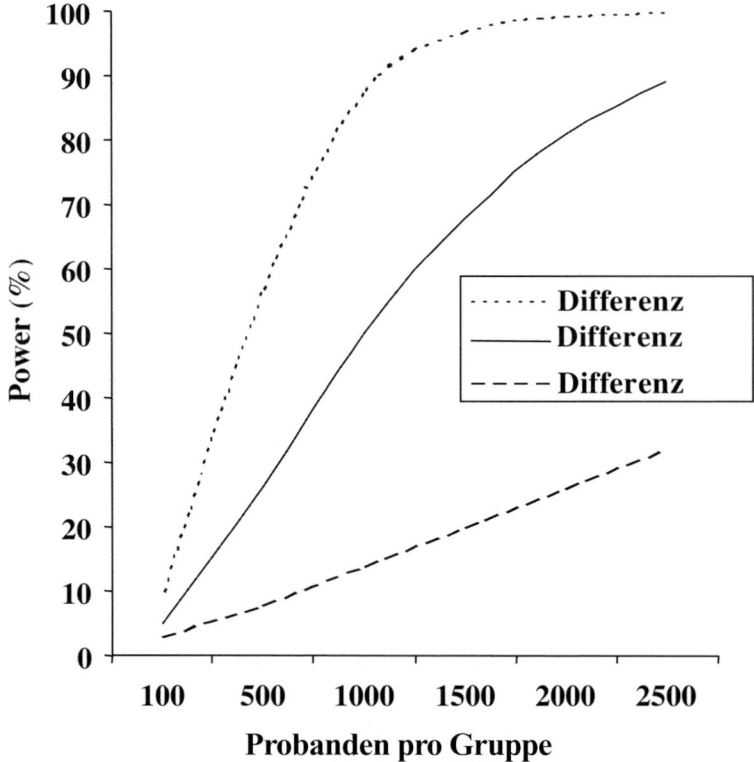

Abb. 2. Zusammenhang zwischen Power, Stichprobengröße, und Effektgröße bei konstantem Typ I Fehler (5%, oder p = 0.05)

5. Was ist eine Sensitivitätsanalyse?

Die Fallzahlberechnungen sind zwar Berechnungen mit exakten Ergebnissen, trotzdem sind die Ergebnisse lediglich Schätzungen, die auf hoffentlich vernünftigen Annahmen beruhen. Sie können im Rahmen von so genannten Senistivitätsanalysen überprüfen, wie stark die Annahmen reagieren, wenn Sie verschiedene, ebenso plausible Bereiche der erwarteten Effektgröße untersuchen. Die unten genannten Beispiele beschreiben *Power* Analysen aus realen Studienprotokollen.

6. Aus der Praxis

6.1 Power Analyse mit Korrelationskoeffizient als Effektgröße

Hier geht es um eine Kohortenstudie, die den Zusammenhang zwischen intrauterinem Wachstum und dem späteren Blutdruck untersucht (Barker Hypothese – siehe auch Kapitel 25, Barker 1995).

EIN BEISPIEL: *„We intend to detect an association between intrauterine growth and blood pressure at the age of 1 year. Levine et al. described an association of birth weight and blood pressure at age 1; the correlation coefficient was 0.23 for systolic and 0.26 for diastolic blood pressure (Levine 1994).*

We intend to detect an association which explains as little as 1% of the observed variability which equals a correlation coefficient of 0.1. Thus we would need to include at least 1046 infants at a given power of 90% and a two-sided alpha of 0.05 (see more simulations for power calculations below). Allowing for an attrition rate of 20% (no consent, loss to follow up, technical problems, abortions, stillbirths, perinatal deaths, and infant mortality) would require 1308 participants. Allowing for an attrition rate of 30% would require 1494 participants. These estimates are based on sample size tables (Machin 1997).

In conclusion we intend to enrol 1500 pregnant women which allows for a 20% attrition rate and increases the precision of the observed effect size.

Simulations for power calculations:
- *Assuming a power of 0.8 and a two-sided alpha level of 0.05 a total of 346 infants would be required to detect a correlation coefficient of 0.15.*
- *Assuming a power of 0.8 and a two-sided alpha level of 0.05 a total of 782 infants would be required to detect a correlation coefficient of 0.10.*
- *Assuming a power of 0.9 and a two-sided alpha level of 0.05 a total of 462 infants would be required to detect a correlation coefficient of 0.15.*
- *Assuming a power of 0.9 and a two-sided alpha level of 0.05 a total of 1046 infants would be required to detect a correlation coefficient of 0.10.“*

6.2 Power Analyse mit Differenz kontinuierlicher Werte als Effektgröße

Diese randomisierte kontrollierte Studie untersucht, ob akuter Rückenschmerz besser auf Schmerztabletten, oder eine Infusion anspricht. Phase 1 dauert nur 2 Stunden, Phase 2 geht über 4 Tage.

EIN BEISPIEL: *„Based on a clinically relevant difference of 1 unit in the verbal analogue scale (7 ± 2 units in Group A v 6 ± 2 units in Group B) the projected sample size at a two-sided p-value of 0.01 and a power of 0.9 is 119 per group. This assumed to be the equivalent of an improvement of 10mm ± 20mm in the visual analogue scale for the treatment of low back pain (Babej-Dölle 1994). We do not assume a relevant attrition rate for phase 1.*

Taking a 20% attrition rate over the next 7 days into account the pro-jected sample size is 115 per group to reliably detect such a difference at the end of phase 2."

7. Computerprogramme zur Fallzahlberechnung

Im Kapitel 32 sind Internetadressen zu einfachen Programmen für die Be-rechnung der Stichprobengröße angegeben. Diese Programme kann man entweder interaktiv verwenden, oder herunterladen. Das Programm EpiInfo (gleiches Kapitel) ist gratis und ermöglicht Fallzahlberechnungen für Studi-en, deren Endpunkte relative Risiken wie *Odds Ratios* und *Risk Ratios* sind. Letztlich kann ich allen Interessierten ein selbst gebasteltes Excel „Pro-gramm" per Email schicken, mit dem, neben anderen einfachen Rechnun-gen, auch Stichprobengrößen berechnet werden können (Anfragen bitte an marcus.muellner@meduniwien.ac.at).

8. Fallzahlberechnung nach der Fertigstellung einer Studie?

Gelegentlich bekomme ich bei Studien, die keinen Effekt zeigten, die Frage gestellt, ob ich mir die dazugehörige *Power* ausrechnen kann. Natürlich kann man die *Power* auch im Nachhinein ausrechnen, es ist nur nicht sinn-voll, denn wenn nach Abschluss der Studie kein Effekt beobachtet wird, so gibt es nur zwei Möglichkeiten: (1) es gibt keinen Effekt und man hat ihn auch nicht verpasst (0%), oder (2) es gibt ihn und man hat ihn zu 100% ver-passt. Wenn eine Studie bereits abgeschlossen ist und wir wissen wollen, ob hier wirklich kein, oder nur ein schwacher Effekt vorhanden ist, müssen wir lediglich die 95% Vertrauensbereiche betrachten und interpretieren (siehe Kapitel 23).

9. Weiterführende Literatur

Angaben und Beispiel zu Fallzahlberechnungen gibt es fast in jedem ver-nünftigen Statistikbuch (z.B. Kirkwood 1988, Altman 1992). Altman (1992) gibt ein recht brauchbares, weil schnell anwendbares Nomogramm zur Fall-zahlberechnung an. Wenn man öfters und für unterschiedliche Endpunkte und Studiendesignformen Fallzahlschätzungen durchführen möchte, lohnt die Anschaffung des Buchs von Machin (1997).

Kapitel 20
Data Management

- Bei der Erstellung eines Datenformulars werden oft Fehler gemacht
- Es gibt einfache Maßnahmen, solche Fehler zu vermeiden
- Ein Datenformular sollte vor der Anwendung getestet werden
- Eingabefehler kommen immer vor und sollten anhand eines standardisierten Vorgehens minimiert werden
- Eine Datenbank muss gut geplant werden
- Es muss im Vorhinein festgelegt werden, wie man mit irreparabel fehlerhaften und/oder fehlenden Daten umgeht
- Beachten Sie den Datenschutz!
- Daten müssen auf ihre Richtigkeit überprüft werden; Monitoring, Audit, und Inspektion sind die Instrumente dieser Qualitätssicherung.

Ein oft unbeachteter, aber wesentlicher Teil einer klinischen Studie ist das Datenmanagement. Wird das Datenmanagement nicht vor dem Beginn einer Studie geplant, ist mit Fehlern und daher auch mit ungenauen bzw. sogar falschen Ergebnissen und Schlüssen zu rechnen!

1. Das Datenformular (Case Record Form)

Zu allererst sollte man sich überlegen, wie die Daten nach der Messung (biometrische Messung, Interview, Fragebogen) in ein verwendbares Format gebracht werden. Meistens werden diese Daten zuerst auf Papier festgehalten, selten direkt in einen Computer eingegeben. Das Datenformular wird auch *Case Record Form* genannt (kurz CRF). Es sollte so aufgebaut sein, dass die Übertragung der Daten sowohl vom Messgerät in das Formular, als auch vom Formular in die Computerdatenbank logisch und einfach erfolgt.

Hier ein paar Tipps, die helfen sollen, Fehler und Verwechslungen zu vermeiden:
- Jede Seite nummerieren
- Jede Frage nummerieren
- Jede Antwortmöglichkeit nummerieren (erleichtert das Auffinden von Fehlern)
- Auf jeder Seite die Patientenidentifikationsnummer angeben

- Auf jeder Seite das Datum angeben
- Auf jeder Seite die Initialen des Eintragenden angeben
- Die Einheit, in der gemessen wird, genau angeben (Beispiel für Verwechslungsmöglichkeiten: cm oder m, g/dL oder mmol/L)
- Im Idealfall ist das Datenformular ein mehrseitiges gebundenes Heft, in dem alle Messungen über den gesamten Verlauf eingetragen werden. Technisch und logistisch ist das leider oft nicht möglich und Datenerhebungen zu unterschiedlichen Zeitpunkten werden in unterschiedlichen Formularen eingetragen. In diesem Fall sollte auf jeder Seite des Formulars der Typ des Formulars eingetragen sein (z.B. Formular A, Formular B usw.). Noch besser ist es, wenn sich verschiedene Formulare auch farblich unterscheiden
- Freitexteingaben sollte man, wenn möglich, vermeiden

Wenn das Datenformular erstellt ist, sollte es unbedingt in zumindest zwei Schritten getestet werden. *Schritt 1*: Zeigen Sie das Formular Kollegen, die mit der Studie nichts zu tun haben. Wenn diese glauben, das Formular anwenden zu können, ist das ein gutes Zeichen. *Schritt 2*: Wenden Sie das Formular bei einigen Patienten an, die den Studienpatienten ähnlich sind. Ist das Formular nach dieser Pilotphase verbessert, können Sie es für die Studie verwenden.

2. Die Datenbank

Bei kleineren Studien mit wenigen Variablen und/oder kurzer Nachbeobachtungszeit reicht in den meisten Fällen eine einfache Tabelle in einem Tabellenverarbeitungsprogramm (z.B. Excel für Windows). Bei großen (mehrere hundert Patienten) und bei komplexen (viele Variablen, häufige Nachuntersuchungen, viele Strata, Verwendung von Cluster) Studien ist es von Vorteil, wenn eine richtige Datenbank programmiert wird. Dazu ist entsprechendes Fachwissen notwendig.

3. Die Suche nach Eingabefehlern

Bei der Übertragung der Daten vom Datenformular in die Datenbank ist immer(!) mit Fehlern zu rechnen. Konservativen Schätzungen nach sind bis zu 5% aller Einträge fehlerhaft! Daten sollten daher jeweils von zwei Personen, unabhängig voneinander, eingetragen und dann verglichen werden. Der Vergleich erfolgt elektronisch; bei Datenbanken sollten diese Funktionen eingebaut sein, bei Excel Tabellen kann man diese Funktionen einfach selber „programmieren".

Bei Unstimmigkeiten sollte man das Original CRF heranziehen, oder besser noch, die Original Messergebnisse, sofern diese zugänglich sind. Eine weniger gut geeignete Alternative ist die Überprüfung einer Zufallsstichprobe. Sie können z.B. 20% der Einträge mit den CRFs vergleichen. Wenn z.B. mehr als 1% der Einträge falsch sind, werden alle Daten nochmals übertragen und verglichen – mitunter keine wirkliche Kosten- oder Zeitersparnis.

4. Wie geht man mit fehlerhaften Daten um?

Wenn Eingaben fehlerhaft sind oder ganz fehlen und nicht korrigiert oder nachgebracht werden können – zum Beispiel, wenn eine Folgeuntersuchung nicht durchgeführt wurde oder das Messgerät fehlerhaft war – gibt es im Wesentlichen drei Möglichkeiten damit umzugehen:

a) Der fehlende Wert wird als solcher akzeptiert und fehlt auch in der Analyse. In diesem Fall muss man überprüfen, ob bestimmte Werte selektiv fehlen. Wenn das so ist, muss man davon ausgehen, dass *Bias* vorliegt.

b) Der Patient wird mit allen Messungen von der Analyse ausgeschlossen. Auch hier kann ein Selektionsbias wirksam werden.

c) Der fehlende Wert wird durch einen Durchschnittswert, oder, bei wiederholten Messungen, durch den zuletzt gemessenen Wert ersetzt (*carry-forward* Methode). Ich verwende diese Methode nicht, da diese Werte stimmen können oder auch nicht und ich nicht sicher sein kann, dass wir uns so der klinischen Wahrheit annähern. Wenn diese Methode angewandt wird, sollte unbedingt untersucht werden, wie stark die erfundenen Werte das Ergebnis beeinflussen, im Vergleich zu einer Analyse, bei der fehlende Werte nicht analysiert wurden (Variante a).

d) Ein *worst-case* Szenario, wo bei fehlenden Werten ein Therapieversagen angenommen wird. Dieses Vorgehen ist sehr konservativ, aber oft ist tatsächlich nicht, oder nur mit einem geringen Effekt zu rechnen.

e) Mathematische Modelle bei denen der Wert mit Hilfe von Werten vieler anderer Variablen (Coavariablen) geschätzt wird. Solche Modelle sind extrem komplex und professionellen Statistikern vorbehalten.

5. Datenschutz

Jeder Patient hat ein Recht auf Schutz seiner persönlichen Daten. Missbrauch ist schon dann anzunehmen, wenn nicht berechtigte Personen Einsicht nehmen können. Wenn wir Patienten bitten, bei einer Studie mitzumachen, erklären wir üblicherweise auch, dass nur berechtigte Personen Einsicht nehmen können; diese Zusage ist ein verbindlicher Rechtsanspruch der Patienten (siehe Kapitel 31). Bei einmaliger Beobachtung ist

Datenschutz relativ einfach, da man in diesem Fall nur mit Identifikationsnummern arbeiten kann. Sind mehrfache Beobachtungen über Tage, Wochen, Monate, oder sogar Jahre notwendig, sollten persönliche Daten (Name und Kontaktdetails) unbedingt von anderen Daten getrennt werden, aber so, dass durch eine Identifikationsnummer bei Bedarf der Zusammenhang zwischen den persönlichen und den klinischen Daten hergestellt werden kann. Überlegen Sie sich, wie sie die Daten am besten transportieren und lagern, um sie vor unautorisiertem Zugriff zu schützen – auch diesbezüglich lohnt ein Gespräch mit einem Informationstechnologiespezialisten. Auf keinen Fall sollte man Daten, anhand derer man Patienten identifizieren kann, über das Internet (Email) verschicken.

Wenn Sie ein Protokoll oder eine Arbeit schreiben, und sich an die oben genannten Empfehlungen halten, steigert das den Wert der Arbeit, da der Messfehler minimiert wird. Beschreiben Sie das Vorgehen daher im Methodenteil. Bei der Einreichung eines Protokolls gehen Sie darauf ein, wie und von wem die Datenbank erstellt wird, wie Sie mit fehlerhaften bzw. fehlenden Werten umgehen werden, was hinsichtlich des Datenschutzes geplant ist, und wie das Formular erstellt und getestet wird. Bei der Einreichung eines Protokolls oder einer Arbeit legen Sie eventuell eine Kopie des Formulars für die Gutachter bei.

6. Monitoring, Audit und Inspektion

Dass Studienergebnisse nachvollziehbar sein müssen, ist selbstverständlich und verdient eigentlich keine weitere Diskussion. Praktisch ist das nicht so einfach und die Qualitätssicherung ist daher auch gesetzlich geregelt (siehe Kapitel: Die Zulassung von Medikamenten (und anderen Medizinprodukten) – *Good Clinical Practice*). Mit der neuen EU Direktive regelt der Gesetzgeber, wie die Datenqualität gesichert werden muss. Der Sponsor (eine Person, oder ein Unternehmen, das ein Forschungsprojekt veranlasst) muss sicherstellen, dass (1) die Rechte der Patienten gewahrt werden, (2) die Daten richtig, vollständig, und nachvollziehbar sind, und (3) dass die Studienabläufe tatsächlich so sind, wie im Studienprotokoll vorgegeben. Dazu stellt der Sponsor einen Monitor an, eine Person, die die Richtigkeit, bzw. Einhaltung der genannten Punkte gewährleistet. Diese Überprüfung nennt man Monitoring. Zusätzlich zum Monitoring, sollte der Sponsor auch noch einen oder mehrere Audits durchführen. Im Rahmen von Audits wird stichprobenartig überprüft, ob alle Beteiligten (inklusive Monitor) das Richtige machen. Die jeweiligen Zulassungsbehörden (in Europa die *European Medicines Agency*, beziehungsweise die jeweiligen Gesundheitsministerien und in den USA die *Food and Drug Administration*) haben dann noch die Möglichkeit der Inspektion. Im Rahmen der Inspektion wird stichprobenartig alles oben Genannte überprüft: die Prüfärzte und deren Handeln, die Richtigkeit der Daten, der Monitor, und der Sponsor (inklusive aller seiner zahlreichen Pflichten (siehe auch Kapitel 33).

7. Weiterführende Literatur

McFadden (1997) ist auf dem Gebiet des *Data Managements* in Fachkreisen eine anerkannte Expertin.

Kapitel 21
Stichproben und der Zufall

- Nur Zufallsstichproben erlauben einen repräsentativen Rückschluss auf die Gesamtpopulation
- Bei einer einfachen Zufallsstichprobenerhebung muss jede Einheit die gleiche Chance haben, ausgewählt zu werden
- Unter bestimmten Umständen sind komplexe Methoden der Stichprobenerhebung notwendig (Stratifikation, Cluster, *Multilevel*)

1. Wozu Stichproben?

Wir sind an Informationen und Erkenntnissen über die gesamte Population interessiert. Wir können aber selten eine gesamte Population erfassen und verwenden daher Stichproben, um auf die Gesamtheit zu schließen. Eine Population besteht aus Einheiten, das können Menschen, aber auch Arztpraxen, Krankenhäuser oder Meerschweinchen usw. sein. Um ein repräsentatives Bild von einer gesamten Population zu erhalten, muss gewährleistet sein, dass jede Einheit die gleiche Wahrscheinlichkeit hat, ausgewählt zu werden. Das ist nur möglich, wenn die erhobenen Einheiten bei der Auswahl nicht bevorzugt, oder benachteiligt werden. Anderenfalls kommt es zu einer Verzerrung, dem so genannten *Selection Bias*: Das Verteilungsmuster der Stichprobe entspricht nicht dem wahren Verteilungsmuster und alle anderen Messergebnisse möglicherweise auch nicht (siehe Kapitel 7).

Es gibt mehrere Möglichkeiten zu gewährleisten, dass jede Einheit die gleiche Wahrscheinlichkeit hat, ausgewählt zu werden. Ich will hier auf zwei einfache Methoden eingehen und zwar die **Zufallsstichprobenerhebung** und die **systematische Stichprobenerhebung**.

2. Wie erhebt man Zufallsstichproben?

EIN BEISPIEL: Im einem Krankenhaus (zum Beispiel dem Allgemeinen Krankenhaus in Wien?) arbeiten 2000 Ärzte. Die ärztliche Personalführung ist vorbildlich und will ein Programm entwickeln, um kardiovaskuläre Risikofaktoren zu senken. Zuvor will der Betriebsarzt die Größe des Problems erfassen und daher die Prävalenz der Risikofaktoren schätzen. Um Informationen, zum Beispiel hinsichtlich Geschlechtsverteilung, Blutdruck und

Nikotinabusus, über diese Population zu erhalten, kann der Betriebsarzt einfach alle Ärzte befragen. Das ist natürlich nicht sinnvoll, da es sehr aufwändig und teuer ist. Der Betriebsarzt kann auch eine repräsentative Stichprobe erheben und bittet uns, als klinische Epidemiologen, um Hilfe. Wir entscheiden und 10% der Gesamtpopulation, also 200, in diese Studie einzuschließen.

Zuerst muss man eine Liste der gesamten Einheiten (Population) aufstellen. Diese Liste heißt *Sampling Frame*. Wir fordern dazu eine Liste aller Ärzte von der ärztlichen Direktion an und ordnen jedem Arzt eine fortlaufende Nummer von 1 bis 2000 zu.

Nun brauchen wir eine Liste mit Zufallszahlen. Die Zufallszahlen können unter Zuhilfenahme eines Computerprogramms (zum Beispiel MS Excel, oder Stata) bestimmt werden. Tabellen mit Zufallszahlen, die in vielen Statistikbüchern abgebildet sind, könne ebenso einfach verwendet werden.

Man beginnt irgendwo in der Zufallszahlenliste (Tabelle 1) und liest von oben nach unten, oder von links nach rechts, oder von rechts nach links oder diagonal, vierstellige Zahlen; die ersten 200 Zahlen zwischen 1 und 2000 sind unsere Einheiten der Stichprobe.

Excel erzeugt nur Zufallszahlen zwischen 0 und 1, was auch nicht weiter schlimm ist, da wir die Zellen so formatieren können, dass vier Dezimalen angezeigt werden. Die Null vor dem Komma ignorieren wir.

Tabelle 1. Excel Tabelle mit Zufallszahlen

0.2849	0.4070	**0.1754**	0.3646	0.8734
0.0103	**0.1966**	**0.0605**	0.8449	**0.1792**
0.4584	0.6374	0.7228	0.9110	0.5990
0.1839	0.6796	0.8254	0.6397	0.6026
0.7137	0.5509	0.2141	0.2282	0.6512
0.6002	0.2843	0.9726	0.3714	**0.0968**
0.1501	0.7891	0.6850	**0.1801**	0.2757
0.1187	0.7843	0.9031	0.7682	**0.0374**
0.7044	0.5504	0.7205	0.9379	0.5353
0.6557	0.8729	0.2228	0.6455	0.5332
0.9819	**0.0029**	0.2833	0.7990	0.3570
0.3018	0.7950	0.4623	**0.1176**	0.9408
0.9357	0.6977	**0.1470**	0.6812	0.6228
0.0743	0.2723	0.6646	0.3496	0.7731
0.4234	0.9804	0.3627	**0.1257**	**0.1955**
0.3137	0.9904	0.2330	0.3620	0.5051
0.5343	0.8396	0.5163	0.6544	0.9675
0.3405	0.5554	0.4320	0.9568	**0.0536**
0.5532	**0.1039**	0.6363	0.9207	0.2258

In diesem Fall beginne ich „zufällig" links oben und lese nach unten. Die erste Zahl links oben ist 0,2849 und wir lesen daher 2849. Nun erfassen wir die ersten 200 Zahlen zwischen 1 und 2000. Wenn ich mit einer Spalte fertig bin, beginne ich bei der benachbarten Spalte wieder oben, usw. Für unser Beispiel können wir nun die Ärzte mit den Nummern 103, 1839, 1501, 1187 .... usw. auswählen. Die fett gedruckten Zahlen entsprechen den ersten 19 Einheiten. Die Tabelle müsste natürlich entsprechend erweitert werden.

3. Wie erhebt man systematische Stichproben?

EIN BEISPIEL: Wenn die Liste der Ärzte nicht nach einem System geordnet wäre, könnte man alternativ einen Arzt/Ärztin unter den ersten 10 nach dem Zufallsprinzip wählen und dann jeden 10. Arzt der Liste auswählen (200/2000=10). Systematische Stichproben haben ihre Tücken, da es oft schwer auszuschließen ist, dass eine bestimmte Systematik vorliegt. Wenn der Ordnung eine Systematik zugrunde liegt, hat möglicherweise nicht jede Einheit die gleiche Wahrscheinlichkeit, ausgewählt zu werden, oder die Stichproben sind nicht unabhängig. Ich empfehle immer eine Zufallsstichprobe zu erheben, da es nicht mehr Aufwand ist, als eine systematische Stichprobe zu erheben.

4. Komplexe Methoden zur Stichprobenerhebung

Komplexe Methoden zur Stichprobenerhebung sind notwendig, wenn bestimmte Merkmale innerhalb einer Population stark variieren (das nennt man Inhomogenität bzw. Heterogenität), oder innerhalb von Gruppen, wie Familien, oder Gemeinden sehr ähnlich sind. Im ersten Fall wäre eine stratifizierte-, im zweiten Fall eine *cluster* Stichprobenerhebung die Methode der Wahl. Vermutlich arbeiten (noch) mehr männliche Ärzte im AKH, die sich voraussichtlich hinsichtlich Blutdruck und Nikotinabusus von ihren weiblichen Kollegen unterscheiden. Hier wäre eine stratifizierte Stichprobenerhebung eigentlich sinnvoll. Manchmal ist es auch notwendig die Stichprobenerhebung **hierarchisch** aufzubauen, z.B. zuerst stratifizieren und dann pro Stratum Clusterstichproben erheben; Das ist z.B. eine *multilevel* Stichprobenerhebung. Komplexe Methoden wie stratifizierter-, cluster- und multilevel Stichprobenerhebung sind in der unten genannten weiterführenden Literatur ausführlich beschrieben.

5. Wann sind Stichproben in der klinischen Forschung notwendig?

Im Rahmen der klinischen Forschung ist die Erhebung von Stichproben aus dem Gesamtkollektiv theoretisch nicht notwendig, da im Idealfall aufeinander folgende Patienten mit genau definierten Ein- und Ausschlusskriterien eingeschlossen werden sollten. So gehen wenige potenziell einschließbare Patienten verloren und die Gruppe sollte daher repräsentativ für die Population der Patienten mit dieser Erkrankung sein. Wenn man diese Patienten, im Sinne einer Kohortenstudie, weiterverfolgt, ist die interne Gültigkeit durch die Auswahl nicht beeinträchtigt. Anders ist das bei einer Fall-Kontrollstudie: Hier sind die Fälle zwar definiert, aber die Wahl der Kontrollgruppe ist oft schwierig (siehe Kapitel 10).

In der Fall-Kontrollstudie sollten die Kontrollen so gewählt werden, dass sie repräsentativ sind, für die Population aus der die Fälle stammen. Manchmal ist es daher notwendig, dass man Kontrollen aus der Gesamtpopulation nimmt, was in vielen Ländern, so auch in Österreich, leider fast unmöglich ist. Dazu braucht man nämlich eine Liste aller (!) Einwohner (*Sampling Frame*) um daraus nach dem Zufallsprinzip, eventuell stratifiziert, Kontrollen auszuwählen.

Alternativ dazu kann man auch durch zufällig gewählte Telefonnummern Stichproben erheben (*random-digit-dialing*). Diese Methode hat viele Nachteile: (1) Telefoninterviews sind in unserem Kulturkreis nicht so gut akzeptiert wie z.B. in den USA, (2) schwierig wird es, wenn man auch z.B. Blutproben oder andere Untersuchungen benötigt, (3) manche (vor allem sozioökonomisch Benachteiligte) haben keinen Telefonanschluss, (4) die Erreichbarkeit zuhause ist oft schlecht (wann sind Sie zuhause am besten erreichbar?), (5) Geheimnummern usw. Wenn man sich für diese Methode entscheidet, sollte man überlegen, ob es nicht besser wäre, wenn man z.B. ein Meinungsforschungsinstitut damit beauftragt, da solche Institute das Technologiewissen haben. Leider sind sie sehr, sehr teuer.

Es gibt keine einfache Lösung, wenn man Kontrollen aus der Bevölkerung braucht. Ich empfehle diesbezüglich die Zusammenarbeit mit ausgebildeten Epidemiologen.

6. Weiterführende Literatur

Eine brauchbare Beschreibung und Diskussion des Themas finden Sie z.B. in Smith (1991) oder Kirkwood (1988).

Abschnitt II – Grundlagen der Analyse

Kapitel 22:
Wie soll ich meine Daten präsentieren?

- Man muss zwischen beschreibender Statistik und Angaben, aus denen Schlüsse gezogen werden, unterscheiden
- Beschreibende Statistik
  - Unterscheide zwischen kontinuierlichen und kategorischen Variablen
  - Bei kontiniuerlichen Variablen unterscheide zwischen normal verteilten und nicht-normalverteilten Daten
  - Bei Normalverteilung beschreibe den Mittelwert (*Mean*) und die Standardabweichung
  - Bei nicht-normalverteilten Daten beschreibe den Median, die erste und die dritte Quartile sowie den größten und den kleinsten Wert (*Range*)
- Angaben aus denen Schlüsse gezogen werden, sollten auch das 95% Vertrauensbereich (*Confidence Interval*) beinhalten

1. Hintergrund

Die Frage, wie man wissenschaftliche Ergebnisse richtig präsentiert, beschäftigt nicht nur manchen Autor, sondern auch Statistiker, Editoren von wissenschaftlichen Journalen und Leser, die wissen wollen, wie die vorliegende Studie zu interpretieren ist. Zum Glück gibt es einige einfache Faustregeln, die in den meisten Fällen problemlos angewendet werden können. Ergänzend möchte ich aber dazu sagen, dass es mehrere Möglichkeiten der Datenpräsentation gibt. Die von mir beschriebenen Wege werden üblicherweise von den meisten einflussreichen medizinisch-wissenschaftlichen Journalen anerkannt, beziehungsweise gefordert.

Die Präsentation von Daten dient dazu, von einer beobachteten meist relativ kleinen Stichprobe (Patienten, Messparameter, Zellen, Mäuse, ...) auf andere, große Bevölkerungsgruppen schließen zu können; in der Medizin handelt es sich oft um Patienten und deren Messgrößen (Alter, Geschlecht, Blutdruck, das Risiko ein definiertes Ereignis zu erleiden...). Daher brauchen wir Angaben, die einerseits das jeweilige Ergebnis zusammenfassend beschreiben und die zu erwartende Variabilität angeben.

Im Wesentlichen muss man zwischen der zusammenfassenden Beschreibung der Daten und Informationen, die Schlussfolgerungen erlauben, unterscheiden. Ich beschreibe zum Beispiel die Charakteristika der Patienten zu Studienbeginn (Alter, Geschlecht, Risikofaktoren). Schlussfolgerungen werden hingegen erst aus den erreichten Endpunkten gezogen. Das klingt einleuchtend und kompliziert zugleich (zumindest war das für mich lange so) – ich werde später darauf eingehen, warum dieser Unterschied wichtig ist.

Zuerst möchte ich auf die beschreibende Statistik, dann auf die Präsentation von Angaben bzw. Ergebnisse die Schlussfolgerungen erlauben, und erst zum Schluss kurz auf die grafische Darstellung von Ergebnissen eingehen. Trotzdem verwende ich Grafiken schon vorher, weil bestimmte Konzepte grafisch einfacher zu vermitteln sind, als im Zahlenformat. Diese Grafiken sind allerdings nicht zur Präsentation in wissenschaftlichen Journalen geeignet.

2. Beschreibende Statistik

2.1 Beschreibende Statistik von kontinuierlichen Variablen

Kontinuierliche Variablen sind Werte wie Blutdruck, Gewicht oder Serumcholesterinwerte, also Variablen die, zumindest theoretisch, unendlich viele mögliche Größen haben können. Eine Sonderform der kontinuierlichen Variablen sind so genannte diskrete Variablen. Diskrete Variablen können keinen negativen Wert annehmen und es gibt nur „ganze" Einheiten, zum Beispiel die Anzahl von Personen in einem Raum.

Für die summarische Beschreibung von kontinuierlichen Ergebnissen wird üblicherweise der Mittelwert oder der Median verwendet. Der Mittelwert errechnet sich aus der Summe der Einzelwerte gebrochen durch die Anzahl der Einzelwerte. Der Median ist der Wert in der Mitte, wenn alle Werte der Größe nach gereiht werden (wenn die Anzahl der Stichproben gerade ist, dann nimmt man den Mittelwert von den zwei Werten in der Mitte). Das bedeutet auch, dass 50% der Stichproben diesen Wert oder weniger haben, und 50% darüber sind.

2.1.1 Median v Mittelwert

Wann soll nun der Median und wann der Mittelwert (engl. *Mean*) verwendet werden? Um diese Frage zu beantworten lohnt es einen Blick auf mögliche Verteilungsmuster zu werfen. Bei kleinen Stichproben ist oft ein unregelmäßiges Verteilungsmuster mit verhältnismäßig großen Schwankbreite zu beobachten (Abb. 1).

Mit Zunahme der Stichprobe wird das Verteilungsmuster regelmäßiger und die Schwankbreite kleiner. Wenn das Verteilungsmuster annähernd wie

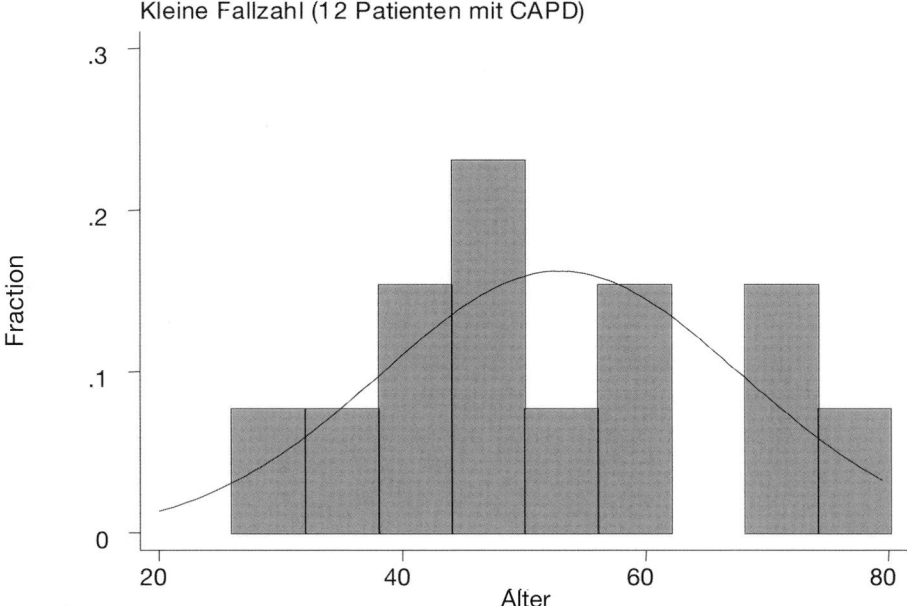

Abb. 1. Die Abbildung ist ein sogenanntes Histogramm und zeigt die Altersverteilung einer kleinen Stichprobe von 12 Patienten mit chronischer Peritonealdialyse (CAPD). Auf der x-Achse ist das Alter aufgetragen und auf der y-Achse ist der Anteil der Patienten (als Fraktion) in der jeweiligen Altersgruppe. Die glockenförmige Linie kennzeichnet, wie die (Normal)Verteilung in der Population, aus der die Stichprobe stammt, annähernd aussehen könnte

eine Glocke (Normalverteilungskurve) aussieht (Abb. 2), kann man den Mittelwert angeben, wenn die Verteilung stark von einer Normalverteilungskurve abweicht sollte man den Median verwenden.

Leider sind auch Variablen mit großen Fallzahlen oft nicht normalverteilt (Abb. 3).

EIN PAAR BEISPIELE: Wenn man eine erfundene Stichprobe mit folgenden Messwerten verwendet (4, 5, 3, 4), dann ist der Mittelwert 4 und der Median auch 4. Wenn die Messwerte aber so aussehen (4, 12, 4, 3), dann ist der Mittelwert 6 und der Median 4. Das heißt, bei nicht normal verteilten Daten, insbesondere wenn es so genannte Ausreißer gibt, beschreibt der Mittelwert die Daten nicht sehr gut und es sollte der Median verwendet werden. Der Mittelwert des Alters in einer Studie an Patienten mit Bauchdialyse ist 49 Jahre, der Median jedoch 53 Jahre. In einer Beobachtungsstudie bei Patienten auf einer Intensivstation beträgt der Mittelwert des Alters 57 Jahre, der Median 55 Jahre.

Als Alternative kann man die Daten auch transformieren, das heißt, durch eine meistens einfache mathematische Funktion wieder in eine Normalverteilung bringen. Auf diese Möglichkeit und ihre Konsequenz in der

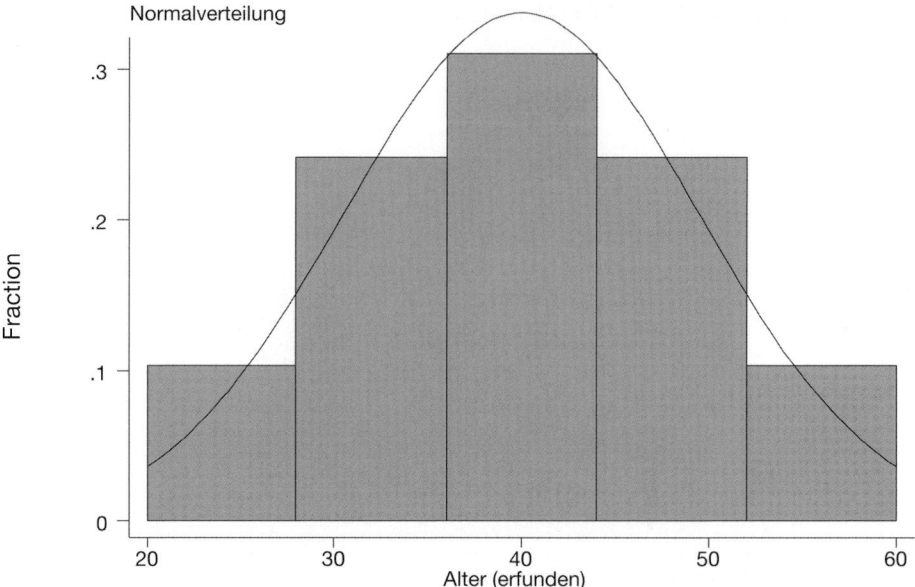

Abb. 2. Hier ist die Altersverteilung von 29 erfundenen Patienten dargestellt: man kann sehen, dass die Altersverteilung relativ brav der Glockenkurve folgt. Ich habe die Werte erfunden, da sich selbst bei großen Stichproben oft keine ausreichende Normalverteilung findet – die weitere Diskussion würde den Rahmen dieses Büchleins sprengen

statistischen Auswertung will ich in diesem Rahmen nicht weiter eingehen, empfehle Interessierten aber zur Einführung den Artikel von Bland (1996).

Letztlich kann man kontinuierliche Variablen auch in ordinale Kategorien „kollabieren": man kann z.B. das Alter in den Kategorien 0 bis 5 Jahre, >5 bis 10 Jahre, >10 bis 15 Jahre usw. angeben (streng genommen ist das Lebensalter in Jahren ohnedies ein ordinaler Wert, aber ich will Sie jetzt nicht verwirren). Dann können die Werte als Anzahl pro Kategorie mit dem prozentuellen Anteil am Gesamt präsentiert werden (siehe unten).

Zusammenfassend kann der Mittelwert verwendet werden, wenn die Verteilung annähernd normal ist. Wenn nicht, sollte der Median verwendet werden. Im Zweifelsfall kann man beide Werte angeben. In jedem Fall ist die dazugehörige Beschreibung der Variabilität wichtig.

2.2 Beschreibung der Variabilität von kontinuierlichen Variablen

Die Variabilität der beobachteten Ergebnisse kann man zum Beispiel mittels Standardabweichung, Quartilen und dem Range vom niedrigsten bis zum höchsten Wert beschreiben.

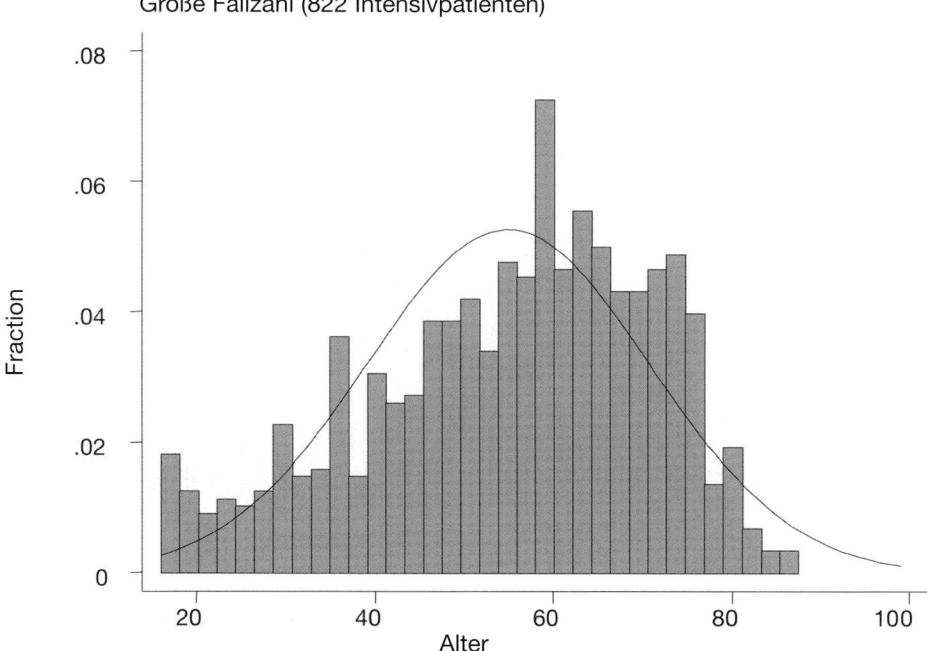

Abb. 3. Das Histogramm zeigt die Altersverteilung von 822 Intensivpatienten. Obwohl es sich um eine große Stichprobe handelt, ist diese nicht normalverteilt. Es scheint sogar, dass die Kurve 2 Gipfel hat: ein kleinerer Gipfel im jungen Alter (<20 Jahre) und ein größerer im höheren Alter (60 bis 65 Jahre). Es ist daher wichtig, sich mit den Daten vor der Analyse gut vertraut zu machen

2.2.1 Die Standardabweichung

Die Standardabweichung ist ein Summenmaß der Abweichung vom Mittelwert und darf nicht mit dem Standardfehler verwechselt werden (siehe auch unten). Eine häufig verwendete Abkürzung für Standardabweichung ist SD (für *Standard Deviation*). Das Konzept der Standardabweichung ist in Lehrbüchern der Statistik ausführlich beschrieben. Als Faustregel gilt, dass mit 2 Standardabweichungen in beide Richtungen etwa 95% aller Beobachtungen erfasst werden, vorausgesetzt, die Werte folgen annähernd einer Normalverteilung. Wenn das nicht der Fall ist, darf man natürlich die Daten auch nicht mittels SD beschreiben.

EIN BEISPIEL: Im Beispiel der Intensivpatienten beträgt die Standardabweichung des Alters vom Mittelwert 16 Jahre, das heißt, Patienten könnten etwa so beschrieben werden „... das durchschnittliche Alter betrug 57 (SD 16) Jahre ...". Es ist jedoch offensichtlich, dass die Verteilung um den Mittelwert nicht symmetrisch ist und diese Beschreibung so eigentlich irreführend ist (Abb. 4).

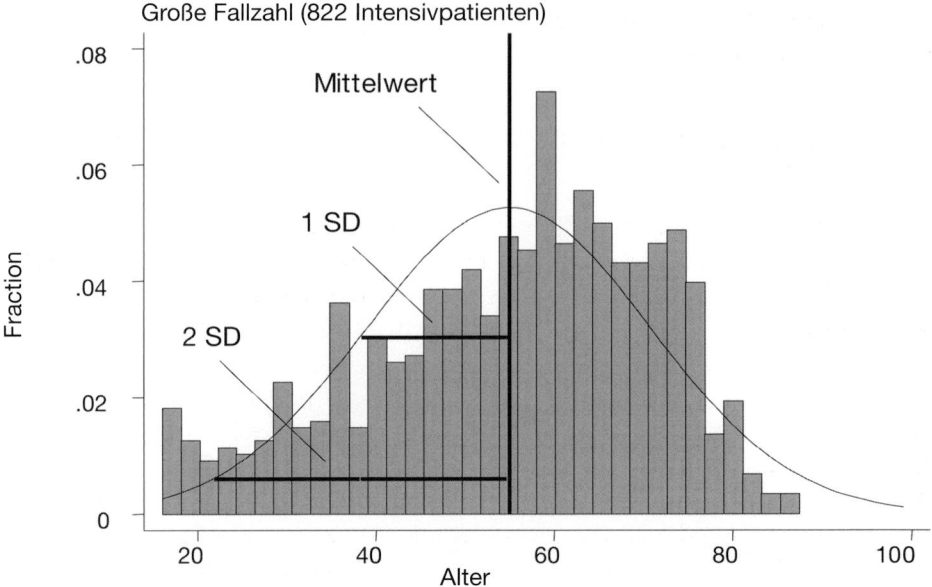

Abb. 4. Der Mittelwert (57 Jahre) sowie 1 und 2 Standardabweichungen (SD) sind durch fette Linien gekennzeichnet

2.2.2 Perzentilen und Quartilen

Alternativ zur Standardabweichung kann man Perzentilen verwenden. Wenn Perzentilen verwendet werden, so werden die Daten auf- oder absteigend geordnet und in 100 gleich große Gruppen unterteilt. Die 50. Perzentile ist der Median.

Eine häufig gebrauchte Variante der Perzentilen sind die Quartilen. In diesem Fall werden die Daten in vier gleich große Gruppen geteilt. Der Wert, der die 1. von der 2. Gruppe trennt ist die 25. Perzentile (oder auch 1. Quartile), der Wert der die 2. von der 3. Gruppe trennt, ist die 75. Perzentile (oder auch 3 Quartile). Praktisch heißt das, dass 25% aller Beobachtungen zwischen dem kleinsten beobachteten Wert und der ersten Quartile liegen, 25% liegen zwischen 1. Quartile und dem Median, 25% zwischen Median und der 3. Quartile und die letzten 25% zwischen 3. Quartile und dem höchsten Wert. Der Bereich zwischen der 2. und der 3. Quartile ist der Interquartilenrange (IQR).

EIN BEISPIEL: Im Beispiel der Intensivpatienten ist der jüngste Patient 16 Jahre, der älteste 87 Jahre alt und 25% der Patienten sind zwischen 16 und 43 Jahre, 25% zwischen 44 und 54 Jahre, 25% zwischen 55 und 65 Jahre und 25% zwischen 66 und 87 Jahre alt. Die Daten können daher auch so beschrieben werden „... das Alter betrug im Median 55 (IQR 55 bis 66)

Jahre ..."; im Idealfall sollte man auch den kleinsten und größten Wert angeben „... (Range 16 bis 87 Jahre)".

2.3 Beschreibende Statistik von binären und kategorischen Variablen

Im Gegensatz zu kontinuierlichen Variablen stehen binäre, ordinale und kategorische Variablen. Binäre Variablen erlauben nur 2 Möglichkeiten (z.B. männlich/weiblich – genotypisch, bei Menschen jedenfalls). Bei ordinalen Variablen ist eine meist beschränkte Anzahl Kategorien in auf oder absteigender Ordnung möglich (z.B. groß – mittel – klein). Kategorische Variablen erlauben mehrere Angaben, die aber nicht in einer natürlichen Ordnung stehen (z.B. ledig – verheiratet – geschieden – verwitwet, blau – grün – weiß – rot). Die beschreibende Statistik dieser Variablen ist einfach, da man die Anzahl in einer bestimmten Kategorie im Verhältnis zur Anzahl der gesamten Stichprobe und die daraus resultierende Prozentangabe beschreibt. Zum Beispiel „... 43% der Studienteilnehmer waren Frauen (17/40)..." Wichtig ist es, um Unklarheiten zu vermeiden, immer den Nummerator (in unserem Beispiel 17) und den Denominator (hier 40) anzugeben. Für Kategorien gibt es keine Variabilität in der beobachteten Stichprobe (entweder man hat die Eigenschaft, oder nicht).

3. Aus Beobachtungen Schlüsse ziehen

Die Beschreibung der Patienten ist wichtig, da sie dem Leser erlaubt, ein Gefühl für die beschriebene Population zu bekommen. In weiterer Folge will man aus bestimmten Ergebnissen – jedoch nicht aus allen erhobenen Werten – Schlüsse ziehen. Das ist die so genannte statistische Inferenz: Wie sicher kann ich sein, dass der von mir beobachtete Effekt tatsächlich vorhanden ist bzw. wie groß ist der Effekt wirklich (siehe auch Kapitel 23)?

Der jeweilige Effekt ist eine einzige Zahl, zum Beispiel das Ausmaß der Blutdrucksenkung durch ein bestimmtes Medikament. Stellen Sie sich vor, sie führen eine Studie mit 50 Patienten durch und finden, dass das Präparat X den Blutdruck nach einer Behandlungsperiode von 2 Wochen um 4 mmHg senkt. Glauben Sie, dass Präparat X in einer gleich durchgeführten Studie aber mit anderen 50 Patienten wieder genau einen Effekt von 4 mmHg zeigen wird? Menschen, als biologische Systeme, reagieren unterschiedlich gut auf Medikamente. Weiters gibt es andere Gründe und Umstände, die die Wirkung von Medikamenten beeinflussen können. Die Wahrscheinlichkeit in so einer kleinen Studie wieder genau das gleiche Ergebnis zu erhalten, ist nicht sehr groß. Wir können diese Unsicherheit aber berechnen und beschreiben. Man kann für alle gängigen Effektmaße den entsprechenden

Vertrauensbereich (*Confidence Interval*) mehr oder weniger einfach errechnen, bzw. werden diese Werte von den meisten, gängigen Statistikpaketen
berechnet. Der Effekt kann ein kontinuierlicher Wert sein, wie zum Beispiel
eine Blutdruckdifferenz in mmHg, eine Differenz in Prozent oder ein Maß
für das relative Risiko (z.B. *Odds Ratio*). Üblicherweise verwendet man den
95% Vertrauensbereich, ebenso gut kann man aber auch den 99%, oder den
90% Vertrauensbereich angeben.

HIER EIN PAAR BEISPIELE: „*The comparison of acupuncture with relaxati-
on was significant (x^2_1 = 6.54; P=.01), with an estimated overall odds ratio
for a cocaine-negative urine screen of 3.41 (95% confidence interval,
1.33–8.72).*"

Das 95% *Confidence Interval* bedeutet hier, dass wir 95% sicher sein
können, dass der wahre **durchschnittliche** Effekt – die Chance, dass der
Kokainentzug erfolgreich ist – in der Akupunkturgruppe zwischen der
1.3fachen Erhöhung bis hin zur 8.7fachen Erhöhung reichen. Wir können
uns jedenfalls 95% sicher sein, dass die durchschnittliche Chance auf einen
erfolgreichen Kokainentzug größer als 1 ist (1 = kein Effekt).

„*At three months, mean scores for decisional conflict were significant-
ly lower in the intervention group than in the control group (2.5 v 2.8; mean
difference – 0.3, 95% confidence interval – 0.5 to – 0.2).*"

Im diesem Beispiel bedeutet das 95% *Confidence Interval*, dass wir 95%
sicher sein können, dass der „wahre" durchschnittliche Unterschied dieses
Conflict Scores zwischen –0,2 und –0,5 liegt und 0 (null) nicht beinhaltet
(0 = kein Unterschied/Effekt).

„*The incidence and prevalence of diarrhoea were lower in the zinc and
vitamin A groups than in the placebo group. Zinc and vitamin A … had a
rate ratio (95% confidence interval) of 0.79 (0.66 to 0.94) for the prevalence of persistent diarrhoea and 0.80 (0.67 to 0.95) for dysentery.*"

Beispiel (c) kann wie Beispiel (a) interpretiert werden, da es sich hier
auch um ein relatives Risiko handelt (siehe Kapitel 6).

Wenn der 95% Vertrauensbereich angegeben wird, kann man eigentlich
auf die Angabe eines p-Wertes verzichten, das hängt aber natürlich auch von
den Vorgaben des jeweiligen Journals ab. Die alleinige Angabe eines p-Wertes, ohne der Möglichkeit die Effektgröße abschätzen zu können, soll jedenfalls vermieden werden (Beispiel (d)). Mehr zum p-Wert kommt im nächsten
Kapitel.

„*Patients in group A were older compared to patients in group B
(p < 0.05).*"

4. Pseudogenauigkeit: Wie viele Dezimalen sind sinnvoll?

Wenn an Ihrer Abteilung 24 Ärzte arbeiten und 7 davon Frauen sind, würden sie sagen, dass 29,2% Frauen sind? Geben Sie im Gespräch mit Freunden oder Arbeitskollegen Ihr Alter auf eine Dezimale genau an?

Es gibt keine exakten Regeln, wie viele Dezimalen angegeben werden sollen. Als vernünftige Faustregel gilt, dass ebenso viele Dezimalen notwendig sind, wie auch im „echten Leben" angegeben werden (keine Dezimale für z.B. Blutdruck in mmHg, Serumcholesterinspiegel in mg/dl, Alter, Serumnatriumspiegel in mmol/l; eine Dezimale für z.B. Serumlaktatspiegel 0.8 mg/dl; zwei Dezimalen für Serumkaliumspiegel in mmol/l, Serumkreatininspiegel im mg/dl). Prozent sollten nur mit Dezimalen angegeben werden, wenn die Stichprobe aus vielen, vielen hunderten Patienten besteht, was wahrscheinlich selten der Fall ist. Angaben für das relative Risiko (*Odds Ratio*, *Rate Ratio* usw.) sollten mit einer, maximal zwei Dezimalen angegeben werden.

Das Signifikanzniveau – der so genannte p-Wert – sollte wiederum mit ausreichender Genauigkeit wiedergegeben werden, wobei in den meisten Fällen drei Dezimalen ausreichen. Der p-Wert sollte nicht als „< 0.05" oder „< 0.01" angegeben werden; das stammt noch aus einer Zeit, als das Signifikanzniveau aus Tabellen abgelesen wurde. Es macht einen Unterschied, ob das Signifikanzniveau bei 4,5% liegt ($p = 0.045$), oder bei 1,4% ($p = 0.014$), der aber bei einem summarischen $p < 0.05$ nicht zu erkennen ist. Noch wichtiger ist das bei p-Werten > 0.05, da ein p-Wert von 0.07 sicherlich anders interpretiert wird, als $p = 0.82$. Computerprogramme geben exakte p-Werte an und die sollten bis auf wenige Ausnahmen auch so übernommen werden. Die Ausnahmen sind: (a) Ein Wert der < 0.001 ist, benötigt nicht mehr als drei Dezimalen (z.B. $p = 0.00005$ reicht als $p < 0.001$); (b) ein p-Wert von 1 ist unmöglich und sollte als $p < 0.99$ angegeben werden; (c) ein p-Wert von 0.0000 ist auch nicht möglich, und lediglich ein durch das Computerprogramm verursachte Artefakt – wie oben angegeben, sollte $p < 0.001$ ausreichen.

Kapitel 23
Das Wichtigste über den p-Wert –
Der statistische Gruppenvergleich

- Um Gruppen statistisch vergleichen zu können, muss man eine **Nullhypothese** (die Gruppen unterscheiden sich nicht) und eine **Alternativhypothese** aufstellen (die Gruppen unterscheiden sich)
- Das Ergebnis des statistischen Tests gibt an, wie wahrscheinlich es ist, den vorliegenden Unterschied zwischen den Gruppen zu beobachten, obwohl kein Unterschied besteht
- Wenn diese Wahrscheinlichkeit < 5% ist ($p < 0.05$), kann die Nullhypothese abgelehnt und die Alternativhypothese angenommen werden
- Der Typ I Fehler beschreibt die Wahrscheinlichkeit, rein zufällig einen Unterschied zu entdecken, obwohl keiner besteht
- Der Typ II Fehler beschreibt die Wahrscheinlichkeit, einen Unterschied zu übersehen, obwohl er vorhanden ist
- Der 95% Vertrauensbereich (*Confidence Interval*) gibt an, dass man 95% sicher sein kann, dass das Ergebnis eines Experimentes in der Bevölkerung auch in diesem Bereich liegt

Statistik ist in vielen Fällen rein beschreibend, oft ist aber auch analytische Statistik notwendig, um z.B. Gruppen zu vergleichen oder Zusammenhänge zu beschreiben. Statistische Tests werden durchgeführt, um von Stichproben auf die Gesamtheit rückschließen zu können. Es werden Stichproben untersucht, die repräsentativ für die Gesamtheit (bzw. Population) sein sollten, um wiederum Rückschlüsse für die Population ableiten zu können. Dieses Vorgehen – Rückschlüsse von einzelnen Details auf die große „Wahrheit" nennen wir induktives Schließen. Schlussfolgerungen, die vom Großen zum Detail führen, nennen wir deduktives Schließen. Genau genommen kann man der Wahrheit nur näher kommen, wenn wir einem deduktiven Weg folgen, aber wir leben eben nicht in einer perfekten Welt (siehe auch Kapitel 34).

In der medizinisch-wissenschaftlichen Literatur finden sich dann Sätze wie „... die Gruppen unterschieden sich signifikant ($p < 0.05$)", oder „... X korreliert signifikant mit Y". Wenn wir einen Gruppenvergleich durchführen, wollen wir wissen, ob der beobachtete Unterschied tatsächlich besteht, oder ob es doch nur Zufallsschwankungen sind. Systematische Fehler (*Bias*) und Störfaktoren (*Confounding*) können das Ergebnis gleichfalls beeinflussen, beziehungsweise erklären (siehe Kapitel 7).

1. Nullhypothese und Alternativhypothese

Der Beweis, dass ein beobachteter Unterschied nicht durch Zufall verursacht, sondern wahr ist, kann leider nur indirekt geführt werden. Wir können nicht beweisen, dass sich beobachtete Gruppen hinsichtlich eines Merkmals (z.B. Körpergröße) unterscheiden. Man kann aber zeigen, dass diese Gruppen wahrscheinlich nicht gleich sind. Das funktioniert folgendermaßen (beim Lesen bitte konzentrieren):

(1) Man vergleicht die Gruppen vorerst durch Betrachtung der Daten bzw. durch beschreibende Statistik. Es kommt nur selten vor, dass der zu vergleichende Wert (z.B. Blutdruck, Altersverteilung, Geschlechtsverteilung usw.) zwischen zwei oder mehreren Vergleichsgruppen genau gleich ist.

(2) Dann stellt man eine Nullhypothese auf (z.B. zwei Gruppen haben die *gleiche* Altersverteilung). Wenn die Nullhypothese wahr ist, dann ist der beobachtete Unterschied lediglich Ausdruck der Zufallsschwankung.

(3) Nun stellt man eine Alternativhypothese auf (z.B. zwei Gruppen haben *nicht* die gleiche Altersverteilung), die dann gilt, wenn man die Nullhypothese widerlegen kann.

(4) Zum Widerlegen der Nullhypothese führt man einen geeigneten statistischen Test durch (siehe Kapitel 24). Das Ergebnis eines statistischen Tests ist letztlich der so genannte p-Wert.

(5) Nun interpretiert man den p-Wert. Der p-Wert beschreibt die Wahrscheinlichkeit (p wie *Probability*), den Unterschied der beobachteten Größe (oder noch größer) zu beobachten, obwohl kein Unterschied besteht. Wenn man einen „Unterschied beobachtet, obwohl er nicht besteht" heißt das, der Unterschied ist nicht echt, sondern lediglich Ausdruck der Zufallsschwankung. Ein kleiner p-Wert bedeutet, dass die Wahrscheinlichkeit gering ist, einen Unterschied der beobachteten Größe (oder noch größer) zu beobachten, obwohl er nicht vorhanden ist. Wenn der p-Wert kleiner als 5% ist, kann man die Nullhypothese ablehnen. Dieser Grenzwert bei 5% ist Konvention. Bitte nehmen Sie ihn vorerst einfach hin. Wenn man die Nullhypothese wegen der geringen Wahrscheinlichkeit ablehnen kann, gilt die Alternativhypothese – es besteht ein Unterschied. Der statistische Test ist also ein Vorgehen um nachzuweisen, ob die Daten, die wir untersuchen mit unserer Nullhypothese **kompatibel** sind.

EIN BEISPIEL (BEISPIEL A): Das Durchschnittsalter in einer Gruppe von 1194 Männern ist 51 Jahre, mit einer Standardabweichung von 6 Jahren. In einer zweiten Gruppe (483 Männer) beträgt das Durchschnittsalter 56 Jahre, mit einer Standardabweichung von 7 Jahren. Die Nullhypothese ist daher, dass das Alter der einen Gruppe sich vom Alter der anderen Gruppe nicht unterscheidet, und daher dieser beobachtete Altersunterschied von 5 Jahren nur ein Ausdruck der Zufallsschwankung ist. Wenn man einen t-Test durchführt (siehe Kapitel 24), findet man, dass der Altersunterschied von 4,9 Jahren ein Signifikanzniveau von $p < 0,001$ erreicht ($t = -14,08$ mit 1675 Freiheitsgraden; diese Freiheitsgrade sind ein Konzept, das ich im Rahmen dieses Buchs nicht weiter erläutern möchte). Der p-Wert, meistens als Fraktion angegeben, bedeutet, dass die Wahrscheinlichkeit einen Unterschied dieser Größe – oder noch größer – zufällig zu beobachten, kleiner als 0.1% ist, wenn die Nullhypothese stimmt. Somit können wir die Nullhypothese (beide Gruppen haben gleiches Alter) ablehnen und die Alternativhypothese annehmen: Die beiden Gruppen unterscheiden sich hinsichtlich des Alters.

NOCH EIN (ERFUNDENES) BEISPIEL (BEISPIEL B): Sie wollen wissen, ob die Anzahl der Raucher zwischen zwei Gruppen – Patienten mit und ohne Herzinfarkt – unterschiedlich ist. In der einen Gruppe sind 45 von 75 Patienten *mit* Herzinfarkt Raucher (60%), in der anderen sind 30 von 75 Patienten *ohne* Herzinfarkt Raucher (40%). Unsere Nullhypothese ist, dass der Anteil der Raucher, auch hier stellvertretend für die Gesamtheit, in beiden Gruppen gleich groß ist. Wenn man einen entsprechenden Test (Chi-Quadrat) durchführt, findet man, dass dieser Unterschied von 20% ein Signifikanzniveau von $p = 0,036$ erreicht ($X^2 = 4.39$).

Wenn die Nullhypothese stimmt, also kein Unterschied zwischen den Gruppen besteht, ist die Wahrscheinlichkeit einen Unterschied dieser Größe zufällig zu beobachten 3.6%. In anderen Worten, würde dieses Experiment 100 mal durchgeführt werden (was natürlich unrealistisch ist), könnten wir einen Unterschied von 20% auch in drei bis vier Versuchsanordnungen nur durch Zufall beobachten, obwohl der Anteil der Raucher in beiden Gruppen gleich ist.

Da der p-Wert kleiner als 5% ist ($0,036 < 0,05$) können wir die Nullhypothese ablehnen und die Alternativhypothese annehmen. Die Alternativhypothese sagt, dass der Anteil der Raucher in den Gruppen unterschiedlich ist.

EIN LETZTES BEISPIEL (BEISPIEL C): Dieses Beispiel ist eine Variante von Beispiel B. Wenn sich nun die Gesamtanzahl der Gruppen verringert, steigt auch die Möglichkeit, dass durch Zufallsschwankungen große Unterschiede zwischen den Gruppen entstehen. In der einen Gruppe sind 24 von 40 Patienten *ohne* Herzinfarkt Raucher (60%), in der anderen 16 von 40 Patienten **mit** Herzinfarkt Raucher (40%). Die Relation von Raucher zu Nichtraucher bleibt gleich, aber das Signifikanzniveau des Unterschiedes von 20% ändert sich (χ^2= 3.2, p= 0.074).

Da der p-Wert größer als 5% ist (0,074 > 0,05) können wir die Nullhypothese **nicht** ablehnen: der Anteil der Raucher in den beiden Gruppen ist nicht sicher unterschiedlich. Stimmt die Nullhypothese (der Anteil der Raucher ist in beiden Gruppen gleich) und ich wiederhole das Experiment 100 mal, kann ich trotzdem in 7,4 Fällen einen Unterschied von 20% oder mehr beobachten.

2. Die *Power*

Der p-Wert ist also ein Maß für die Wahrscheinlichkeit einen Unterschied zu beobachten, obwohl in Wirklichkeit doch kein Unterschied vorhanden ist. Es ist gar nicht einfach zu verstehen, was der p-Wert bedeutet, was durch die Konvention einen p-Wert < 0,05 als „statistisch signifikant" zu betrachten, sicherlich nicht vereinfacht wird. Ist die Aussagekraft des Signifikanzniveaus in Beispiel B wirklich besser als in Beispiel C? Der p-Wert beschreibt den so genannten Typ I Fehler (oder α Fehler), also dass man einen Unterschied rein zufällig beobachtet, obwohl er eigentlich nicht besteht. Bei dem angenommenen α Fehler von 5% bedeutet das, dass 1 von 20 Signifikanztests „positiv" ist, obwohl kein Unterschied besteht. Im Gegensatz dazu gibt es den Typ II Fehler (oder β Fehler), der die Wahrscheinlichkeit beschreibt, einen Unterschied zu übersehen, obwohl er besteht. Die so genannte *Power* wird im Wesentlichen durch die Studiengröße und durch die Größe des zu erwartenden Effektes beeinflusst. Die *Power* einer Studie ist ein wichtiger Bestandteil in der Planung von Studien. Wenn die *Power* zu gering ist, kann man einen Effekt oft nicht nachweisen, obwohl er vorhanden ist. Der Zusammenhang zwischen p-Wert, *Power*, Effektgröße und Stichprobengröße wird im Kapitel 19 ausführlicher besprochen.

Wenn prospektive Studien durchgeführt werden, ohne vorheriger Berechnung der notwendigen Fallzahl, soll man die *Power* im Nachhinein auch nicht mehr berechnen, da die Studie bereits durchgeführt wurde, also die Stichprobengröße einfach feststeht und ebenso die Effektgröße. Eine Studie, die keinen statistisch signifikanten Unterschied findet, hat, da sie ja nun abgeschlossen ist, eine Power von 0%. In diesem Fall sollte man die Vertrauensbereiche zur Abschätzung der möglichen Effektgröße verwenden. Ich erwähne das, da ich immer wieder die Erfahrung mache, dass insbesondere Gutachter und Editoren von Journalen, bei „negativen" Studien nach so genannten post-hoc Power Berechnungen fragen.

3. Vertrauensbereiche

Wahrscheinlich ist es noch sinnvoller, statt dem Signifikanzniveau die Effektgröße anzugeben. Vertrauensbereiche, im Englischen *Confidence Intervals*, geben an wie sicher man sein kann, dass das Ergebnis eines Experimentes auf die Bevölkerung übertragbar sind, und in einem bestimmten Bereich liegen wird. Es ist üblich, 95% Vertrauensbereiche zu verwenden, da diese Begrenzung auch dem 5% Typ I Fehler Limit entspricht; aber 99% oder 90% sind ebenso zweckmäßig.

Wenn man Vertrauensbereiche für die 3 oben genannten Beispiele errechnet, kann man die Effektgröße, beziehungsweise dessen praktische Bedeutung, besser abschätzen. Der 95% Vertrauensbereich der Altersdifferenz aus Beispiel A ist 4 bis 6 Jahre: Wir können 95% sicher sein, dass der wahre Altersunterschied in der Bevölkerung zwischen 4 und 6 Jahren liegt. In anderen Worten, wenn man das Experiment 100mal durchführt wird der durchschnittliche Altersunterschied in 95 Fällen zwischen 4 und 6 Jahren liegen.

Für Beispiel B ist der 95% Vertrauensbereich des Unterschiedes des Anteiles an Rauchern zwischen den beiden Gruppen 4% bis 36%. Wir können 95% sicher sein, dass der Unterschied zwischen 4% und 36% liegt. Dieser Vertrauensbereich ist sehr weit, das heißt die Präzision dieser Schätzung ist gering. Sie können daher schon sehr gut erkennen, wie sehr hier die Zufallsvariabilität mitspielt.

Für Beispiel C reicht der 95% Vertrauensbereich des Unterschiedes von −2% bis 42%. Wir können also 95% sicher sein, dass in einer Gruppe in 42% **mehr** Raucher bis 2% **weniger** Raucher sind. Bitte beachten Sie, dass hier der Punkt Null (d.h. kein Unterschied) überschritten wird. Der Test ist also nicht signifikant, trotzdem scheint der Unterschied eine eindeutige Richtung zu haben. Hier könnte ein Effekt vorhanden sein, aber die Anzahl der Studienteilnehmer ist nicht groß genug, um den Effekt sicher zu erkennen. Wenn eine Studie bereits durchgeführt wurde, sind diese Angaben verständlicher, als eine retrospektive *Power* Berechnung. Wenn die retrospektive *Power* Berechnung nun eine *Power* von z.B. 50% ergibt, heißt das lediglich, dass ich eine 50% Chance habe, einen Effekt zu entdecken wenn er vorhanden ist, ich weiß aber nicht ob ich einen Effekt annehmen kann oder nicht. Der Vertrauensbereich hilft mir da eher weiter.

Der Vertrauensbereich gibt also an, wie groß der zu erwartende Effekt ist und damit, ob der Punkt der Einheit berührt wird. Der Punkt der Einheit gibt an, dass kein Unterschied zwischen zum Beispiel zwei untersuchten Gruppen besteht. Wenn ich Gruppen vergleiche, errechne ich meist eine Differenz (siehe oben), oder ein Verhältnis, eine Ratio (z.B. *Odds Ratio, Risk Ratio* – siehe Kapitel 6). Wenn ich die Differenz verwende, so ist der Punkt der Einheit 0 (null Unterschied), wenn ich eine Ratio verwende, ist der

Punkt der Einheit 1 (Nenner und Zähler sind gleich groß). Wenn also ein Vertrauensbereich einer Differenz die Null einschließt, so kann der Effekt in beide Richtungen gehen (siehe Beispiel C). Wenn der Vertrauensbereich einer Ratio die Eins einschließt, so heißt das auch hier, dass der Effekt in beide Richtungen gehen kann. Nur wenn der Effekt in eine Richtung geht, vermuten wir, dass ein signifikanter Zusammenhang besteht.

Auf das Prinzip der Berechnung von Vertrauensbereichen und deren praktische Berechnung will ich hier nicht näher eingehen. Kurz zusammengefasst geht man davon aus, dass ein beobachteter Wert einer Stichprobe einfachen Gesetzen folgt: 1) der Mittelwert von vielen Stichproben entspricht dem wahren Durchschnittswert der Gesamtheit, 2) die Verteilung dieser Stichprobenmittelwerte ist normal, 3) die Standardabweichung wird kleiner, wenn die Fallzahl zunimmt. Unter Berücksichtigung dieser Eigenschaften kann man Aussagen über die Gesamtheit treffen und die Unsicherheit der Aussage abschätzen.

Der Unterschied zwischen dem statistischen Test und den Vertrauensbereichen ist zusammenfassend so zu verstehen: ein statistischer Test untersucht, ob die vorliegenden Daten mit einer Hypothese kompatibel sind; Vertrauensbereiche zeigen, ob der tatsächliche Zustand mit den vorliegenden Daten kompatibel ist.

4. Statistische Inferenz

Abschließend will ich noch erwähnen, dass die oben erwähnten Sätze („... die Gruppen unterschieden sich signifikant (p < 0.05)", oder „... X korreliert signifikant mit Y") zwar häufig zu lesen, aber leider sehr unbefriedigend sind, da nur der p-Wert ohne Effektgröße angegeben wird. Der Nachweis eines statistischen Unterschiedes zwischen z.B. zwei bestimmten Gruppen hat an sich nur geringen Wert. Die Bedeutung eines Gruppenvergleiches liegt in der Möglichkeit, auf die Gesamtheit rückschließen zu können. Der Leser will nicht unbedingt wissen, dass ein blutdrucksenkendes Medikament bei den Patienten eines bestimmten Autors gewirkt hat, sondern wie gut dieses Medikament bei Patienten mit Hypertonie allgemein wirkt. Daher gilt jede Studie als Stichprobe aus der gesamten Gruppe der Betroffenen. Diese Stichprobe lässt Aussagen über die Gesamtheit zu, ist aber mit Unsicherheit behaftet. Diese Unsicherheit findet ihren Ausdruck im 95 % Vertrauensbereich (Gardner 1989) (siehe auch Kapitel 22). Letztlich möchte ich nochmals in Erinnerung rufen, dass das Signifikanzniveau von 5 % (p < 0.05) eine Konvention ist; es könnte genau so gut bei 7 % liegen.

Kapitel 24:
Welcher statistische Test ist der Richtige?

- Vergleich von 2 unabhängigen Gruppen kontinuierlicher Variablen, wenn diese annähernd normal verteilt sind: **ungepaarter t-Test**
- Vergleich von 2 unabhängigen Gruppen kontinuierlicher Variablen, wenn diese nicht normal verteilt sind: **Wilcoxon Rank Sum Test** oder **Mann-Whitney U-Test**
- Vergleich von 2 gepaarten Gruppen kontinuierlicher Variablen, wenn diese annähernd normal verteilt sind: **gepaarter t-Test**
- Vergleich von 2 gepaarten Gruppen kontinuierlicher Variablen, wenn diese nicht normal verteilt sind: **Wilcoxon Signed Rank Test**
- Vergleich von 2 oder mehr Gruppen binärer oder kategorischer, unabhängiger Variablen: **Chi Quadrat** oder **Fisher's Exact Test**
- Vergleich von 2 Gruppen binärer, gepaarter Variablen: **McNemar Test**
- Wenn Daten mit den genannten Möglichkeiten nicht analysiert werden können, suchen Sie einen Biometriker oder einen klinischen Epidemiologen auf
- Besuchen Sie einen Grundkurs für (medizinische) Statistik

Die oben genannten Grundregeln sind extreme Vereinfachungen, wie es sich überhaupt in diesem Kapitel um eine schematische Darstellung handelt. Die einzelnen Abschnitte sollten aber als Faustregel ganz brauchbar sein. Jeder Test verlangt nach bestimmten Voraussetzungen, die ich im Weiteren kurz beschreiben möchte. Ich empfehle aber jedem, der mit statistischen Tests arbeiten möchte, selbst wenn es nur die hier genannten sind (also die Einfachsten), einen Grundkurs in Statistik zu besuchen. Noch besser ist es, wenn Sie einen Grundkurs mehrfach besuchen: Ich versichere Ihnen, dass Sie sonst im Handumdrehen wieder vergessen, was Sie dort lernen.

1. Die wichtigsten Tests

1.1 Der ungepaarte t-Test

Der ungepaarte t-Test dient zum Vergleich von zwei unabhängigen Gruppen kontinuierlicher Variablen (z.B. Blutdruck, Gewicht, Cholesterinspiegel,

Alter) bei zwei unterschiedlichen, und damit aus der Sicht des Statistikers unabhängigen, Gruppen.

Diesen Test darf man anwenden, wenn (1) die Werte dieser Variablen annähernd einer Normalverteilung folgen und (2) die Standardabweichungen beider Gruppen etwa gleich groß sind. Wenn die Rohdaten vorliegen kann man die Normalverteilung am besten durch ein Histogramm feststellen (siehe Kapitel 22). Wenn nur Mittelwerte angegeben sind, ist eine fehlende Normalverteilung anzunehmen, ebenso, wenn kleine Stichproben vorliegen (z.B. < 50) und/oder die Standardabweichung so groß bzw. größer als der Mittelwert ist.

Die Formel des ungepaarten t-Test und ihre Anwendung ist einfach, dennoch bitte ich den interessierten Leser diesbezüglich die Lehrbücher der Statistik heranzuziehen. Das Ergebnis des t-Test ist letztlich ein p-Wert, der die Wahrscheinlichkeit angibt, eine Differenz der Mittelwerte zu beobachteten, obwohl die Nullhypothese wahr ist. Die Nullhypothese besagt, dass kein Unterschied zwischen den Gruppen besteht (siehe Kapitel 23).

EIN ERFUNDENES BEISPIEL: Im Rahmen einer randomisierten, kontrollierten Studie wird die Wirksamkeit einer blutdrucksenkenden Therapie (Gruppe A) mit einem Placebo (Gruppe B) verglichen. Gruppe A besteht aus 25 Patienten, und der durchschnittliche Blutdruck am Ende der Studienperiode betrug in dieser Gruppe 148 mmHg, mit einer Standardabweichung von 9 mmHg. Gruppe B besteht aus 26 Patienten, der durchschnittliche Blutdruck am Ende der Studienperiode betrug in dieser Gruppe 154 mmHg, mit einer Standardabweichung von 11 mmHg. Die Differenz zwischen den Gruppen beträgt 6 mmHg und der entsprechende p-Wert ist 0,039.

Wenn der p-Wert 0,039 beträgt, bedeutet das, die Wahrscheinlichkeit einen Unterschied von 6 mmHg oder mehr zwischen den beiden Gruppen zu entdecken, obwohl eigentlich keiner besteht – also der Unterschied lediglich durch Zufallsvariabilität zustande kommt – ist nur 3,9%. Das konventionelle Signifikanzniveau liegt bei 5%. Wir können die Nullhypothese ablehnen. Die Alternative zur Nullhypothese ist, dass ein Unterschied besteht, das heißt der systolische Blutdruckwert ist in der einen Gruppe signifikant höher, als in der anderen.

Übrigens, wenn Sie die Daten mit einem Regressionsmodell untersuchen, wo Blutdruck als abhängige Variable (y) und die Behandlung (Gruppe A oder B) als unabhängige Variable verwendet wird, bekommen Sie genau die gleichen Ergebnisse, wie bei einem t-Test.

1.2 Der gepaarte t-Test

Der gepaarte t-Test dient zum Vergleich von zwei gepaarten Messungen, wie z.B. Blutdruck, Gewicht, Cholesterinspiegel usw., vor und nach einem Eingriff bzw. Therapieversuch. Dieser Test berücksichtigt, dass sich jeweils zwei Werte, die man **intraindividuell** misst, ähnlicher sind, als Werte die bei unterschiedlichen Studienteilnehmern gemessen wurden (**interindividuel-ler** Unterschied). Einen gepaarten Test muss man auch verwenden, wenn ein Vergleich zwischen kontinuierlichen Werten im Rahmen einer gematchten Fall-Kontroll Studie durchgeführt wird. Auch hier sind die Werte ähnlicher, und somit abhängig, als es natürlich der Fall wäre.

Diesen Test darf man anwenden, wenn die Werte dieser Variablen annähernd einer Normalverteilung folgen.

EIN ERFUNDENES BEISPIEL: Sie wollen messen, wie stark ein bestimmter Belastungsgrad die Herzfrequenz beeinflusst. Sie messen bei ihren Proban-den die Herzfrequenz vor und nach Belastung. Da diese Werte jeweils 2-mal bei einem Menschen gemessen werden und auch von Einflüssen wie Trai-ningszustand, Müdigkeit und angeborener Leistungsfähigkeit abhängen, ist offensichtlich, dass diese zwei Messwerte nicht unabhängig voneinander sind.

Sie führen also den Versuch durch, messen bei jedem Patienten die Herz-frequenz zu den vorgegebenen Zeitpunkten, geben die Werte in den Com-puter ein und lassen ein Programm den statistischen Test rechnen. Die Ergebnisse sehen so aus: Die durchschnittliche Herzfrequenz bei den 9 Teil-nehmern betrug 87/min vor der Belastung und 114/min unmittelbar danach. Die Differenz zwischen vorher und nachher beträgt (114 – 87 =) 27/min mit einer Standardabweichung der Differenz von 8/min. Der p-Wert ist sehr, sehr klein (< 0.0001). Das heißt, diese Belastung führt zu einem Herzfre-quenzanstieg, der ziemlich sicher nicht durch Zufall zu erklären ist.

1.3 Wilcoxon Rank Sum Test, Mann-Whitney U-Test und Wilcoxon Signed Rank Test

Wenn man kontinuierliche Zahlen zwischen Gruppen vergleichen will, diese aber nicht normalverteilt sind, kann man t-Tests, auch parametrische Tests genannt, nicht verwenden. Man hat nun zwei Möglichkeiten: entwe-der man transformiert die nicht normalverteilte Variable in Werte, die annähernd einer Normalverteilung folgen (siehe unten), oder man verwen-det einen entsprechenden nicht-parametrischen Test. Nicht-parametrische Tests werden auch verwendet um *Scores* zwischen Gruppen zu vergleichen (z.B. NYHA Score bei Herzinsuffizienz).

EIN TEILWEISE ERFUNDENES BEISPIEL: In einer retrospektiven Studie wollen Sie bei Patienten mit erfolgreicher Wiederbelebung untersuchen, ob die Stillstanddauer mit der neurologischen Erholung zusammenhängt. Bei gra-fischer Betrachtung der Daten ist offensichtlich, dass diese nicht normal-

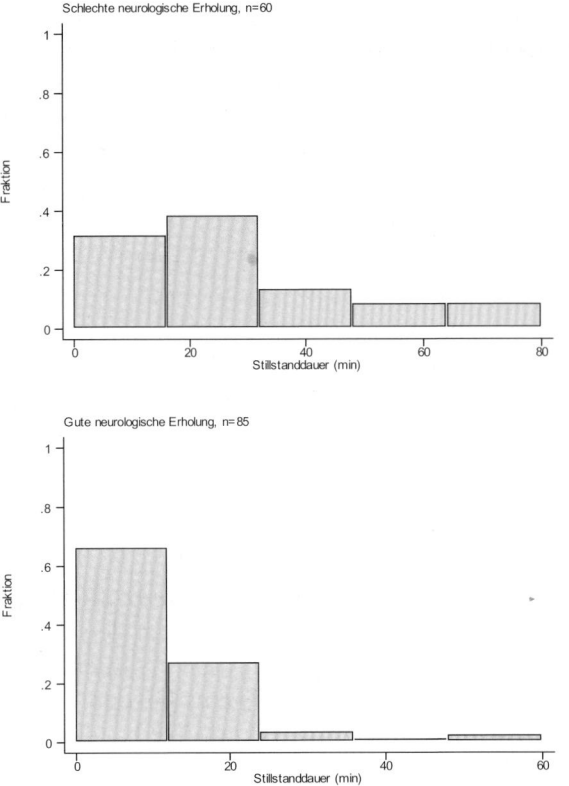

Abb. 1. Histogramm der Stillstanddauer für Patienten mit schlecher Neurologie und für Patienten mit guter Neurologie. Patienten mit guter Neurologie hatten deutlich kürzere Stillstandzeiten. Die Daten sind nicht normalverteilt

verteilt sind (Abb. 1). Daher geben Sie den Median und den Interquartilenrange für jede Gruppe an (siehe auch Kapitel 22) und verwenden den Mann-Whitney Test. Patienten mit schlechter neurologischer Erholung hatten eine mediane Stillstanddauer von 25 Minuten (IQR 15 bis 38 Minuten). Patienten mit guter neurologischer Erholung hingegen hatten eine mediane Stillstanddauer von 5 Minuten (IQR 2 Minuten bis 14 Minuten). Der Unterschied zwischen den Gruppen ist statistisch signifikant ($p < 0.001$). Die Daten stammen aus einer Studie, in welcher der Einfluss von Blutzuckerspiegel auf die neurologische Erholung nach erfolgreicher Wiederbelebung untersucht wurde (Müllner 1997).

Der Wilcoxon Rank Sum Test und der Mann-Whitney U-Test sind das Äquivalent zum ungepaarten t-Test, der Wilcoxon Signed Rank Test kann statt dem gepaarten t-Test verwendet werden.

Der Vorteil dieser Tests ist, dass sie fast immer anwendbar sind. Der Nachteil ist, dass nicht-parametrische Methoden rechentechnisch etwas komplizierter sind, und vor allem, dass das Testergebnis, das Signifikanzniveau, einem abstrakten Konzept entspricht (siehe auch Kapitel 23 und zum Beispiel Altman 1992).

1.4 Chi Square, Fisher's Exact und McNemar Test

Wenn Sie binäre oder kategorische Variablen zwischen zwei oder mehr Gruppen vergleichen wollen, sollten sie einen so genannten Mehrfeldertest verwenden. Der bekannteste ist sicherlich der *Chi Square* Test.

Wenn man nun zum Beispiel wissen will, ob in einer Gruppe mehr Männer (oder mehr Hypertoniker) sind, als in einer unabhängigen Vergleichsgruppe, kann man das mit einer *Chi Square* Statistik testen. Dazu sollte aber die Gesamtzahl der Teilnehmer > 40 sein. Wenn die Teilnehmerzahl < 20 ist, sollte in jedem Fall der *Fisher's Exact Test* verwendet werden und wenn die Teilnehmerzahl zwischen 20 und 40 liegt, darf der *Chi Square* Test nur unter bestimmten Voraussetzungen verwendet werden (z.B. Kirkwood 1988).

WIEDER EIN TEILWEISE ERFUNDENES BEISPIEL: In der oben genannten Studie (Müllner 1997) wollen Sie auch untersuchen, ob das Geschlecht einen Einfluss auf die neurologische Erholung hat. Dazu konstruieren Sie am besten eine Tabelle mit vier Feldern (Tabelle 1).

Der entsprechende Test ist der *Chi Square* Test. In der Gruppe mit schlechter neurologischer Erholung waren geringfügig mehr Männer als in der Gruppe mit guter neurologischer Erholung (80% v 73%), der Unterschied war aber nicht statistisch signifikant (X^2 = 0.957, d.f. = 1, p = 0.328).

Binäre und kategorische Variablen können, wie auch kontinuierliche Variablen, voneinander abhängig sein. Ein gepaarter Vergleich ist zum Beispiel, wenn zwei Radiologen unabhängig voneinander das gleiche Röntgenbild hinsichtlich einer krankhaften Veränderung beurteilen (vorhanden/ nicht vorhanden). Wenn man nun abhängige (gepaarte) Gruppen vergleicht, muss der *McNemar Test* verwendet werden.

Tabelle 1

	Schlechte Neurologie	Gute Neurologie
Frauen	12 (20%)	23 (27%)
Männer	48 (80%)	62 (73%)
Total	60 (100%)	85 (100%)

2. Andere Tests

Wenn Ihr Studiendesign die oben genannten Methoden nicht erlaubt, sollten Sie unbedingt (!) einen Biometriker kontaktieren. Meiner Erfahrung nach werden viel zu oft komplexe Designformen für relativ einfache Fragestellungen verwendet. Das kommt meist daher, dass der Wunsch groß ist, mehrere eventuell verwandte Fragestellungen innerhalb einer, meist kleinen Studie zu beantworten. Was viele nicht wissen ist, dass der Vergleich von mehreren Gruppen, oder von Messwiederholungen mathematisch komplex und auch die Interpretation der Ergebnisse oft schwierig ist. Im Weiteren gehe ich auf andere häufig verwendete Tests nur kurz ein.

2.1 ANOVA und Kruskal-Wallis Test

Wenn ich mehr als zwei unabhängige Gruppen vergleichen will, sind multiple Vergleiche zwischen den Gruppen mit mehreren t-Tests oder Mann-Whitney Tests nicht sinnvoll, da so der Typ I Fehler sehr groß ist (siehe Kapitel 23) und ich möglicherweise „signifikante" Unterschiede entdecke, obwohl sie nicht vorhanden sind. Man kann den P-Wert für multiples Testen korrigieren. Dieses Vorgehen ist wiederum sehr konservativ und erhöht den Typ II Fehler und ein vorhandener Unterschied wird möglicherweise nicht erkannt. Multiples Testen ist nur seltenst gerechtfertigt. Wenn es sich in der Designphase nur irgendwie vermeiden lässt, vermeiden Sie im Vorhinein den Vergleich von mehr als zwei Gruppen. Wenn es sich nicht vermeiden lässt und man mehrere Gruppen kontinuierlicher Zahlen vergleichen will, wird es kompliziert: hier wird dann oft die so genannte *Analysis of Variance* (ANOVA) verwendet. Die ANOVA ist mit der Regression gewissermaßen sehr eng verwandt. Ich glaube, dass die ANOVA eine oft verwendete, aber kaum verstandene Methode ist. Obendrein ist es bei Beobachtungsstudien – erfahrungsgemäß das Design, bei dem ANOVA am ehesten zum Einsatz kommt – unklar ob die Gruppen wirklich vergleichbar sind. Mein persönlicher Rat ist, ANOVA nur zu verwenden, (1) wenn man einen plausiblen Grund für die Wahl dieses Tests angeben kann, (2) wenn man gut eingelesen ist, sonst Finger weg!

Für das nicht-parametrische Äquivalent der ANOVA, den Kruskal-Wallis Test, gilt ähnliches. Hier kommt erschwerend dazu, dass im Falle eines „signifikanten" Unterschiedes (d.h. der summarische p-Wert ist <0.05) man nicht weiß, zwischen welchen Gruppen der Unterschied besteht. Man kann es eventuell anhand der Mittelwerte vermuten.

2.2 Repeated Measurement ANOVA und Friedman-ANOVA

Noch anspruchsvoller ist der statistische, intraindividuelle Vergleich von wiederholten Messungen. Ob sich ein Wert durch eine Therapie über die

Zeit verändert ist vor allem relevant, wenn man diesen Wert bei zwei, oder mehr Gruppen, die unterschiedliche Therapien erhielten, misst. Ohne Vergleichsgruppe können wir nie sicher sein, dass die Veränderung durch die Therapie verursacht wurde, oder ob andere Gründe, wie der natürliche Verlauf einer Krankheit, dafür verantwortlich waren. Wenn diese Vergleichsgruppen nicht durch Randomisierung verschiedenen Therapiestrategien zugeteilt wurden, wissen wir es auch nicht.

Wie oben gilt für das nicht-parametrische Äquivalent der *Repeated Measurement* ANOVA, die Friedman-ANOVA, ähnliches. Auch hier kann man im Falle eines „signifikanten" Unterschiedes nicht sagen, zwischen welchen Zeitpunkten der Unterschied besteht.

2.3 Unterschiedliche Beobachtungszeiten

Es ist nicht immer möglich, zwei Gruppen über den gleichen Zeitraum, also gleich lange, zu beobachten. In so einem Fall ist es ungerecht, wenn man das nicht berücksichtigt, da mit längerer Beobachtungszeit natürlich auch die Wahrscheinlichkeit steigt, ein Ereignis zu beobachten.

In der Abb. 2 ist der Beobachtungsbeginn und das Ende eingezeichnet. Ereignisse können innerhalb des Beobachtungszeitraums oder danach auftreten. Was nach Beobachtungsende passiert, wissen wir meist aber nicht und für uns ist nur dieses gegebene Zeitfenster von Interesse. Sie können

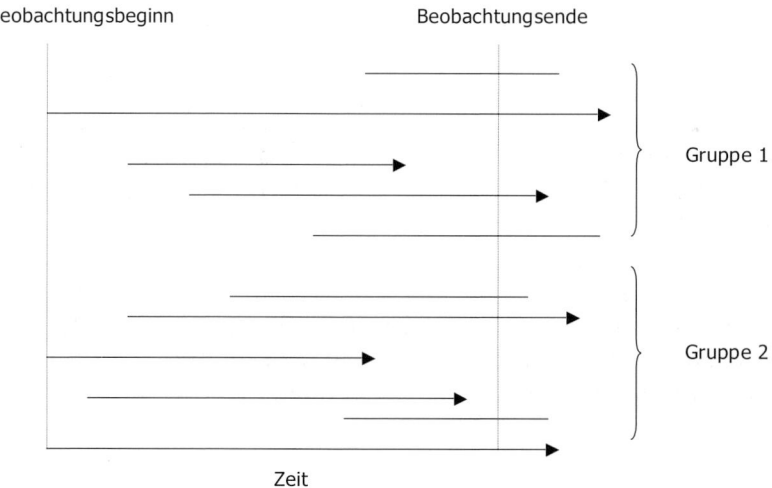

Abb. 2. Zwei Gruppen mit jeweils 5 Teilnehmern werden innerhalb eines Beobachtungszeitraums rekrutiert und beobachtet. Wenn ein Ereignis eintritt wird es mit einem Dreieck markiert. Relevant sind nur Ereignisse, die innerhalb der Beobachtungsperiode eintreten

sehen, dass innerhalb des Beobachtungszeitraums ein Ereignis (gekennzeichnet durch ein Dreieck) bei einem von 5 Teilnehmern der Gruppe 1 und
bei 2 von 5 Teilnehmern der Gruppe 2 eintritt. Wenn man nun einen
Fisher's Exact Test verwendet, ist das nicht korrekt, da man sichergehen
muss, dass die Beobachtungszeit in beiden Gruppen berücksichtigt wird. Es
scheint zumindest, dass die Beobachtungszeit in der Gruppe 2 länger ist.

In diesem Fall muss man so genannte Überlebensanalysen verwenden.
Am häufigsten wird dafür die Kaplan-Meier Methode verwendet (siehe z.B.
Krikwood 1988, Altman 1992).

2.4 Multivariate Methoden

Wenn Sie den Zusammenhang zwischen einem Endpunkt und mehreren
Risikofaktoren gleichzeitig erfassen wollen, so sind multivariate Methoden
notwendig. Diese Methoden haben auch den Vorteil, dass mit Ihrer Hilfe
Confounding erkannt und korrigiert werden kann. Multivariate Regressionsmethoden werden etwas ausführlicher im Kapitel 26 besprochen.

Zu diesem Kapitel gibt es keine Literaturempfehlung, da ich am Ende
des Buchs (Kapitel Epilog) auf besonders empfehlenswerte Bücher eingehe.
Dort gibt es auch Empfehlungen für Statistikbücher, die unterschiedlichen
Anwenderniveaus entsprechen.

Kapitel 25
Korrelation und Regression ist nicht das Gleiche

- *Korrelation* erfasst, wie stark zwei Parameter zusammenhängen
- Wenn zwei Parameter von einander abhängen, kann man durch *Regression* den einen Wert durch den anderen vorhersagen

1. Korrelation

1.1 Allgemeines zur Korrelation

Korrelation erfasst, wie stark zwei Parameter linear zusammenhängen und ist oft schon mit dem bloßen Auge zu erkennen. Eine Korrelation, also einen Zusammenhang zwischen zwei Variablen, sollte daher immer auch in Form einer Graphik inspiziert werden. Als Maßgröße dafür, wie stark diese Werte zusammenhängen, gilt der Korrelationskoeffizient und misst, in welchem

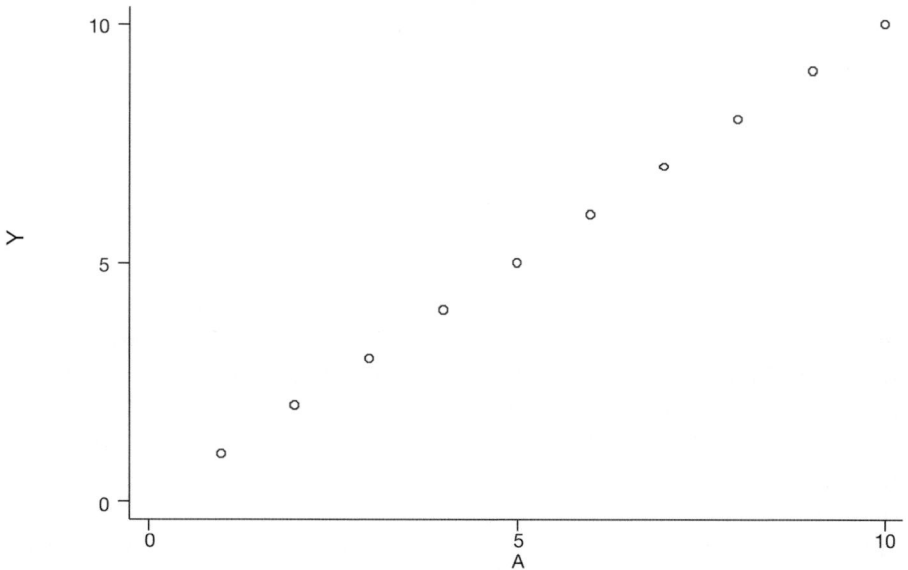

Abb. 1. Perfekte, positive Korrelation (r = 1,00; n = 10)

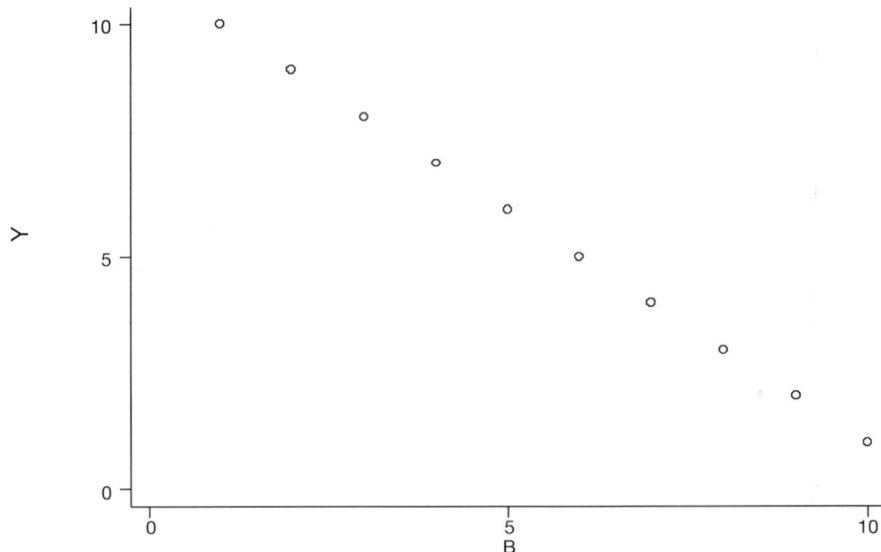

Abb. 2. Perfekte, negative Korrelation (r = 1,00; n = 10)

Ausmaß die Variabilität des einen Parameters durch den anderen erklärt wird. In anderen Worten beschreibt er, wie stark die Punkte von einem zugrunde liegenden linearen Trend abweichen.

Der Korrelationskoeffizient, genannt r, kann einen Wert zwischen -1 und $+1$ annehmen. Ein Korrelationskoeffizient von $+1$ bedeutet maximal starker, positiver, linearer Zusammenhang (also je höher der eine Wert, desto höher der andere Wert) (Abb. 1). Bei einem Korrelationskoeffizienten von $+1$ liegen alle Punkte auf einer von links unten nach rechts oben ansteigenden Geraden.

Ein Korrelationskoeffizient von -1 bedeutet maximal starker, negativer, linearer Zusammenhang (je höher der eine Wert, desto niedriger der andere Wert) (Abb. 2). In anderen Worten ausgedrückt, der eine Wert erklärt die Varianz des anderen vollkommen.

Ein Korrelationskoeffizient in der Nähe von 0 (null) bedeutet, dass kein (linearer) Zusammenhang besteht, also die Punkte auf einer horizontalen Linie liegen. Im Einzelfall hängt es von den Umständen ab, wie groß ein Korrelationskoeffizient sein soll, um relevant zu sein (siehe unten). Der Korrelationskoeffizient der in Abb. 3 aufgetragenen Variablen ist -0.33, also nicht sehr groß, obwohl man einen eindeutigen Zusammenhang zwischen den Variablen sieht. Der Zusammenhang ist aber nicht linear.

Der Korrelationskoeffizient der in Abb. 4 aufgetragenen Variablen ist 0.01. Es besteht offensichtlich kein Zusammenhang zwischen den Variablen.

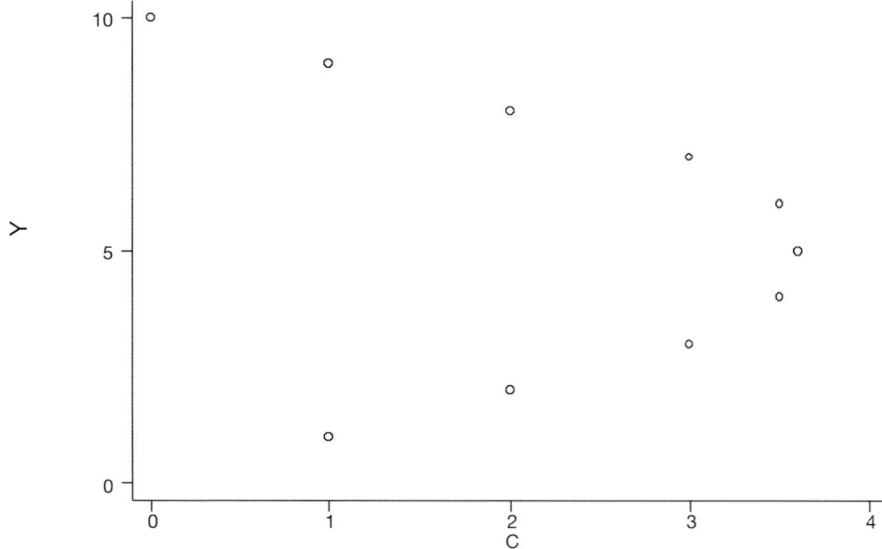

Abb. 3. Kurvilinearer Zusammenhang; Korrelation sollte hier nicht verwendet werden

Wenn man den Korrelationskoeffizienten quadriert, erhält man eine Fraktion, die uns sagt, wie viel Variabilität des einen Wertes durch den anderen erklärt wird; auf Englisch *variability explained* (r^2). Wenn man die Fraktion mit 100 multipliziert, erhält man eine Prozentangabe.

1.2 Ein paar Regeln zur Korrelation

Zwei, oder mehrere Werte darf man nur korrelieren, (1) wenn die Werte der Variablen einer Normalverteilung folgen, (2) wenn der Zusammenhang linear ist – also nicht wie in Abb. 3 – und (3) wenn die jeweiligen Werte unabhängig sind. Letzteres heißt, dass es für jeden Patienten und jeden Parameter nur einen Wert geben darf. Das heißt zum Beispiel, dass man Messwerte von fünf Patienten, mit zwei verschiedenen Methoden jeweils fünf mal gemessen (5 × 5 = 25 Messwertpaare) **nicht** in einer Korrelation untersuchen darf. In diesem Fall könnte man pro Patient einen Mittelwert aus den 5 Messungen errechnen, den man dann als „Einzelwert" verwendet (5 Messwertpaare).

Fast jeder Taschenrechner mit einem Kaufpreis über 15 Euro kann Korrelationen rechnen. Die Leser, die wirklich wissen wollen, wie die Formel aussieht, verweise ich auf die weiterführenden Lehrbücher (z.B. Altman 1992).

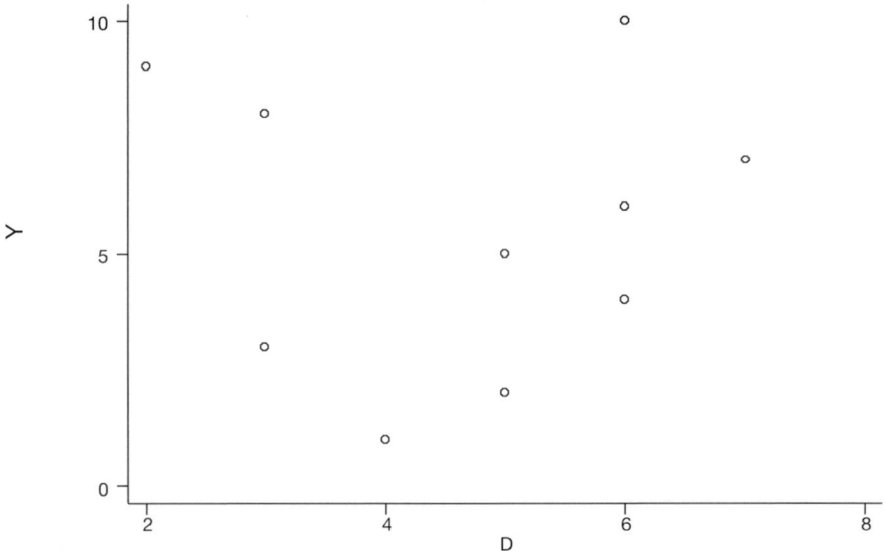

Abb. 4. Keine Korrelation; die Punkte scheinen zufällig verteilt zu sein

1.3 In der Praxis bedeutet das folgendes ....

In der Tabelle 1 ist das Gewicht und die Körpergröße von 10 (erfundenen) Kollegen eingetragen.

Wenn man das Gewicht auf der y-Achse und die Körpergröße auf der x-Achse aufträgt, sieht man, dass diese Werte stark zusammenhängen (Abb. 5).

Im wirklichen Leben ist nur selten mit perfekter, oder fast perfekter Übereinstimmung zu rechnen. Eine Übereinstimmung wie in unserem Beispiel ist auch nicht oft zu beobachten, aber die Zahlen sind ja auch erfun-

Tabelle 1. Gewicht und Größe von 10 Personen

ID	Gewicht (kg)	Größe (cm)	Geschlecht
1	56	167	W
2	98	190	M
3	47	158	W
4	82	179	M
5	79	182	M
6	62	170	W
7	51	165	W
8	58	168	W
9	81	179	M
10	89	184	M

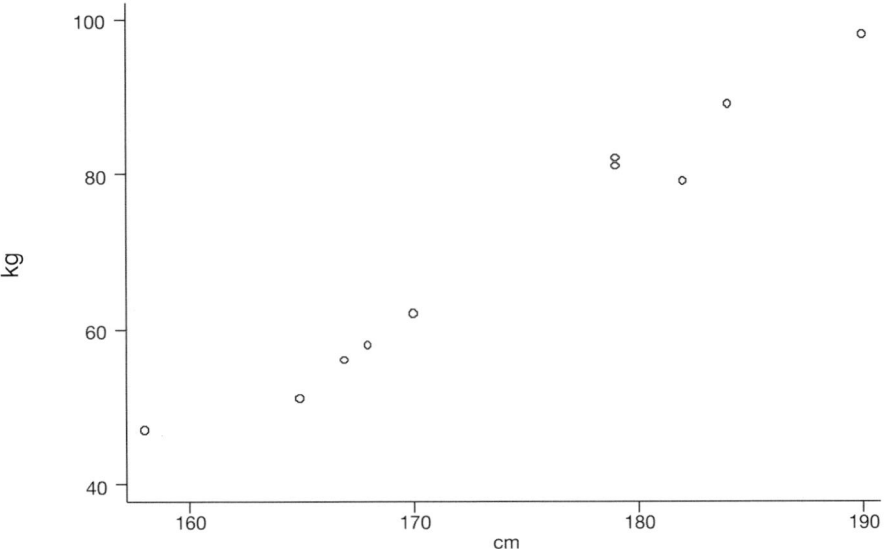

Abb. 5. Starke, positive Korrelation zwischen Größe und Gewicht

den. Der Korrelationskoeffizient (r) unseres Beispiels ist 0,98, das heißt, das Körpergewicht erklärt die Variabilität der Größe zu 96% (= 0.98^2 × 100).

1.4 Wann ist ein Korrelationskoeffizient relevant?

Es gibt keine Regeln, wie groß ein Korrelationskoeffizient sein muss, um relevant zu sein. Selbst kleine Korrelationskoeffizienten können von Bedeutung sein, wenn es sich um häufige Erkrankungen handelt.

EIN BEISPIEL: Es gibt die Hypothese, dass geringes intrauterines Wachstum mit einer erhöhten Häufigkeit von Bluthochdruck im Erwachsenenalter assoziiert ist (Barker Hypothese, Barker 1995). Da Bluthochdruck häufig ist (ca. 30% aller über 60-Jährigen) und auch ein wichtiger Risikofaktor hinsichtlich der kardiovaskulären Mortalität ist, kann schon ein Korrelationskoeffizient von 0,2, zwischen dem Geburtsgewicht und dem Auftreten von Bluthochdruck im Erwachsenenalter, relevant sein, da uns das Geburtsgewicht immerhin 4% (= 0.2^2) aller Bluthochdruckfälle erklärt. Wobei „erklärt" hier ein Fachausdruck ist, aber nicht unbedingt kausal zu verstehen ist (siehe auch Punkt 1.6).

1.5 Wie präsentiert man Korrelationen?

Wissenschaftliche Journale sind leider sehr knauserig mit dem editoriellen Platz, den sie Autoren zur Verfügung stellen. Wenn genügend Platz vorhanden ist, sollte man eine Grafik, und zwar einen so genannten *Scatterplot*, präsentieren, in dem die Werte auf der x- und der y-Achse gegeneinander aufgetragen werden. Der Korrelationskoeffizient sollte immer mit 2 Dezimalen angegeben werden und um ihn interpretieren zu können, benötigt man neben dem P-Wert auch die Größe der Stichprobe. In unserem Größe/ Gewichtbeispiel sollte das so aussehen: r = 0.98, n = 10, p < 0.001.

1.6 Zusammenhang ist kein Beweis für Kausalität!

Wenn zwei Variablen stark zusammenhängen ist noch lange nicht gesagt, dass Kausalität besteht, und wenn Kausalität bestehen sollte, weiß man anhand der Daten nicht, welcher Parameter Ursache und welcher Folge ist.

EIN BEISPIEL: Einer meiner ersten selbstständigen Studien war eine retrospektive Untersuchung zur Erhebung des medizinisch-pflegerischen Aufwandes bei präklinischen Notfallpatienten während des Transportes mit dem Notarztwagen. Um den Aufwand zu erheben gibt es ein validiertes Messinstrument (siehe Kapitel 4 und 5), das *Therapeutic Intervention Scoring System* (TISS), das für pflegerische und medizinische Handlungen Punkte vergibt: Je mehr bzw. komplexere Handlungen, desto mehr Punkte werden vergeben. Ich hatte damals natürlich keinen richtigen Plan zur Analyse und habe diese TISS Werte mit mehreren anderen Parametern in Beziehung gebracht, unter anderem mit dem Überleben während des Krankenhausaufenthaltes. Es ist natürlich nicht erstaunlich, dass Patienten mit schweren Krankheiten, wie zum Beispiel Kreislaufstillstand mit Reanimation, viele Punkte hatten und auch häufig das Krankenhaus nicht lebend verließen. Patienten mit vergleichsweise leichten Erkrankungen hatten weniger Punkte und überlebten meistens. Ein Kollege hat anhand der Datenlage empfohlen, medizinisch-pflegerische Handlungen in der Präklinik zu verbieten bzw. zu minimieren. Ob dieser Schluss zulässig ist, können Sie selbst entscheiden.

2. Was ist Regression?

2.1 Allgemeines zur Regression

Mit der Körpergröße nimmt auch das Gewicht zu, das heißt Größe ist die erklärende Variable. Den Zusammenhang zwischen den Variablen kann man auch durch eine Gerade, die Regressionslinie, darstellen. Eine Möglichkeit diese zu errechnen ist die so genannte *least squares* Methode. Für eine Ausführliche Darstellung verweise ich auf weiterführende Literatur. Der oben erwähnte Taschenrechner kann neben Korrelationskoeffizienten meist auch Regressionsgleichungen errechnen. Für unser Beispiel gilt die Regressionsgleichung „Gewicht (in kg) = Größe (in cm) × 1,73 – 230,2".

Diese Gleichung ist ein statistisches Modell, mit dessen Hilfe man das Gewicht von Menschen schätzen kann, wenn nur die Körpergröße bekannt ist.

1,73 ist der Anstieg der Geraden und wird als Regressionskoeffizient angegeben: Mit jedem cm Größenzunahme steigt das Gewicht um 1,73 kg; –230,2 ist die Konstante, der Wert, den das Gewicht einnimmt, wenn die Größe 0 (null) cm beträgt. Stellen Sie sich die Abb. 6 mit anders skalierten Achsen vor: wenn die x-Achse die y-Achse wirklich bei 0 (null) schneidet. Wenn ein zukünftiger Kollege gerade gezeugt wird, also 0 (null) cm groß ist, so wiegt er – (minus) 230,2 kg, was natürlich Unsinn ist. Dieses Beispiel zeigt aber sehr schön, dass Regressionsgleichungen nur zur Errechnung von Werten verwendet werden dürfen, wenn diese Werte diejenigen aus der die Gleichung erstellt wurde, nicht über- bzw. unterschreiten.

Unter Zuhilfenahme der Regressionslinie kann man nun für einen neuen Kollegen, der 180 cm groß ist, auch das Gewicht schätzen (Abb. 6), oder unter Zuhilfenahme der Regressionsgleichung errechnen (also ca. 81 kg = 180 x 1,73 – 230,2).

Wenn Sie Regressionen grafisch darstellen ist es üblich, dass die abhängige Variable (die Variable, die wir vorhersagen wollen) auf der y-Achse und die unabhängige Variable (die vorhersagende Variable) auf der x-Achse auftragen.

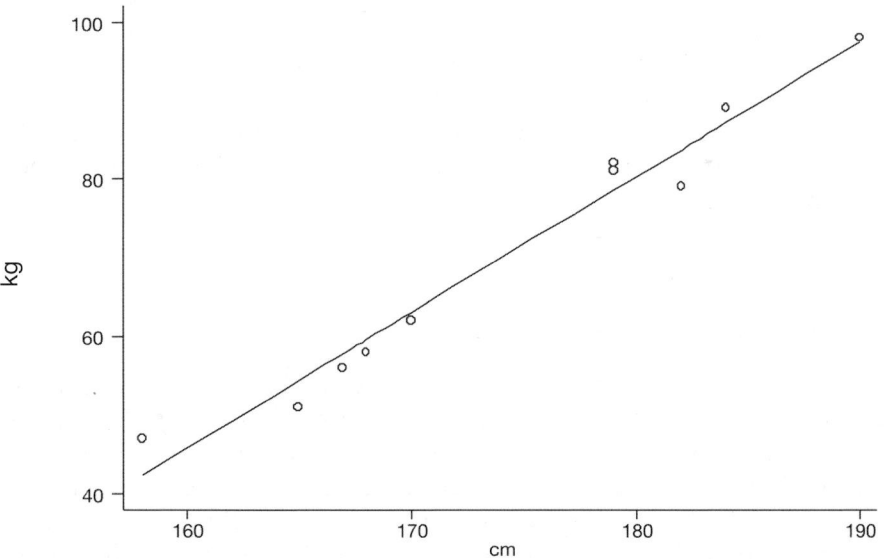

Abb. 6. Eine Regressionslinie mit deren Hilfe man das Gewicht anhand der Größe vorhersagen kann (r = 0,98; n = 10)

2.2 Einige Regeln zur Regression

Ähnlich der Korrelation gibt es Voraussetzungen, die erfüllt sein sollten: (1) y muss über x normalverteilt sein, (2) die Verteilung von y für jedes x sollte gleichmäßig sein (das heißt, für jedes x sollte es eine annähernd gleich bleibende Anzahl von y geben) und (3) die jeweiligen Wertepaare müssen unabhängig sein (das heißt, es ist unzulässig Messwiederholungen zu verwenden; siehe oben).

3. Wann verwendet man Korrelation, wann Regression

Wenn ich zeigen will, wie stark zwei Parameter linear zusammenhängen, dann ist Korrelation die richtige Methode. Wenn ich einen Wert, den ich nicht habe (vielleicht, weil er schwierig zu messen ist) durch einen bekannten Wert vorhersagen will, so kann ich das durch eine Regression mit der dazugehörigen Gleichung tun. Es ist so gut wie nie notwendig, Korrelation und Regression für die gleichen Daten zu verwenden. Diese beiden Methoden haben also einen unterschiedlichen Zweck und es ist selten notwendig beide zu verwenden. Selbst in den besten Journalen gibt es damit aber immer wieder Probleme (Porter 1999).

Kapitel 26
Mehr zum Confounding: Adjustierung durch Matching, Stratifikation und multivariate Methoden

- In der Analysephase gibt es drei Möglichkeiten um *Confounding* zu behandeln:
  - *Matching*
  - Stratifikation
  - Multivariate Analysen
- Multivariate Analysen erlauben Adjustierung für mehrere *Confounder* gleichzeitig
- Die meisten multivariaten Methoden sind Weiterentwicklungen der einfachen Regression.
- Das Ergebnis einer solchen multivariaten Regression ist eine Regressionsgleichung: der Zusammenhang zwischen dem Endpunkt, dem Risikofaktor und mehreren *Confoundern* wird durch einen linearen Zusammenhang erklärt.
- Der „adjustierte" Effekt ist so zu interpretieren, als hätten alle anderen Confounder in allen Gruppen den gleichen Wert (egal welchen) und stören so nicht mehr.
- Die richtige Anwendung multivariater Modelle erfordert Erfahrung und spezielle Kenntnisse im Bezug auf die zugrunde liegenden Annahmen

Dieses Kapitel weist im Vergleich zu den meisten anderen Kapiteln einen höheren „Schwierigkeitsgrad" auf, da die hier diskutierten Konzepte teilweise einen hohen Abstraktionsgrad erreichen. Trotzdem ist dieses Kapitel eher für besonders interessierte „Anfänger", als für Fortgeschrittene gedacht.

In den vorangegangenen Kapiteln habe ich immer wieder darauf hingewiesen, dass *Confounding* ein „Feind der klinischen Wahrheit" ist. Zusammengefasst bedeutet *Confounding*, dass ein Zusammenhang zwischen dem Endpunkt und dem Risikofaktor teilweise, manchmal sogar zur Gänze durch andere Einflüsse erklärbar ist. Die randomisierte kontrollierte Studie ist die einzige Designform, die für bekannte und unbekannte *Confounder* kontrolliert, indem sie sicherstellt, dass sich die Gruppen lediglich hin-

sichtlich der Intervention unterscheiden. Wenn eine solche Interventionsstudie nicht möglich ist, wir also eine Beobachtungsstudie durchführen,
können wir nur für uns bekannte *Confounder* kontrollieren. Dieses „Kontrollieren" bedeutet, dass man bestimmte Techniken verwendet, um einen
adjustierten Wert zu erhalten. Was „adjustiert" bedeutet erkläre ich am
besten mit einem Beispiel.

EIN ERFUNDENES BEISPIEL: Wir beobachten, dass bei einer Krankheit, z.B.
Lungenentzündung, das Risiko, in den nächsten vier Wochen zu sterben,
stark erhöht ist, wenn Patienten aus einem Seniorenwohnheim zugewiesen
werden (1%), im Vergleich zu Patienten, die von selbst in die Notfallambu-
lanz kommen (0.01%). Das relative Risiko ist demnach 100! Seniorenheim-
bewohner haben also ein 100fach erhöhtes Risiko die Lungenentzündung
nicht zu überleben, wenn man sie mit anderen Patienten mit Lungenentzündung vergleicht. Der *Confounder* hier ist ganz offensichtlich das Alter,
da Patienten in Seniorenheimen einfach wesentlich älter sind (Durchschnittsalter 86 Jahre), als der Durchschnittspatient einer Notaufnahme
(Durchschnittsalter 35 Jahre). Wenn man nun für die unterschiedliche
Altersstruktur der Gruppen kontrolliert, z.B. mit einer Regressionsmethode, ist das adjustierte relative Risiko plötzlich nur mehr 6. Adjustiert bedeutet in diesem Zusammenhang, dass das relative Risiko nun dem Wert entspricht, wenn alle Studienteilnehmer das gleiche Alter hätten (egal, ob alt
oder jung).

Leider gelingt uns das *controlling for confounding* nicht immer zufrieden stellend. Das bedeutet, dass der erkannte und methodisch berücksich-
tigte *Confounder* noch immer wirksam ist, wir aber nicht genau wissen,
wie stark der Resteinfluss ist. Dieses *Residual Confounding* sollte immer
bei der Interpretation von adjustieren Werten berücksichtigt werden. Ist
es plausibel, dass Pensionsheimbewohner ein 6-fach erhöhtes Sterberisiko
haben, wenn man sie mit anderen Notaufnahmepatienten vergleicht, zumal
ein 6fach erhöhtes Risiko weiterhin beträchtlich ist! Oder fallen Ihnen weitere alternative Erklärungen ein? Wichtige *Confounder* sind mit Sicherheit
Miterkrankungen, die mit zunehmendem Alter häufiger und schwerer werden. Für Miterkrankungen zu kontrollieren ist meist eine Herausforderung,
da diese schwer zu quantifizieren sind.
    In diesem Kapitel gehe ich vorrangig auf Regressionsmethoden ein, da
diese im Vergleich zur gematchten oder stratifizierten Methoden wesentliche Vorteile bieten. Der Übersicht halber stelle ich aber eine kurze Beschreibung von *Matching* und Stratifikation voran.

1. *Matching* und Stratifikation

1.1 Matching

Matching bedeutet, dass ich Paare von Fällen und Kontrollen bilde, die sich abgesehen vom Risikofaktor sehr ähnlich sind. Ich muss vorher die Variablen definiere von denen ich mit hoher Wahrscheinlichkeit annehmen kann, dass die *Confounder* sind. Zur Erinnerung, ein *Confounder* ist eine Variable, die sowohl mit dem für die Fragestellung relevanten Risikofaktor, als auch dem Endpunkt assoziiert ist. Wenn der Endpunkt der Tod ist, so ist das Alter häufig ein Confounder. Daher muss man die Probanden in der Kontrollgruppe den Probanden in der Gruppe mit dem Risikofaktor hinsichtlich des Alters methodisch angleichen, also ähnlich machen. Bei einer randomisierten Studie erledigt das der Zufall, bei einer Beobachtungsstudie müssen wir künstlich nachhelfen. Wenn ich zum Angleichen für jeden Patienten in der Gruppe mit dem Risikofaktor einen Probanden mit gleichem Alter (oder z.B. ±2 Jahre) aus der Kontrollgruppe nehme, nennt man diesen Vorgang *Matching*. Bei der gematchten Methode sollte der Effekt des *Confounders* bekannt sein, da er nicht mehr weiter untersucht werden kann, weil er zwischen den Gruppen nicht mehr ausreichend variiert. Bei optimalem *Matching* ist er zwischen den Gruppen gleich und variiert überhaupt nicht mehr. Weiters kann man nur für eine begrenzte Anzahl von Confoundern matchen und benötigt oft komplexe Analysemethoden, um das gematchte Design in der weiteren Vorgehensweise zu berücksichtigen.

NOCHMALS DAS LUNGENENTZÜNDUNGSBEISPIEL: Wir führen eine Fall-Kontroll Studie durch. Der Endpunkt ist Tod durch Lungenentzündung und unser Risikofaktor ist „Bewohner eines Seniorenheims." Ich will an dieser Stelle bewusst nicht auf die vielen praktischen Probleme einer derartigen Studie eingehen. Gehen wir einfach davon aus, dass unsere Studie prinzipiell durchführbar ist. Sie sammeln also alle Todesfälle durch Lungenentzündung im Dezember in einer Großstadt und erfassen den Risikofaktor, wer in einem Seniorenheim untergebracht war. Dann definieren Sie eine Kontrollgruppe und rekrutieren die Probanden (Denken Sie einmal darüber nach, wie Sie das konkret anstellen könnten). Bei dieser Kontrollgruppe erfassen Sie ebenso den Risikofaktor (Unterbringung in einem Seniorenheim oder nicht). Für jeden Fall wählen Sie dann einen Kontrollprobanden aus, der das gleiche Alter (± 5 Jahre) und Geschlecht hat. Die beiden Gruppen (Fälle und Kontrollen) unterscheiden sich somit weder hinsichtlich des Alters noch des Geschlechts. Der Zusammenhang zwischen dem Risikofaktor und dem Endpunkt kann somit nicht mehr durch Alters- und Geschlechtsverteilung gestört werden.

Die Nachteile von Matching sind folgende:
- Der Effekt des Confounders muss bekannt sein und der Confounder kann nicht weiter untersucht werden.
- Technisch ist nur eine begrenzte Anzahl von Matching-Variablen möglich. Wenn Sie viele solcher Variablen verwenden, brauchen Sie ein spezielles Computerprogramm und werden kaum mehr Kontrollen finden, es sei denn, Ihnen steht eine riesige Datenbank zur Verfügung.
- Indem oft willkürlich Kategorien von ordinalen oder kontinuierlichen Variablen gebildet werden, ist es möglich, dass hier Informationen verloren gehen, insbesondere, da Sie versuchen müssen, so wenige Kategorien wie möglich zu bilden. Möglicherweise können Sie so den Confounder nicht vollkommen ausschalten (Residual Confounding)
- Wenn Sie für eine Variable matchen, die nicht Confounder ist, sondern irgendwo in der Kausalkette, dann führt das zu Overmatching (siehe auch Kapitel 10) und Sie sehen keinen Zusammenhang mehr. Stellen Sie sich vor, Sie wollen den Zusammenhang zwischen Butterkonsum (Butter enthält viel Cholesterin) und dem Auftreten des Herzinfarkts untersuchen. Wenn Sie bei einer derartigen Studie die Probanden nach Blutcholesterinspiegel matchen, werden Sie wahrscheinlich keinen Effekt von Butter mehr sehen. Overmatching kann bei jeglicher Form des *Adjustments* auftreten.
- Ein gematchtes Design erfordert immer eine gematchte Analyse. Technisch ist diese aber meist nicht sehr aufwändig.

1.2 Stratifikation

Zusammengefasst teile ich die Probanden in Kategorien des *Confounders* auf, so genannte Strata, und untersuche den Zusammenhang zwischen Risikofaktor und dem Endpunkt in jedem Stratum. Dann kombiniere ich die Ergebnisse wieder, um ein Summenmaß zu bekommen. Dieser Wert wurde so für den Confounder adjustiert.

WIEDER LUNGENENTZÜNDUNG: Obwohl die stratifizierte Analyse vornehmlich bei Kohortenstudien zur Anwendung kommt, kann man sie auch bei Fall-Kontroll Studien anwenden. Anstelle des individuellen *Matchings* erheben Sie eine Kontrollgruppe, über deren Alter und Geschlechtsverteilung Sie nichts wissen. Sie teilen die Studienteilnehmer in drei Altersstrata (< 60 Jahre, 60 bis 80 Jahre, > 80 Jahre) und zwei Geschlechtsstrata (Frauen, Männer). Insgesamt haben Sie daher sechs Strata (< 60 und männlich, < 60 und weiblich, 60–80 und männlich usw.). Dann untersuchen Sie den Effekt des Risikofaktors (Altersheimbewohner ja/nein) auf den Endpunkt (Tod ja/nein) in jedem Stratum. Wenn der Effekt in jedem Stratum annähernd gleich groß ist, können Sie diese einzelnen Effekte mit speziellen Methoden kombinieren und erhalten so einen Summeneffekt, der unabhängig von Alter und Geschlecht ist. Sie können diesen Summeneffekt dann so interpretieren, als ob alle Patienten das gleiche Alter (egal welches) und Geschlecht (egal welches) haben.

Nachteile der stratifizierten Analyse:

- Es kann nur eine begrenzte Anzahl von Strata untersucht werden, da einzelne Strata eventuell zu wenige oder keine Individuen enthalten. Ein Stratum ist jeweils eine Vierfeldertafel (siehe Chi-Quadrat Test im Kapitel 24). Wenn Sie hier Zellen mit Null-Werten haben, so können Sie das nicht, oder nur mit „Kunstgriffen" ausrechnen, indem Sie zu allen Zellen eines betroffenen Stratums 0,5 addieren.
- Residual Confounding (siehe oben)
- „Overmatching" (siehe oben)
- Sie benötigen bestimmte Rechentechniken, mit denen Sie die Effekte der einzelnen Strata kombinieren, da jeder Effekt unterschiedlich gewichtet werden muss. Wie dieses Gewicht zustande kommt, hängt von der verwendeten Methode ab, aber der wichtigste Faktor ist die Anzahl der Patienten pro Stratum. Die meist verwendete Technik für mehrere Vierfeldertafeln ist die Methode nach Mantel-Haenszel.
- Ein Summeneffekt darf nur verwendet werden, wenn der Effekt in den einzelnen Strata annähernd gleich ist. Wenn starke Effektunterschiede zwischen den Strata bestehen, ist der Effekt über die Kategorien des *Confounders* nicht konstant und der Summeneffekt ist daher inkorrekt. Hier spricht man auch von Heterogenität. Dieses Konzept ist uns schon im Kapitel 7 als Interaktion begegnet.

Die letzten zwei Punkte sind eigentlich keine Nachteile der stratifizierten Analyse, sondern Details die man kennen und bei Anwendung der Technik berücksichtigen muss.

2. Multivariate Analyse

Im Gegensatz zu Matching und Stratifikation bieten multivariate Methoden die Möglichkeit, für mehrere Variable gleichzeitig zu kontrollieren; je größer die untersuchte Stichprobe, desto größer ist die Zahl der Confounder für die man kontrollieren kann. Weiters kann man die Confounder sowohl in ihrer Eigenschaft sowohl als kontinuierliche, als auch als kategorische Variable untersuchen. Rechentechnisch sind multivariate Analysen viel aufwändiger als die oben genannten Methoden, was praktisch aber kein Problem darstellt.

Im Folgenden möchte ich lediglich auf multivariate Regressionsmethoden in starker Vereinfachung eingehen. Mit heute zur Verfügung stehenden Softwarepaketen sind multivariate Analysen einfach und schnell durchzuführen. Ich empfehle Ihnen derartige Regressionsmethoden nur dann zu verwenden, wenn Sie sich zuvor in irgendeiner systematischen Weise das notwendige Wissen angeeignet haben. Ein Statistikprogramm führt die meisten Befehle auf Knopfdruck aus, was aber nicht garantiert, dass die Ergebnisse auch richtig oder sinnvoll sind. Wenn Sie solche Modelle verwenden, sollten Sie die „do and don't" Regeln kennen. Leider ist die medizin-wissenschaftliche Literatur voll mit inkorrekten und teilweise sogar unsinnigen Analysen und deren Interpretation. Multivariate Modelle richtig zu interpretieren ist relativ einfach, wenn man weiß wie, und sehr schwierig, wenn man es nicht weiß.

Die Anwendung von multivariaten Methoden beschreibe ich am besten durch typische Situationen. Im folgenden Text werden klinisch relevante Problemstellungen besprochen:

1) Sie wollen die Wirksamkeit eines Schmerzmedikaments untersuchen und führen eine placebo-kontrollierte randomisierte Studie durch. Die Schmerzintensität vor Einnahme des neuen Medikaments variiert aber stark zwischen den Studienteilnehmern. Wie sichern Sie einen gerechten Vergleich zwischen den Gruppen?

2) Sie untersuchen den Zusammenhang zwischen Gewicht und Diabetes Typ II (nicht insulinpflichtig) in einer Beobachtungsstudie. Diabetes tritt mit zunehmendem Gewicht, aber auch mit steigendem Alter häufiger auf. Wie stellen Sie sicher, dass Alter den Zusammenhang zwischen Gewicht und Diabetes nicht stört?

3) Sie untersuchen in einer Beobachtungsstudie, ob die Verabreichung eines bestimmten Medikaments das Überleben nach primär erfolgreicher Wiederbelebung verbessert. Es gibt eine Vielzahl von bekannten Prognosefaktoren, die teilweise extrem ungleich zwischen der Gruppe mit Medikament und der Gruppe ohne Medikament verteilt sind.

2.1. Adjustment for baseline values: Sie wollen die Wirksamkeit eines Schmerzmedikaments untersuchen und führen eine placebo-kontrollierte randomisierte Studie durch. Die Schmerzintensität vor Einnahme des neuen Medikaments variiert aber stark zwischen den Studienteilnehmern. Wie sichern Sie einen gerechten Vergleich zwischen den Gruppen?

Der Endpunkt ist kontinuierlich (Schmerz auf einer visuellen Analogskala *nach* Therapie), der Risikofaktor ist binär (Therapie oder Placebo) und der Störfaktor ist kontinuierlich (Schmerz auf einer visuellen Analogskala *vor* Therapie). Genau genommen geht es in diesem Beispiel weniger um *Confounding*, als um eine Erhöhung der Präzision (siehe etwas weiter unten). Ich bespreche diese Problemstellung hier, da beiden das gleiche Prinzip zugrunde liegt.

Ich muss jetzt kurz ausholen um zu erklären warum die Basisvariable, in unserem Beispiel Schmerz vor Therapie, ein möglicher Störfaktor ist: Ein Rennpferd, dass im Rennen gewinnt hat folgende Eigenschaften: (1) es ging als erstes über die Ziellinie, (2) es war am kürzesten auf der Strecke, und (3) hatte die höchste Durchschnittsgeschwindigkeit. Wie können wir die Leistung des Pferdes evaluieren, wenn die Rennstrecke nicht normiert ist, das heißt, nicht alle Pferde vom gleichen Punkt, sondern irgendwann und irgendwo im Feld losstarten? Wir könnten zum Beispiel berücksichtigen, wie weit jedes Pferd von der Startlinie zum Zeitpunkt des Starts entfernt war. Bei klinischen Studien gibt es oft eine sehr ähnliche Problemstellung. Stellen Sie sich vor, Sie wollen ein Medikament zur Behandlung von chronischen Knieschmerzen untersuchen. Sie planen daher eine randomisierte kontrollierte Studie, wo Sie das neue Medikament mit Placebo vergleichen. Der Endpunkt ist Schmerz, gemessen an einer visuellen Analogskala. Diese Skala ist ein 10 cm langer Strich (von null bis 10), auf dem der Patient die empfundene Schmerzintensität einträgt: Null bedeutet kein Schmerz und 10 maximal vorstellbarer Schmerz. Die Patientin soll markieren, wo zwischen diesen beiden Extremen ihre Beschwerden im Moment liegen. Wenn die Randomisierung in Ordnung und die Fallzahl ausreichend groß ist, sollte die durchschnittliche Schmerzintensität zu Beginn der Studie zwischen den beiden Gruppen gleich sein. Trotzdem werde ich voraussichtlich ein bestimmtes Ausmaß der interindividuellen Variabilität beobachten, da manche Patienten mit starken Schmerzen und andere mit nur geringen Schmerzen „in's Rennen gehen". Für unsere Fragestellung bedeutet diese Variabilität jedoch Störung, wie etwa ein schlechter Empfang durch Hintergrundrauschen beim Hören von Radiosendungen stört. Wenn ich für diese Basisunterschiede – eine Art Bio-Lärm – kontrolliere, verschwindet diese extra Variabilität und das Ergebnis wird präziser. Hier wird ein Modell verwendet, wo der Endpunkt (die abhängige Variable) der Schmerz nach Behandlung ist und der Risikofaktor (die unabhängige Variable) die Behandlung (ja versus nein), und dann gibt es noch den Schmerz vor der Therapie, der eine Ko-Variable ist. Dieses Modell ist eine so genannte *Analysis of Covariance* (ANCOVA). Durch das Modell wird eine Situation simuliert, bei der der Schmerz zu Beginn für alle Patienten konstant gehalten wird. Dieses Modell ist natürlich nur dann zulässig, wenn wir darauf vertrauen dürfen, dass der Effekt nicht über unterschiedliche Intensitäten des Basisschmerzes variiert; das heißt, dass die Wirksamkeit des Schmerzmittels bei starken Schmerzen nicht höher (oder niedriger) ist als bei geringen Schmerzen (siehe auch Interaktion im Kapitel 7).

Ein häufiger „Fehler" im Rahmen derartiger Fragestellungen ist, dass Studienleiter den Unterschied zwischen vorher und nachher errechnen und dann vergleichen. Es kein eigentlicher Fehler, aber mit diesem Vorgehen kontrollieren Sie nicht(!) für Basisunterschiede und unter bestimmten Umständen – wenn Vor- und Nachwert nur schlecht korrelieren – verlieren Sie sogar viel von der Power. Es kann daher passieren, dass Sie einen Effekt übersehen, der eigentlich vorhanden ist. Mit ANCOVA können Sie sogar noch Power dazu gewinnen, da die Präzision erhöht wird.

2.2. Adjustment for Confounding I: Sie untersuchen den Zusammenhang zwischen Gewicht und Diabetes Typ II (nicht insulinpflichtig) in einer Beobachtungsstudie. Diabetes tritt mit zunehmendem Gewicht, aber auch mit steigendem Alter häufiger auf. Wie stellen Sie sicher, dass Alter den Zusammenhang zwischen Gewicht und Diabetes nicht stört?

Hier haben Sie einen kontinuierlichen Endpunkt (Gewicht), einen binären Risikofaktor (Diabetes ja/nein) und einen kontinuierlichen *Confounder* (Alter). Die Daten stammen von einer Kohortenstudie mit anderer Fragestellung. Da die Generalisierbarkeit der Ergebnisse hier nicht relevant ist, werde ich nicht auf weitere Details eingehen. Sie haben 1566 Patienten eingeschlossen, das Durchschnittsgewicht ist 79.5 kg (Standardabweichung 16 kg), das Durchschnittsalter ist 59.0 Jahre (Standardabweichung 14.8 Jahre), und 257 Patienten (16%) haben Diabetes. Wenn wir nun Gewicht und Alter nach Diabetes aufteilen sieht das folgendermaßen aus:

Die Diabetiker sind nur geringfügig schwerer (durchschnittliche Gewichtsdifferenz 1.9 kg) und der Unterschied ist statistisch nicht signifikant ($p = 0.08$, 95% Konfidenzintervall -0.2 bis 4.0). Diese Differenz und die dazugehörige Statistik kann man entweder mittels t-Test oder Regression errechnen (siehe Kapitel 24).

Die Diabetiker sind aber deutlich älter (durchschnittliche Altersdifferenz 8.3 Jahre ($p < 0.001$, 95% Konfidenzintervall 6.4 bis 10.3)). Jetzt hilft der t-Test nicht mehr. Wir können aber ein Regressionsmodell verwenden, wo wir Diabetes und Alter gleichzeitig untersuchen. Bei der einfachen Regression (siehe Kapitel 26) sieht die (vereinfachte) Regressionsgleichung für die Vorhersage von Gewicht durch Erkrankung an Diabetes so aus:

Gewicht (in kg) = Regressionskoeffizient * Diabetes (1 wenn ja, 0 wenn nein) + Konstante

Wenn ich unsere Daten nun für ein Regressionsmodell verwende, erhalten wir folgende Gleichung: Gewicht (in kg) = 1.9 * Diabetes + 79.2

Tabelle 1

	Diabetes	Kein Diabetes
Gewicht (kg)	81.1 (15.2)	79.2 (16.0)
Alter (Jahre)	65.9 (11.2)	57.6 (15.1)

In dieser einfachen Gleichung ist schon sehr viel Information enthalten. Der Regressionskoeffizient ist die durchschnittliche Gewichtsdifferenz zwischen Diabetikern und Nicht-Diabetikern; die Konstante ist das Gewicht der Nicht-Diabetiker (vergleichen Sie einmal mit der Tabelle) und das Gewicht der Diabetiker ist (1.9 * 1 + 79.2 =) 81.1 kg.

Nun rechnen wir die Regression mit Diabetes und Alter. Die Gleichung sieht dann so aus:

Gewicht (in kg) = Regressionskoeffizient$_1$ * Diabetes (1 wenn ja, 0 wenn nein) + Regressionskoeffizient$_2$ * Alter (in Jahren) + Konstante

Für unsere Daten heißt die neue Gleichung: Gewicht (in kg) = 2.8 * (Diabetes) + (−0.1) * Alter + 85.4

Der Gewichtsunterschied zwischen Diabetikern und Nicht-Diabetikern ist nun deutlich größer. Der Regressionskoeffizient$_1$ gibt den Unterschied zwischen Diabetikern und Nicht-Diabetikern an. Diabetiker sind 2.8 kg schwerer, wenn man für Altersunterschiede zwischen den Gruppen kontrolliert. Dieser Unterschied ist nun auch statistisch signifikant (p = 0.01, 95% Konfidenzintervall 0.7 bis 5.0). Der Regressionskoeffizient$_2$ gibt den Gewichtsunterschied in Jahresintervallen an: jedes Lebensjahr *senkt* das Gewicht (beachten Sie das Minus-Zeichen in der Gleichung) um 0.1 kg, unabhängig vom Diabetesstatus. Die Konstante bedeutet, dass Nicht-Diabetiker im Lebensalter von Null Jahren ein Gewicht von 85.4 kg haben. Das ist natürlich Unsinn, aber nicht weil die Gleichung falsch ist, sondern weil nur Schlüsse auf den tatsächlich untersuchten Datenbereich zulässig sind. In dieser Kohorte waren nur 10% der Patienten jünger als 39 Jahre und der jüngste Patient war 19 Jahre alt.

2.3 Adjustment for confounding II: Sie untersuchen in einer Beobachtungsstudie, ob die Verabreichung eines bestimmten Medikaments das Überleben nach primär erfolgreicher Wiederbelebung verbessert

Das Grundprinzip ist dem zuvor angeführten Beispiel sehr ähnlich, nur, dass hier ein binärer Endpunkt vorliegt (Überleben bis sechs Monate nach dem Ereignis versus Tod in diesem Zeitraum). Bitte beachten Sie, dass alle Patienten sechs Monate nachbeobachtet wurden. Das ist für die Wahl des Modells von höchster Wichtigkeit. Wenn alle Patienten gleich lange beobachtet werden, können sie ein logistisches Regressionsmodell verwenden. Wenn die Beobachtungszeit variiert, müssen Sie andere Modelle wählen (z.B. Cox Regression oder Poisson Modelle), die ich hier nicht weiter erwähne. Der Risikofaktor ist ein Medikament (ja v nein). Bevor ich auf die Confounder – hier sind es gleich mehrere – eingehe, bespreche ich noch den Kontext.

Der plötzliche Herztod ist in ca. 60 bis 80% der Fälle durch einen akuten Herzinfarkt verursacht. Wie schon mehrfach erwähnt, kann man versuchen, den Herzinfarkt mit Thrombolytika zu behandeln (siehe auch Kapitel 12). Möglicherweise hat das auch auf den durch den Sauerstoffmangel entstandenen Schaden im Gehirn einen günstigen Einfluss. Es gibt zumindest Tierexperimente, die einen positiven Effekt suggerieren. Bei Patienten mit Wiederbelebungszeiten von über zehn Minuten ist man mit diesem Medikament jedoch eher zurückhaltend, da man befürchtet, dass bei diesen Patienten durch die Herzdruckmassage das Blutungsrisiko stark erhöht ist. Patienten die primär erfolgreich reanimiert werden können, haben etwa eine 50%ige Wahrscheinlichkeit, das Ereignis auch langfristig, das heißt mindestens sechs Monate, zu überleben. In diese Kohortenstudie wurden nur Patienten eingeschlossen, die nach plötzlichem Herztod mit primär erfolgreicher Wiederbelebung ein infarkttypisches EKG und keine Gegenanzeige hinsichtlich der Behandlung mit Thrombolytika hatten. Da es aber eine Beobachtungsstudie ist, hat nicht der Zufall entschieden, wer die Therapie bekam, sondern die behandelnden Ärzte. Es liegt daher nahe, dass es Gründe für die jeweilige Entscheidung gab, auch wenn diese nicht gleich offensichtlich sind. Sehen wir uns die Daten näher an. In der Tabelle 2 sind die Patienten in eine Gruppe mit Thrombolyse und in eine Gruppe ohne Thrombolyse aufgeteilt. Weiters sehen Sie eine Liste von demographischen Variablen, von denen beinahe alle bekanntermaßen die Prognose beeinflussen: Patienten, die mit Thrombolytika behandelt wurden, waren jünger, hatten seltener einen Herzinfarkt in der Anamnese, hatten kürzere Stillstand- und Wiederbelebungszeiten, und häufiger Kammerflimmern. Es verwundert daher nicht, dass fast 90% dieser Patienten im Vergleich zu nur 35% in der anderen Gruppe überleben.

Wenn Sie die Odds Ratio ausrechnen sehen Sie, dass Patienten, die Thrombolytika erhielten, eine 3.1fach erhöhte Chance haben zu überleben (95% Konfidenzintervall 1.9 bis 5.1). Die Odds Ratio kann man einfach aus einer 4-Felder-Tafel oder auch mittels logistischer Regression errechnen; man kommt zum gleichen Ergebnis. Wenn ich jetzt alle sechs Confounder gemeinsam mit dem Risikofaktor (Thrombolyse) in einem logistischen

Tabelle 2

	Thrombolyse (n=132)	Keine Thrombolyse (n=133)	P
Geschlecht, weiblich	29 (22)	29 (22)	.974
Alter, Jahre	55 (47–64)	62 (54–71)	.001
Infarktanamnese	23 (17)	38 (29)	.031
Stillstandzeit, min	1 (<1–5)	3 (<1–9)	.003
Wiederbelebungszeit, min	12 (4–24)	17 (10–31)	.001
Kammerflimmern	119 (90)	101 (76)	.002
Überleben (6 Monate)	83 (63)	47 (35)	<.001

Regressionsmodell berechne, so erhalte ich für den Risikofaktor eine Odds Ratio, die so zu interpretieren ist, als wären die anderen Risikofaktoren für alle Patienten gleich (egal auf welchem Niveau). Wenn ich das mit diesen Daten durchführe, ist die adjustierte Odds Ratio 1.6 (95 % Konfidenzintervall 0.9 bis 3.1): Patienten die Thrombolytika erhielten, haben, nach Berücksichtigung der Unterschiede hinsichtlich wichtiger prognostischer Variablen, eine 1.6-fach erhöhte Chance zu überleben. Plötzlich ist der Effekt nicht mehr so umwerfend. Obendrein ist der Effekt auch nicht mehr statistisch signifikant (p = 0.12). Das bedeutet jedoch nicht unbedingt, dass der Effekt nicht wahr ist, da die Power abnimmt, je mehr Kovariablen man verwendet.

3. Wann spricht man nun von *Confounding?*

Es gibt keinen statistischen Test, der *Confounding* nachweisen oder ausschließen kann. Lassen Sie sich durch Beispiel 2 (vorher nicht signifikant, nach *Adjustment* signifikant) und 3 (vor *Adjustment* signifikant, danach nicht) nicht in die Irre führen. Die Signifikanz ist natürlich relevant für die Interpretation Ihrer Ergebnisse, nicht aber, ob *Confounding* nun vorliegt oder nicht. *Confounding* erkennt man an der Veränderung der Effektgröße durch die Adjustierung. Als Faustregel gilt, dass *Confounding* vorliegt, wenn der ursprüngliche Effekt um >10% durch Adjustierung verändert wird.

   Dieses Kapitel ist wirklich nicht mehr als eine kurze Einführung. Die richtige Anwendung solcher Modelle erfordert Erfahrung und spezielle Kenntnisse der auf die zugrunde liegenden Annahmen, von denen es allgemeine und modellspezifische gibt. Weiters müssen Sie in der Lage sein zu überprüfen, ob das Modell den Daten entspricht. Sie müssen sich vorstellen, dass ein Computeralgorhythmus die vorhandenen Daten verwendet, um ein Modell – eine starke Vereinfachung des Lebens – zu erstellen. Oft gelingt das ganz gut oder zumindest akzeptable. Manchmal „passt" das Modell einfach nicht gut. Sie sollten wissen, wie diese fehlende Anpassung entdeckt werden kann. Wenn das Modell nicht passt, sollten Sie wissen, wie Sie Probleme finden und behandeln können. Bitte verwenden Sie solche Modelle nicht, ohne Hilfe eines Sachkundigen. Mit „tollen" Modellen können Sie zwar in den wissenschaftlichen Journalen verblüffen, kommen vielleicht der Wahrheit aber nicht einen Schritt näher.

4. Welche Regressionsmethode wann?

Eine extrem kurze Zusammenfassung riskiert immer, dass wichtige Details einfach unerwähnt bleiben. Eigentlich wollte ich so eine Ultrakurzanlei-

Tabelle 3

Endpunkt	Risikofaktor/ Confounder	Regressions- modell	Modellspezifische Annahmen
Kontinuierlich (z.B. Blutdruck)	Kategorisch	Analysis of Variance	Der Zusammenhang zwischen Risikofaktor und Endpunkt ist linear
Kontinuierlich (z.B. Blutdruck)	Risikofaktor kategorisch, Confounder kontinuierlich	Analysis of Covariance	Der Zusammenhang zwischen Risikofaktor und Endpunkt ist linear
Kontinuierlich (z.B. Blutdruck)	Kontinuierlich Ordinal Kategorisch	Multiple lineare Regression	Der Zusammenhang zwischen Risikofaktor und Endpunkt ist linear
Binär (Tod ja/nein)	Kontinuierlich Ordinal Kategorisch	Logistische Regression (unkonditionell)	Alle Studienteilnehmer müssen gleich lange beobachtet werden
Binär (Tod ja/nein)	Kontinuierlich Ordinal Kategorisch	Logistische Regression (konditionell)	Alle Studienteilnehmer müssen gleich lange beobachtet werden; gematchte Fall-Kontroll-Studie
Binär (Tod ja/nein)	Kontinuierlich Ordinal Kategorisch	Poisson Regression	Ereignisse sind selten und zufällig in Raum und Zeit verteilt; das Risiko ist über die Beobachtungszeit konstant; Beobachtungszeit kann variieren
Binär (Tod ja/nein)	Kontinuierlich Ordinal Kategorisch	Cox Regression	Beobachtungszeit und Risiko können variieren, Risiko muss aber über die Kategorien des Risikofaktors/ Confounders über die Zeit proportional bleiben
Ordinal (z.B. NYHA Score*)	Kontinuierlich Ordinal Kategorisch	Multinomiale Regression	
Kategorien (z.B. Bevorzugung einer Tablettenfarbe)	Kontinuierlich Ordinal Kategorisch	Polinomiale Regression	

* Der New York Heart Association (NYHA) Score quantifiziert die Ausprägung der Herzinsuffizienz: 1 – Atemnot nur bei extremen Belastungen; 2 – Atemnot bei stärkeren Belastungen; 3 – Atemnot bei geringen Belastungen, sodass alltägliche Verrichtungen kaum möglich sind; 4 – Atemnot in Ruhe

tung gar nicht angeben, aber irgendwie ist so eine Zusammenfassung doch brauchbar. Nachfolgende Tabelle zeigt welche Regressionsmethode Sie in Abhängigkeit von der Form des Endpunkts (der abhängigen Variable) und den unabhängigen Variablen (Risikofaktor bzw. *Confounder*) wählen können (Tabelle 3).

Jedem dieser Modelle liegen Annahmen zugrunde, die erfüllt sein müssen. Einige dieser Annahmen habe ich in den Anmerkungen in der Tabelle 3 erwähnt, aber es gibt für jedes Modell weitere wichtige Annahmen, die Sie bei der Anwendung kennen und berücksichtigen sollten.

5. Weiterführende Literatur

Im Kapitel 7 habe ich schon auf das hervorragende Buch von Katz (1999) hingewiesen. Ein Standardwerk über multivariate Regressionsmethoden ist von Kleinbaum, Kuper und Muller (1988). Dieses Buch ist zwar schon recht mathematisch, aber verständliche Diskussionen kommen nicht zu kurz.

Kapitel 27
Wie sollte eine wissenschaftliche Arbeit aussehen?

- Wissenschaftliche Arbeiten sollen einer vorgegebenen Struktur folgen
- Die *uniform requirements for manuscripts submitted to biomedical journals* finden sich unter *http://jama.ama-assn.org/info/auinst_req. html*
- Obendrein hat jedes Journal spezifische Anforderungen, die unbedingt beachtet werden sollten

1. Allgemeines

1.1 Uniform requirements

Es gibt eine Konvention wie medizinisch-wissenschaftliche Arbeiten aufgebaut und präsentiert werden sollten. Das ist ein wunderbares Beispiel, dass Wissen immer ein Konstrukt der Gesellschaft ist. Das bedeutet, Studien und deren Ergebnisse die nicht nach diesen Vorgaben präsentiert werden, werden oft nicht als „relevantes Wissen" akzeptiert. Wer also in unserer (westlichen) Gesellschaft eine wissenschaftliche Karriere anstrebt, muss gewisse Spielregeln beherrschen. Eine dieser Spielregeln sind die so genannten *uniform requirements for manuscripts submitted to biomedical journals*, die in aller Ausführlichkeit unter *http://jama.ama-assn.org/info/auinst_req. html* zu finden sind (International Committee of Medical Journal Editors 1999). Im Wesentlichen finden Sie in diesem Kapitel eine Zusammenfassung dieser Kriterien mit einer persönlichen Interpretation.

Ich glaube, dass jede Arbeit „kurz" sein sollte und es gibt mehrere gute Gründe dafür: (1) die Aufmerksamkeitsspanne fast jedes Lesers ist kurz und wenn Sie wollen, dass ihre Arbeit wirklich gelesen wird, sollten Sie das berücksichtigen; (2) Editoren wissen das auch UND leiden ebenso an einer kurzen Aufmerksamkeitsspanne; außerdem sind Druckseiten teuer.

„Kurz" ist ein ziemlich ungenauer Begriff, aber je nach Thema und Studiendesign, kann man mit 1000 bis 2500 Worten (nur Text, ohne Abstrakt und Literaturzitate) fast alles sagen – das entspricht letztlich etwa drei bis vier Druckseiten. Sie können natürlich zusätzliches Daten-, oder Informa-

tionsmaterial, das nicht unbedingt für die Veröffentlichung gedacht ist, beilegen und so den Begutachtungsprozess erleichtern. Solches Zusatzmaterial
können zum Beispiel weitere Tabellen und Grafiken sein, aber auch Fragebögen, oder eine ausführliche Beschreibung von Methoden die verwendet
wurden. Manche Journale veröffentlichen diese Materialien auch auf Ihrer
Web Site.

Wenn Sie eine Arbeit bei einem Journal zur Begutachtung einreichen,
lesen Sie bitte unbedingt (!) die Leitlinien für Autoren durch. Die Leitlinien
finden Sie entweder auf der Homepage des jeweiligen Journals oder in einer
der Ausgaben.

1.2 Die Leiden der non-native Speaker

Mit der Sprache ist das leider so eine Sache. Die meisten international aner-
kannten Journale veröffentlichen Artikel vornehmlich oder ausschließlich
in englischer Sprache. Ich versichere Ihnen, dass wir – selbst wenn wir uns
noch so bemühen – oft schon nach wenigen Sätzen als *non-native Speaker*
erkannt werden. Manchmal hat das leider unerfreuliche Auswirkungen auf
die Begutachtung, aber an den mangelhaften Sprachkenntnissen scheitern
nur sehr wenige Arbeiten. Eventuell erleichtern große sprachliche Probleme
dem Editor die Entscheidung zur Ablehnung. Versuchen Sie Ihr Anliegen
klar auszudrücken, am besten so, dass auch Nicht-Spezialisten Ihre Arbeit
verstehen können. Albert (1997) hat die Gabe auch *non-native Speakers* die
Regeln des wissenschaftlichen Englisch wirkungsvoll vor Augen zu führen.

2. Struktur einer wissenschaftlichen Arbeit

Eine wissenschaftliche Arbeit besteht im Wesentlichen aus dem Titel, dem
Abstract, dem Textkörper, welcher der so genannten IMRaD Struktur fol-
gen sollte (**I**ntroduction, **M**ethods, **R**esults **a**nd **D**iscussion), den Literaturzi-
taten, eventuellen Tabellen und Abbildungen mit den dazugehörigen Legen-
den. Manche Journale stellen den Methodikteil ans Ende.

2.1 Der Titel

Manche Journale bevorzugen beschreibende Titel (*Cohort study of depressed mood during pregnancy and after childbirth*), andere mögen es lieber
indikativ (*Depressed mood occurs frequently after childbirth but not
during pregnancy*). Ich glaube der Titel sollte kurz und informativ hinsichtlich der Fragestellung, der Studienpopulation und des Studiendesigns sein,
neugierig machen, aber nicht zu viel verraten.

2.2 Das Abstrakt

Das Abstrakt ist ein Kernstück Ihrer Arbeit! Die meisten Leser werden überhaupt nur das Abstrakt lesen und Editoren bzw. Gutachter werden schon vorweg günstig oder negativ beeinflusst. Sie sollten daher Zeit und Mühe investieren, um eine präzise, sprachlich einwandfreie Kurzfassung Ihrer Arbeit zu erstellen, welche die wesentliche Botschaft Ihrer Arbeit verständlich und „appetitlich" präsentiert.

Die häufigsten Fehler bei Abstracts sind, dass Schlussfolgerungen gezogen werden, die aus den präsentierten Ergebnissen nicht zu entnehmen sind, oder dass die Informationen im Abstrakt nicht mit denen in der ausführlichen Version übereinstimmen.

Die „großen" Journale veröffentlichen nur strukturierte Abstracts, was die Informationsaufnahme erheblich erleichtert. Meine Arbeiten haben immer ein strukturiertes Abstrakt, selbst wenn das nicht vom Journal, bei dem ich einreiche, verlangt wird. Die gewünschte Struktur hängt vom jeweiligen Journal ab. Abstracts im *BMJ* haben folgende Struktur: *Objective, Design, Setting, Participants, Main outcome measures, Results, Conclusions*.

2.3 Die Methoden

Hier ist das Hauptproblem, dass man Platz benötigt, um die Methodik in ausreichender Genauigkeit zu beschreiben und trotzdem leserfreundlich – das heißt kurz und verständlich – bleiben sollte. Zwischenüberschriften (zum Beispiel *Patients, Intervention/Method description/Definitions, Main outcome measures, Ethical considerations, Statistical methods*) erleichtern das Lesen.

2.4 Die Ergebnisse

Der Ergebnisteil sollte sich durch eine besonders klare und fokussierte Präsentation auszeichnen. Auch hier empfiehlt sich die Verwendung von Zwischenüberschriften. Neben- und Subgruppenanalysen, sofern überhaupt sinnvoll, sollten deutlich als solches gekennzeichnet werden. Wie Daten am besten präsentiert werden, wird im Kapitel 22 ausführlicher beschrieben.

2.5 Die Diskussion

In der Diskussion sollten die Ergebnisse in einem Absatz nochmals kurz und schlüssig zusammengefasst werden.

Zumindest ein Absatz sollte die Ergebnisse kritisch in Relation zu den vorhandenen Studien setzen.

Die Stärken und insbesondere die Schwächen/Limitationen der eigenen Studie müssen unbedingt in einem eigenen Absatz diskutiert werden. Es gibt keine Studie, die keine Limitationen hat! Die Stärken und Limitationen der eigenen Studie sollten auch mit denen der bereits vorhandenen Studien verglichen werden. Ihre Studie sollte eigentlich so geplant und durchgeführt worden sein, um spezifische Schwächen anderer Studien zu vermeiden, sonst hätten Sie sich ja die ganze Mühe eigentlich sparen können. Ich will damit sagen, dass viele Limitationen annehmbar sind, wenn es einfach derzeit keine bessere Studie gibt. Manchmal muss man das den Editoren und Gutachtern explizit vor Augen führen.

Ein Absatz sollte sich damit befassen, was die vorliegende Studie praktisch/klinisch bedeutet. Eine einzige Studie, und sei sie noch so gut gemacht, beantwortet fast nie eine Frage, sondern im Gegenteil, wirft meist weitere Fragen auf. Zuletzt sollte daher auf diese unbeantworteten Fragen und zukünftige Forschungsmethoden eingegangen werden. Das mögen Editoren ganz gerne, weil eine weitsichtige Arbeit vielleicht in der Zukunft auch öfters zitiert wird.

2.6 Tabellen und Grafiken

Tabellen und Grafiken sollen Informationen vermitteln und dabei helfen, ein Problem unter Einsparung von Worten, schneller und besser zu verstehen. Grafiken sind besonders geeignet, Zeitverläufe oder den Zusammenhang zwischen mehreren Variablen gleichzeitig darzustellen. Achten Sie darauf, keine Zahlen aus Tabellen im Text zu wiederholen. Tabellen und Grafiken sollten unter Zuhilfenahme der Legende (die auch vorhanden sein sollte!), aber auch ohne Haupttext, selbsterklärend und verständlich sein. Tabellen dienen nicht dazu Dutzende von Zahlen zu präsentieren, für die sich ein Durchschnittsleser ohnedies nicht interessiert. Ebenso wenig sollten Grafiken mit Druckerschwärze überladen werden, ohne relevante Information anzubieten (günstiger *ink-to-data* Quotient). Als Faustregel gilt, dass man pro 800 Worte Text etwa 1 Grafik oder 1 Tabelle präsentieren sollte. Ein geniales Buch zu diesem Thema ist von Tufte (1992).

2.7 Literaturangaben

Es gibt unterschiedliche Regeln, wie Literaturangaben zu machen sind, die aber von Journal zu Journal variieren. Geben Sie die Literatur unbedingt nach den Vorgaben des jeweiligen Journals an.

2.8 Spezielle Situationen

Es gibt Standards wie randomisierte kontrollierte Studien präsentiert werden sollten (siehe Kapitel 16). Ebenso gibt es Standards für die Präsentation von systematischen Übersichtsarbeiten (*Cochrane Collaboration Review*, siehe Kapitel 17), von Meta-Analysen von randomisierten, kontrollierten Studien als auch von Meta-Analysen von Kohortenstudien (siehe Kapitel 18). Nicht jedes Journal verlangt diese Formate, sie sind aber in jedem Fall sehr praktisch. Achten Sie auf die Vorgaben des jeweiligen Journals. Die Nichteinhaltung solcher Vorgaben führt üblicherweise nicht zur Ablehnung, kann aber den Begutachtungsprozess beträchtlich verzögern.

Die Präsentation von Wissenschaftlichen Arbeiten wird von Huth (1998) und Hall (1994) ganz gut beschrieben. Das Buch von Matthews (2000) ist besonders benutzerfreundlich und praxisorientiert und zeigt, dass es keinen großen Unterschied macht, ob man medizinische oder biologische Arbeiten präsentiert, da die Struktur dahinter die Gleiche ist.

Kapitel 28
Über Editoren und den *Peer Review*

- Ziel wissenschaftlicher Tätigkeit sollte sein, jede wissenschaftliche Arbeit in einem international anerkanntem Journal zur Veröffentlichung zu bringen
- Wissenschaftliche Arbeiten werden von Journalen meist abgelehnt, weil das Studiendesign fehlerhaft ist oder die Fragestellung nicht die Richtige war (bzw. das Journal das Falsche)
- Ein Journal sollte gewählt werden, weil die Arbeit thematisch hineinpasst, nicht weil das Journal einen hohen *Impact Faktor* hat
- Der *Impact Factor* beschreibt, wie oft eine Arbeit im Durchschnitt in den ersten zwei Jahren nach Veröffentlichung zitiert wird
- *Peer Review*, die Begutachtung durch Fachspezialisten, ist fehlerhaft, aber derzeit das bestmögliche Vorgehen um die wissenschaftliche Qualität zu wahren

1. Wozu Wissenschaft?

Im Idealfall betreiben wir Wissenschaft um die wahren Ursachen von Krankheiten zu erkennen und diese wirksam zu behandeln. Neben diesen „höheren" Motiven spielen auch persönliche Gründe, wie die Sorge um den Arbeitsplatz und die akademische Beförderung mit. Gerade in der Medizin wird leider zwischen Wissenschaft und klinischen Routinetätigkeiten oft sehr schlecht getrennt und zwingt viele zur Hobby- und Freizeitwissenschaft.

Warum auch immer geforscht wird, die Ergebnisse sollten uns der „Wahrheit" näher bringen. Daher müssen diese Ergebnisse verbreitet werden, damit auch andere Nutzen daraus ziehen können. Letztlich sollte also das Ziel der klinischen Wissenschaft die Publikation in einem international anerkanntem Journal sein. Leider, oder zum Glück, ist es nicht so einfach, eine Arbeit in einem qualitativ hochwertigen Journal unterzubringen.

2. Wie mag's der Editor?

Jeder Wissenschafter, der gerade dabei ist eine wissenschaftliche Arbeit fertig zu stellen und an ein Journal zu schicken, überlegt sich, wie man diese am besten so schreibt und präsentiert, dass sie angenommen wird. Leider gibt es darauf keine eindeutig richtige Antwort, da es keinen „besten" Weg gibt. Es gibt jedoch Leitlinien und Gesichtspunkte nach denen eine Arbeit begutachtet wird. Diese Leitlinien sind keine Geheimwissenschaft und alle Leser, die schon einige Protokolle erstellt, beziehungsweise Arbeiten geschrieben haben, werden in diesem Kapitel nichts Neues finden.

Ich arbeite seit mehreren Jahren als Editor für ein wissenschaftliches Journal und habe den Eindruck, dass Arbeiten, welche die „richtigen" Fragen auch richtig beantworten, so gut wie immer angenommen werden, egal wie sie präsentiert werden. Schlecht, oder umständlich präsentierte Arbeiten werden aber in ihrer Wichtigkeit gelegentlich nicht erkannt.

2.1 Der Editor als Repräsentant des Journals und der Leserschaft

Was nun die richtige Frage ist hängt von dem jeweiligen Journal ab. Jedes Journal hat ein so genanntes *Mission Statement*, das im weiteren Sinne definiert, welche Fragestellungen für das Journal und die Leserschaft von Bedeutung sind. Eine der Aufgaben des Editors ist es, wissenschaftliche Arbeiten zu erkennen und auszuwählen, die dem Mission Statement entsprechen (Tabelle 1).

Editoren sollten engen Kontakt zu ihrer Leserschaft und deren Wünschen halten. Es gibt nur wenige gute allgemeinmedizinische Journale, die von Medizinern und Wissenschaftern der unterschiedlichsten Spezialrichtungen sowie von Journalisten und Laien gelesen werden. Allgemein spricht man von den „Big 5" (*New England Journal of Medicine, Lancet, Annals of Internal Medicine, JAMA,* und *BMJ*). Diese Journale erscheinen meistens wöchentlich und haben oft auch einen Abschnitt, in dem medizinrelevante Nachrichten gebracht werden. Für die Editoren solcher Journale ist es besonders schwierig, allen Lesern und Autoren etwas zu präsentieren, das sie interessiert und zufrieden stellt.

Spezialjournale sprechen, wie der Name schon sagt, eher Spezialisten, in manchen Fällen sogar Subspezialisten, an.

2.2 Warum werden Arbeiten abgelehnt?

Die Hauptursache für die Ablehnung einer Arbeit ist fehlerhaftes Studiendesign. Die fehlerhafte Analyse ist in der Regel kein Ablehnungsgrund, da diese bei korrektem Studiendesign einfach wiederholt werden kann. Die inadäquate Interpretation der Ergebnisse ist gelegentlich schon ein Ablehnungsgrund. Vor allem, wenn die Autoren nicht bereit sind Ihre Meinung gegen besseres Wissen zu revidieren. Das kommt aber nur sehr selten vor. Gelegentlich werden Arbeiten abgelehnt, weil sie unverständlich sind oder

Tabelle 1. Mission Statements einiger Allgemeinmedizinischer- und Spezialjournale

---

BMJ

„The *BMJ* aims to help doctors everywhere practise better medicine and to influence the debate on health. To achieve these aims we publish original scientific studies, review and educational articles, and papers commenting on the clinical, scientific, social, political, and economic factors affecting health."

Lancet

„The *Lancet* will consider any contribution that advances or illuminates medical science or practice or that educates or entertains the journal's readers. Articles: … if they are likely to contribute to a change in clinical practice or in thinking about a disease. They need to be of general interest-e.g., they cross the boundaries of specialties or are of sufficient novelty and importance that the journal's readers ought to be aware of the findings, whatever their specialty. Length is a criterion too."

Journal of the American Medical Association
„KEY AND CRITICAL OBJECTIVES OF *JAMA*
KEY OBJECTIVE
To promote the science and art of medicine and the betterment of the public health.
CRITICAL OBJECTIVES
1. To publish original, important, well-documented, peer-reviewed clinical and laboratory articles on a diverse range of medical topics.
2. To provide physicians with continuing education in basic and clinical science to support informed clinical decisions.
3. To enable physicians to remain informed in multiple areas of medicine, including developments in fields other than their own.
4. To improve public health internationally by elevating the quality of medical care, disease prevention, and research provided by an informed readership.
5. To foster responsible and balanced debate on controversial issues that affect medicine and health care.
6. To forecast important issues and trends in medicine and health care.
7. To inform readers about nonclinical aspects of medicine and public health, including the political, philosophic, ethical, legal, environmental, economic, historical, and cultural.
8. To recognize that, in addition to these specific objectives, THE JOURNAL has a social responsibility to improve the total human condition and to promote the integrity of science.
9. To report American Medical Association policy, as appropriate, while maintaining editorial independence, objectivity, and responsibility.
10. To achieve the highest level of ethical medical journalism and to produce a publication that is timely, credible, and enjoyable to read."

Nature

„Articles are original reports whose conclusions represent a substantial advance in understanding of an important problem and are of broad general interest."

Circulation

„*Circulation* publishes articles related to clinical research of cardiovascular diseases, including observational studies, clinical trials, and advances in applied and basic research. Manuscripts are evaluated by expert reviewers assigned by the editors. Provisional or final acceptance is based on originality, scientific content, and topical balance of the journal."

Heart

„*Heart* is an international journal of cardiology. Clinical cardiology is its central theme; however, *Heart* also publishes basic science papers with a clear clinical application."

---

keinen Sinn ergeben, was aber selten auf sprachliche Probleme zurückgeführt werden kann, sondern eher auf eine schlecht strukturierte Präsentation.

Wenn ein wichtiges Thema richtig behandelt wurde, die Arbeit aber trotzdem abgelehnt wird, hat man wahrscheinlich das falsche Journal gewählt. Manchmal liegt es auch nicht daran, dass das „falsche" Journal gewählt wurde, da die Ursache der Ablehnung oft nicht wirklich klar ist. Auch Editoren sind nicht immer konsistent in ihren Entscheidungen und sie machen, ebenso wie Gutachter, Fehler. Wenn Sie daher glauben, dass eine Ihrer Arbeiten ungerechtfertigt abgelehnt wurde, empfehle ich Ihnen eine (freundliche oder zumindest höfliche) Berufung einzulegen. Wenn die Arbeit nochmals abgelehnt wird – Kopf hoch und das nächste Journal probieren. Immerhin werden bei den „großen" Journalen nur etwa 10 bis 30% aller eingereichten Arbeiten angenommen.

3. Wie finde ich das „richtige" Journal?

Am besten wählen Sie das Journal nach Gefühl („meine Arbeit passt thematisch gut in das Journal") und Sympathie für das Journal und der Leserschaft die Sie erreichen wollen. Sie sollten nicht nach der Prominenz bzw. dem *Impact Factor* gehen.

Der *Impact Factor* errechnet sich aus der Summe, wie oft Originalarbeiten eines Journals in den ersten zwei Jahren nach ihrer Veröffentlichung in wissenschaftlichen Journalen zitiert werden, dividiert durch die Summe der im letzten Jahr in diesem Journal veröffentlichten Originalarbeiten. Daher bedeutet zum Beispiel ein *Impact Factor* von 3, dass jede Arbeit in den darauf folgenden zwei Jahren im Durchschnitt dreimal zitiert wurde. Praktisch ist es aber so, dass die meisten Arbeiten kaum zitiert werden und der *Impact Factor* durch einige wenige, aber dafür sehr häufig zitierte Arbeiten erzeugt wird. Daher ist der *Impact Factor* zwar ein Maß für die Bedeutung eines Journals, aber nicht unbedingt für die Bedeutung einer einzelnen wissenschaftlichen Arbeit. Erhöht wird der *Impact Factor* durch hohe Auflagen, so genannte *Scientific letters* mit Originaldaten (werden häufig zitiert, aber oft nicht zu den Originalarbeiten gezählt), eine lebhafte Korrespondenz Rubrik, kurze Publikationszeiten und hohe Auflagen.

4. Der Peer Review Prozess

Der „*Peer*" ist ein „Gleichgestellter" und *Peer Review* bedeutet, frei übersetzt, am ehesten „Begutachtung durch Spezialisten des Fachgebietes." Die Idee dahinter ist, dass Fachleute des jeweiligen Gebietes die Arbeit begutachten und so feststellen, ob (1) die Methodik richtig gewählt wurde und (2) ob die vorliegende Arbeit noch verbessert werden kann.

4.1 Wie läuft der Peer Review Prozess ab?

Wie der Prozess praktisch abläuft, ist von Journal zu Journal sehr unterschiedlich. In den meisten Fällen wird eine Arbeit, nachdem sie im Editorial Office ankommt, registriert und ein Editor sucht mindestens zwei Gutachter (manche Journale verwenden bis zu sechs Gutachter), welche die Arbeit dann zur Begutachtung zugeschickt bekommen, bzw. zunehmend auch *online* begutachten können. Gutachter sind in der Regel Fachleute des jeweiligen Gebiets. Journale die sehr viele Arbeiten bekommen, begutachten die Arbeiten zuerst *in-house*, wo entschieden wird, ob die Arbeit thematisch für das jeweilige Journal geeignet ist und gewissen methodischen Mindestanforderungen entspricht. Entspricht die Arbeit nicht, wird die Arbeit noch vor dem externen *Peer Review* abgelehnt. Das BMJ lehnt auf dieser Ebene etwa 45 bis 50% aller Arbeiten ab. Einige der „großen" Journale beschreiben den Begutachtungsprozess auf deren Homepage detailliert (siehe zum Beispiel *http://bmj.bmjjournals.com/advice*). Das elektronische Journal *BiomedCentral* (*www.biomedcentral.com*) beschäftigt sich z.B. besonders ausführlich mit dem *Peer Review* Prozess, nicht zuletzt, weil die Chefeditorin, Fiona Godlee, eine Epigone der *Peer Review* Forschung ist.

Manche Journale verblinden Gutachter und Autoren, manche nur die Autoren und manche führen den Prozess offen, also ungeblindet aus. Randomisierte kontrollierte Studien, die zeigen, dass die Qualität der Begutachtung durch Verblindung nicht beeinflusst wird, die Gutachter aber meist unhöflicher sind (Godlee 1999).

Das Gutachten der *Peers* hilft dem Editor bei der Entscheidung, ob die Arbeit veröffentlicht wird, ob sie vor der Veröffentlichung noch verändert werden soll oder ob die Arbeit abgelehnt werden muss/soll. Diese Entscheidung trifft aber letztlich immer der Editor, nicht der Gutachter!

4.2 Probleme des Peer Review Prozesses

Der *Peer Review* Prozess ist leider eine sehr mangelhafte Methode. Die Liste der Probleme ist lang, und ich möchte nur ein paar Punkte erwähnen. Die so genannten Spezialisten mögen zwar Fachleute auf dem jeweiligen Gebiet sein, sind aber selten klinisch-epidemiologisch oder biometrisch ausgebildet. Unzureichende Studienqualität – vor allem fehlerhaftes Design – wird daher oft nicht erkannt (Godlee 1998, Black 1998). Ein weiteres und sehr wichtiges Problem sind nicht deklarierte oder subtile Interessenskonflikte, insbesondere finanzieller Natur. Es gibt einige Beispiele für den beträchtlichen Einfluss von Interessenskonflikten auf das Ergebnis und die Dunkelziffer ist sicherlich beträchtlich. Wie soll man das auch erkennen, wenn der Gutachter anonym ist? Ein weiteres Problem ist, dass es oft recht lange dauert, bis der Prozess abgeschlossen ist (Wochen bis Monate). Trotz aller erwähnten Probleme gibt es bislang doch kein besseres Vorgehen: Der *Peer Review* ist derzeit die beste Garantie, dass veröffentlichte Arbeiten der (klinischen) Wahrheit, die es zu finden gilt, so nahe als möglich kommen.

4.3 Auf welche Punkte sollte ein Gutachter eingehen?

Gute Journale geben Gutachtern klare Anweisungen, was von ihnen erwartet wird. In einem Gutachten sollten üblicherweise folgende Punkte diskutiert werden: (1) die Wichtigkeit der Fragestellung, (2) der Neuwert der Fragestellung bzw. der Antwort, (3) Stärken und Schwächen des Studiendesigns und der Methoden, (4) Qualität der Präsentation und (5) die Interpretation der Ergebnisse. Die Kritik sollte immer konstruktiv sein und Gutachter sollten alle Behauptungen auch logisch argumentieren können.

4.4 Gibt es den idealen Gutachter?

Zu dieser Frage gibt es nicht viele Informationen. Es ist lediglich bekannt, dass Gutachter mit einer Zusatzausbildung in Epidemiologie oder Biostatistik häufiger die oben genannten Punkte erfüllen. Weiters scheint es, dass Gutachter nicht mehr als drei Stunden in das Gutachten investieren sollten, da die Qualität des Gutachtens bei längerer Dauer nicht steigt. Letztlich fällt auf, dass Gutachter < 40 bzw. über 60 Jahre die besten Gutachten erstellen (Black 1998, Godlee 1999). Warum sind wohl 40–60-Jährige im Durchschnitt nicht so gute Gutachter?

4.5 Wo findet Peer Review noch statt?

Peer Review findet natürlich auch im Rahmen der Begutachtung durch Ethikkommissionen, ebenso wie bei Ansuchen um finanzielle Forschungsförderung statt. Hier ist die Fehlerhaftigkeit des Prozesses, die Subjektivität, und vor allem die Undurchsichtigkeit bei Interessenskonflikten ganz besonders problematisch. Zuletzt findet Peer Review im Rahmen der Medikamentenzulassung statt. Ich muss nicht ausführen wie bedeutungsvoll dieser Bereich ist, da nicht-wirksame Medikamente volksgesundheitlich und -wirtschaftlich inakzeptable sind. Obendrein haben solche Medikamente möglicherweise sogar unerwünschte Nebenwirkungen, die dann auch zu einem ethischen Problem führen. Die Regeln zur Offenlegung von Interessenskonflikten sind hier besonders streng.

5. Scientific Misconduct, oder, was man besser unterlassen sollte

Wie überall gibt es auch im Bereich der medizinisch-klinischen Wissenschaft schwarze Schafe. Offensichtliche Formen von Betrug, wie z.B. das Erfinden von Daten, sollte man unbedingt unterlassen, nicht nur weil es strafbar ist, sondern weil diese falschen Ergebnisse in die Irre führen können. Im schlimmsten Fall werden wegen dieser Ergebnisse sogar Menschen falsch behandelt. Es gibt aber auch subtilere Formen des Fehlverhaltens. Dazu gehören insbesondere die Doppelpublikation und die künstliche Aufspaltung von Arbeiten, um diese mehrfach publizieren zu können (dieses Vorgehen wird unter Editoren Salamitechnik genannt).

Eine Doppelpublikation ist nur dann erlaubt, wenn die Arbeit in zwei verschiedenen Sprachen erfolgt und wenn in der zweiten Arbeit die Leser deutlich auf die vorhergegangene Veröffentlichung hingewiesen werden. Ab wann man von der Salamitechnik sprechen kann, ist im Einzelfall nicht immer leicht zu beantworten. Am besten ist es, wenn man die Editoren, Gutachter und Leser ausführlich informiert, was die jeweilige Arbeit von der vorhergegangenen unterscheidet. Durch diese Informationen kann (1) jede/r für sich entscheiden, ob hier Arbeiten künstlich vermehrt werden und (2) vermeidet man so den Anschein, die Vermehrung vertuschen zu wollen.

Abschnitt III – Interpretation klinischer Studien

Kapitel 29
Evidenz und klinische Praxis

- Klinische Wissenschaft ist die Grundlage der Optimierung der medizinischen Behandlung
- Studienergebnisse sind ein Durchschnittswert für die gesamte untersuchte Gruppe und daher nur bedingt auf den einzelnen Menschen übertragbar
- Studienteilnehmer sind oft jünger, gesünder und wohlhabender als Patienten aus der täglichen Praxis und daher mit diesen nur bedingt vergleichbar
- Studien sind besser generalisierbar, wenn
  - durch pragmatisches Vorgehen *real world* Verhältnisse nachgebildet werden
  - auf Untergruppen eingegangen wird (stratifizierte Studien)
  - die Vorlieben der Patienten hinsichtlich Behandlung erfasst werden

1. Wissenschaftliche Erkenntnisse und medizinisches Handeln

Die Westliche Medizin, wie wir sie kennen, hat sich zwar im Wesentlichen aus wissenschaftlichen Erkenntnissen entwickelt, aber es ist unklar, wie wissenschaftliche Ergebnisse in die klinische Praxis einfließen. Vordergründig scheint es, dass durch wissenschaftliche Studien neue Erkenntnisse gewonnen, und in die klinische Praxis integriert werden. Zunehmend wird klar, dass die klinische Praxis durch die Bereitstellung von Evidenz (in Form von wissenschaftlichen Erkenntnissen) nur gering und zögerlich beeinflusst wird. Obendrein ist die Menge an qualitativ hochwertiger Evidenz noch sehr, sehr gering. Unser medizinisches Handeln beruht derzeit daher nur zu einem kleinen Teil auf brauchbarer Evidenz und zu einem Großteil auf der Tatsache, dass wir als Gruppe einfach an die Wirksamkeit und Sinnhaftigkeit von medizinischen Handlungen glauben wollen. Das bedeutet nicht unbedingt, dass viele medizinische Handlungen wirkungslos sind, sondern, dass wir nicht wissen, ob sie wirken, beziehungsweise, wie groß der tatsächliche Effekt ist.

2. Hierarchien der Evidenz

Es gibt eine so genannte Hierarchie der Evidenz (Tabelle 1), an deren Spitze, als Evidenz der wertvollsten Stufe, systematische Übersichtsarbeiten und Meta-Analysen von randomisierten Studien und auf letzter Stufe die Expertenmeinung angesiedelt ist.

Sie sollten sich nicht dogmatisch an diese Hierarchie halten, sondern unbedingt die Qualität der jeweiligen Studien berücksichtigen. Eine hochwertige Fall-Kontrollstudie ist mehr wert, als eine fehlerhafte randomisierte kontrollierte Studie.

3. Die „Aussage" von Studien für den einzelnen Patienten

Studien liefern „durchschnittliche" Ergebnisse, die genau genommen eigentlich für die ganze Gruppe als Gesamtheit gelten. In der klinischen Praxis fragen wir uns aber, ob eine Behandlung bei der Patientin wirksam ist, die wir gerade behandeln. Eine Möglichkeit, wie man diese Unschärfe von Studien in die klinische Praxis übersetzen kann ist die so genannte *number-needed-to-treat* (NNT). Die NNT beschreibt die Anzahl von Patienten, die man behandeln muss, um eine „Einheit" Vorteil beziehungsweise Nutzen zu erlangen.

EIN BEISPIEL: Studien haben gezeigt, dass mit steigenden Blutfettwerten, insbesondere dem Cholesterin, das Herzinfarktrisiko steigt. Medikamente, so genannte Lipidsenker, können die Blutfettwerte und dadurch auch das Herzinfarktrisiko senken. Je höher der Cholesterinspiegel ist, desto größer ist die Risikoreduktion durch eine Behandlung mit Lipidsenkern. Aber auch wenn man „durchschnittliche", also normale Werte weiter senkt, sinkt das Herzinfarktrisiko. Man muss aber 50 Menschen mit „durchschnittlichen" Cholesterinwerten über fünf Jahre mit dem Lipidsenker Pravastatin behandeln, um einen Herzinfarkt zu vermeiden (Downs 1998). Anders betrachtet nehmen 49 der Behandelten dieses Medikament umsonst.

Die NNT kann man sich leicht ausrechnen, wenn bekannt ist, wie viel Prozent in den Behandlungsgruppen den Endpunkt (zum Beispiel Herzinfarkt, Tod usw.) erleiden (siehe auch Kapitel 6).

Tabelle 1. Hierarchien der Evidenz (eine Vereinfachung)

I.	Systematische Übersichtsarbeit und/oder Meta-Analyse von mehreren randomisierten, kontrollierten Studien
II.	Eine randomisierte, kontrollierte Studie mit ausreichender Power
III.	Nicht-randomisierte, kontrollierte Studie (Kohortenstudie) bzw. Fall-Kontrollstudie
IV.	Nicht-kontrollierte Studie (Fallserie)
V.	Expertenmeinung

NOCH EIN BEISPIEL: Präeklampsie ist eine Erkrankung, die während der Schwangerschaft auftreten kann. Die Krankheit äußert sich vor allem durch hohen Blutdruck (der Mutter) und Eiweißverlust über die Niere. In weiterer Folge kann es zu Schwangerschaftskomplikationen, wie zum Beispiel einer Frühgeburt, kommen. In einer Meta-Analyse wurde bei Müttern mit erhöhtem Präeklampsierisiko untersucht, ob Aspirin im Vergleich zu Placebo, Kinder vor Frühgeburten schützt (Duley 2001). Es wurden insgesamt 39 randomisierte kontrollierte Studien mit 30.536 Schwangeren gefunden. In der Aspiringruppe wurden 17,2 % der Kinder, in der Placebogruppe 18,6 % der Kinder zu früh geboren. Die NNT ist hier 71 (= $1/(0,186 - 0,172)$). Das heißt, man muss 71 Frauen, die ein definiertes Risiko haben, mit Aspirin behandeln, um 1 Frühgeburt zu vermeiden. Natürlich sollte man allen Frauen, die ein solches Risikoprofil haben Aspirin geben, aber welcher erspart man damit nun die Frühgeburt? Der 95 % Vertrauensbereich reicht von 44 bis 200: In der klinischen Realität bedeutet das, dass wir 95 % sicher sein können, im Durchschnitt eine Frühgeburt zu verhindern, wenn wir mindestens 44 und höchstens 200 Frauen behandeln – ein ziemlich weiter Bereich.

Die Frühgeburt will man verhindern, um die Folgekomplikationen und letztlich den frühkindlichen Tod zu vermeiden, der zum Glück nur bei einem geringen Prozentsatz der Frühgeburten eintritt. Daher ist der nächste Schritt zu erfassen, wie viele Frauen man behandeln muss, um frühkindliche Todesfälle zu vermeiden. Nach den Ergebnissen dieser Meta-Analyse kann man 95 % sicher sein, dass ein frühkindlicher Todesfall vermieden werden kann, wenn man zwischen 125 und 10.000 (!) Risikoschwangere behandelt. Das heißt Aspirin ist wirksam. Wir sollten es Frauen mit einer Risikoschwangerschaft unbedingt geben. Wir müssen uns aber auch bewusst sein, dass der Effekt möglicherweise sogar bedeutungslos ist. Weiters wissen wir natürlich nicht, welcher Mutter wir helfen und welcher nicht.

Die NNT ist ein sehr brauchbares Konzept, trotzdem ist sie nur ein bedingt nützliches Werkzeug der *Evidence Based Medicine*. Erstens kann man die NNT aus einer Studie nicht immer problemlos auf die Patientenpopulation übertragen, insbesondere, wenn das Basisrisikoprofil ein anders ist. Weiters ist die NNT nur für die Beschreibung von binären Ergebnissen geeignet ist. Viele Bereiche der Gesundheit sind aber nur sehr schwer in „gut" und „böse" einzuteilen, sondern auf einer Skala zu messen. Oft sind Gesundheitsbereiche überhaupt nur sehr schwer zu quantifizieren, da es sich um Qualitäten handelt. Lebensqualität ist hier ein sehr gutes und vor allem wichtiges Beispiel. Lebensqualität ist nicht nur ein Kontinuum, das von unvorstellbar schlecht bis zu sehr, sehr gut reichen kann. Sie wird auch durch verschiedene, qualitative Unterbereiche, so genannte Dimensionen, geprägt. Dazu gehören Aspekte wie die allgemeine Gesundheitswahrnehmung, Veränderung der Gesundheit, körperliche Rollenfunktion, emotio-

nale Rollenfunktion, psychisches Wohlbefinden und soziale Funktionsfähigkeit (Bullinger 1995).

4. Die Generalisierbarkeit von Studien

4.1 Warum sind Studienergebnisse nicht, oder nur bedingt generalisierbar?

Studienteilnehmer werden nach bestimmten Gesichtspunkten ausgewählt
und sind daher oft nicht repräsentativ für Patienten aus dem klinischen All-
tag. Häufig sind Studienpatienten jünger, haben weniger Begleiterkrankungen und sind sozioökonomisch besser gestellt als der „Durchschnittspatient."

EIN BEISPIEL: In einer Studie, die Antikoagulation bei Vorhofflimmern
untersuchte, wurden über 90% der Patienten mit Vorhofflimmern ausgeschlossen (Sweeney 1995). Ausschlussgründe waren unter anderem soziale
Probleme und Begleiterkrankungen. Die Prävalenz von Vorhofflimmern
nimmt mit dem Alter stark zu. Weiters ist in der täglichen Praxis in über
25% der über 65-Jährigen mit relevanten Begleiterkrankungen zu rechnen
(Van Weel 1996). Es erstaunt daher nicht, dass die Rate von Blutungskom-
plikationen in randomisierten, kontrollierten Studien niedriger ist als in
Beobachtungsstudien und unter Realbedingungen.

NOCH EIN BEISPIEL: Ein weiteres Beispiel ist die Therapie der Herzinsuffizienz mit Digitalispräparaten. Eine der bislang besten Studien hat nur Patienten mit Sinusrhythmus untersucht (Digitalis Intervention Group 1994),
aber Vorhofflimmern ist nun einmal eine häufige Begleitkomplikation der
Herzinsuffizienz. Ich verschreibe meinen Patienten bei Herzinsuffizienz
und Vorhofflimmern Digitalis, weil ich glaube, dass die Verbesserung der
Lebensqualität auch für Patienten mit Vorhofflimmern gilt; bewiesen ist das
nicht und es gibt plausible Gründe, warum Digitalis bei diesen Patienten
vielleicht nicht wirkt. Man muss übrigens im Durchschnitt 14 Patienten
über 37 Monate behandeln, um eine Krankenhausaufnahme zu vermeiden.
Das Überleben wird nicht verbessert.

4.2 Wie kann man die Generalisierbarkeit von Studien verbessern?

Leider gibt es diesbezüglich keine allgemeingültige Lösung, jedenfalls kann
eine Studie nur „individuelle" Vorhersagen treffen, wenn sie speziell dafür
geplant wurde. Generell gilt, dass Studien 1) pragmatisch sein müssen, 2)
nach Risikogruppen stratifiziert sein, und 3) die Vorliebe des Patienten auch
erfassen sollten.

4.2.1 Pragmatische Studien

„Pragmatisch" bedeutet in diesem Zusammenhang, dass Patienten mit einem bestimmten, klinisch einfach zu bestimmenden Charakteristikum eingeschlossen werden. Wenn zum Beispiel die Zielgruppe die der Patienten mit Herzinsuffizienz ist, müssten in einer nicht-pragmatischen Studie „hieb- und stichfeste" Einschlusskriterien definiert werden. Um die Pumpleistung des Herzens zu bestimmen, bietet sich zum Beispiel die Echokardiographie an. In einer idealen Gesundheitsversorgungssituation erhalten alle Patienten mit Verdacht auf Herzinsuffizienz eine Herzultraschalluntersuchung (Echokardiographie), mit der man die Diagnose relativ gut sichern kann. Eine Echokardiographie war auch zur Diagnosesicherung der oben genannten Studie notwendig, obwohl die schon relativ pragmatisch war, da immerhin fast 7000 Patienten eingeschlossen wurden. Die Untersuchung kostet etwa 80 Euro, was nicht viel zu sein scheint. Wenn man aber davon ausgeht, dass etwa 3% aller über 45-Jährigen eine Herzinsuffizienz haben, kann das, zumindest aus der Perspektive der Krankenkassen, schon recht teuer werden.

In der klinischen Realität ist daher nicht anzunehmen, dass der durchschnittliche Patient mit Herzinsuffizienz jemals ein Echokardiographiegerät zu Gesicht bekommt: Zu wenige Geräte; zu wenige Spezialisten, die diese Geräte bedienen könnten; zu teuer.

EIN BEISPIEL: Eine pragmatische Studie könnte zum Beispiel so aussehen, dass eine Herzinsuffizienz angenommen wird, wenn der behandelnde Arzt diese diagnostiziert, egal wie. Natürlich werden in diesem Fall auch Patienten dabei sein, die eine andere Krankheit mit ähnlichen Symptomen haben; Atemnot ist zum Beispiel ein typisches Symptom, aber auch chronische Lungenerkrankungen führen zu Atemnot. In der täglichen klinischen Praxis gibt es tatsächlich viele solcher „Fehldiagnosen" und der daraus resultierenden Fehlbehandlung. Solche Fehler können wir zwar minimieren, aber nicht vermeiden.

4.2.2 Stratifizierte Studien

Stratifizierung bedeutet, dass schon während der Planung der Studie vorgesehen ist, nach definierten, klinisch relevanten Untergruppen zu randomisieren (siehe Kapitel 13). Die Stratifizierung ist wichtig, da so von vornherein unterschiedliche Gruppen gesondert beobachtet werden können und ein Effekt nicht im groben, „statistischen Durchschnittswert" verschwindet.

EIN BEISPIEL (NOCH IMMER DIGITALIS): Die Hauptfrage ist, ob Digitalis bei der Herzinsuffizienz eine positive Wirkung hat. Möglicherweise wirkt Digitalis besser, wenn die Pumpleistung des Herzen besonders schlecht ist? Vielleicht gibt es auch Altersgruppen die besonders profitieren, wie zum Beispiel die über 80-Jährigen – eine Altersgruppe über die es ohnedies wenig Informationen hinsichtlich der Wirksamkeit von medizinischen Interventionen gibt.

Wenn ich die Patienten einfach nach dem Zufallsprinzip in eine Digitalisgruppe und eine Placebogruppe einteile, kann ich solche Effekte nicht mehr zuverlässig erkennen. Nachträgliche Subgruppenanalysen sind nur begrenzt sinnvoll, und nur dann, wenn man vorher festgelegt hat, was man testen will (siehe auch Kapitel 23). Ein weiteres Problem der Subgruppenanalysen ist, dass es zu sehr kleinen Fallzahlen, beziehungsweise Unterschieden in bzw. zwischen den Strata kommen kann und die *Power* daher nicht mehr ausreichend ist (siehe Kapitel 19). Daher ist es am Besten, die Gruppen nach Pumpfunktion des Herzens und dem Alter zu definieren und stratifiziert in jeder Gruppe nach Zugehörigkeit zu randomisieren (Abb. 1). In diesem Beispiel werden Patienten zuerst nach der Pumpfunktion des Herzens (Auswurfleistung ≤30% oder >30%) und dann nach drei Altersgruppen stratifiziert. Nur so kann die Wirksamkeit der Intervention für jede dieser Gruppen untersucht werden.

Die praktische Umsetzung eines solchen Studiendesigns ist natürlich nicht einfach. Sie haben hier schon sechs Strata. Sie dürfen nicht vergessen, dass auch die Fallzahl in jedem Stratum groß genug sein muss, um die Gruppen zu vergleichen.

4.2.3 Vorlieben der Patienten erfassen

Jeder hat spezielle Wünsche und Vorlieben, die mitunter auch irrational sein können. Zum Beispiel greifen Patienten nachweislich lieber zu roten, als zu blauen Tabletten (zumindest in einer US Studie). Vorlieben können das Ergebnis einer Studie, aber auch die Ergebnisse einer Behandlung stark beeinflussen und sollten daher erfasst werden. Dieses Thema ist komplex und ich verweise Interessierte auf weiterführende Literatur (Torgerson 1998).

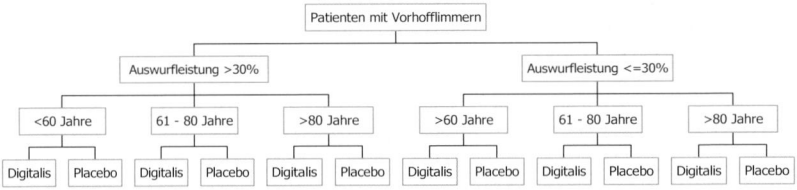

Abb. 1. Stratifizierte Randomisierung. Die Patienten werden nach Pumpfunktion des Herzens (Auswurfleistung >30% v ≤ 30%) und nach 3 Altersgruppen stratifiziert. Nur so kann die Wirksamkeit für jede dieser Gruppen untersucht werden

Kapitel 30
Wissenschaftliche Arbeiten kritisch lesen – eine Checkliste

Ein Grundpfeiler der *Evidence Based Medicine* ist, veröffentlichte wissenschaftliche Arbeiten kritisch zu lesen und zu hinterfragen. Das Rüstzeug dafür bieten die vorangegangenen Seiten. Hier sind die essenziellen Fragen, die man sich beim Lesen einer wissenschaftlichen Arbeit fragen sollte, nochmals zusammengefasst. Eigentlich erlauben die meisten Fragen nur ein Ja oder ein Nein als Antwort. Oft genug wird es aber vorkommen, dass die Antwort „unklar" ist.

1. Allgemeine Fragen (gelten für jede Studie)

- Ist das Ziel der Studie eindeutig beschrieben?
- Wer genau wurde untersucht?
- Gibt es eine Erklärung für die Wahl der Stichprobengröße?
- Sind die verwendeten Messmethoden gültig und zuverlässig?
- Beschreiben die Autoren, wie sie mit fehlenden Werten umgingen?
- Wurden die statistischen Methoden ausreichend beschrieben?
- Wurden die Basisdaten ausreichend beschrieben?
- Stimmen die Zahlen, wenn man sie zusammenzählt?
- Wurde statistische Signifikanz (p-Werte) und/oder Inferenz (Vertrauensbereiche) angegeben?
- Was bedeuten die Hauptresultate?
- Gibt es „Subgruppenanalysen" und wenn ja, wurden diese im Vorhinein definiert?
- Wie wurden „negative" Ergebnisse, also solche die keinen Unterschied zeigen, interpretiert?
- Wurden wichtige Effekte übersehen?
- Wie verhalten sich diese Ergebnisse zu bereits veröffentlichten Ergebnissen?
- Was bedeuten die Ergebnisse für die eigene klinische Praxis?

2. Spezielle Fragen

2.1 Fall-Kontrollstudie (siehe Kapitel 10)

- Kann die Fragestellung mit einer Fall-Kontrollstudie beantwortet werden?
- Sind die Fälle ausreichend definiert?
- Sind die gewählten Fälle repräsentativ für die zu erwartenden Fälle?
- Wird das Auswahlverfahren für die Kontrollen ausreichend beschrieben?
- Wenn ein Kontrollpatient/-proband zum Fall würde, käme er in die Gruppe der Fälle?
- Wurden Informationen für beide Gruppen mit den gleichen Methoden gesammelt?
- Wussten die Fälle, dass sie den Risikofaktor hatten?
- Wussten die Beobachter beim Einschluss der Fälle, ob diese den Risikofaktor hatten?
- Wussten die Beobachter beim Messen des Risikofaktors, ob es sich um einen Fall oder eine Kontrolle handelt?

2.2 Kohortenstudie (siehe Kapitel 11)

- Kann die Fragestellung mit einer Kohortenstudie beantwortet werden?
- Gab es eine Kontrollgruppe?
- War das *Follow-up* ausreichend ($\geq 80\%$)?
- Wenn nicht, wie viel % betrug es?
- Gibt es Hinweise, dass das *Follow-up* zwischen den Gruppen unterschiedlich war?
- Wussten die Probanden, ob sie den jeweiligen Risikofaktor hatten?
- Wussten die Beobachter, ob die jeweiligen Probanden den Risikofaktor hatten?

2.3 Randomisierte kontrollierte Studien (siehe Kapitel 12 bis 16 und 19)

- Wurden die Einschlusskriterien ausreichend beschrieben?
- Entsprechen die eingeschlossenen Patienten auch dem durchschnittlichen (bzw. meinen) Patienten mit dieser Krankheit?
- Erfolgte die Gruppenzuteilung nach dem Zufallsprinzip?
- War für die Einschließenden vorherzusehen, in welche Gruppe der nächste Patient kommen wird?
- Wussten die Beobachter, in welchem Behandlungsarm der Patient war?
- Wussten die Patienten, in welchem Behandlungsarm sie waren?
- Wurde die Analyse nach dem *intention-to-treat* Prinzip durchgeführt?

- Waren die Gruppen hinsichtlich der Basisdaten vergleichbar?
- Wurden Nebenwirkungen erfasst?

2.4 Systematische Übersichtsarbeiten und Meta-Analysen (siehe Kapitel 17 und 18)

- In welchen Datenbanken wurde gesucht?
- Wurden nur bestimmte Sprachen eingeschlossen? Welche?
- Wurde in den Referenzen der gefundenen Arbeiten auch nach Information gesucht?
- Wurde „Handsuche" betrieben?
- Ist der Suchzeitraum angegeben?
- Sind die Suchbegriffe angegeben?
- Sind die Suchbegriffe ausreichend?
- Welche Arten des Studiendesigns wurden eingeschlossen?
- Ist die relevante Patientengruppe ausreichend definiert?
- Wurde die Qualität der eingeschlossenen Studien erhoben? Wenn ja, wie?
- Wurde nach Hinweisen auf *Publication Bias* gesucht?
- Wurde auf klinische und statistische Heterogenität eingegangen?

Die Fragen sind, zumindest teilweise, in Anlehnung an Iain Crombie's Taschenbüchlein entstanden (Crombie 1996). Die praktischen Vor- und Nachteile der jeweiligen Designform werden auch im Appendix I dargestellt.

Kapitel 31
EBM Quellen

- Nur wenige wissenschaftliche Arbeiten erfüllen Qualitätsanforderungen, die für *Evidence Based Medicine* (EBM) notwendig sind
- EBM Quellen veröffentlichen wissenschaftliche Arbeiten, die einer entsprechenden Qualitätskontrolle unterzogen wurden
- EBM Quellen sind nur verlässlich, wenn die Inhalte regelmäßig erneuert werden
- Klinische Leitlinien können ein sinnvolles EBM Werkzeug sein
- Die Erstellung klinischer Leitlinien erfordert ein breites Spektrum an Fachwissen

1. Die Hierarchie der EBM Quellen

Bei der Suche nach EBM Informationsquellen bzw. beim durchsuchen dieser Quellen sollte man unterschiedliche hierarchische Stufen unterscheiden. Stellen Sie sich Evidenz als Pyramide vor. Die unten beschriebenen Stufen sind aber nicht immer eindeutig voneinander zu trennen.

1.1 Die Basis

Die erste Stufe besteht aus Originalarbeiten, die in wissenschaftlichen Journalen, wie zum Beispiel dem *New England Journal of Medicine, Lancet* oder *BMJ*, veröffentlicht werden.

1.2 Der Mittelbau

Die zweite Stufe besteht aus systematischen Übersichtsarbeiten und Meta-Analysen von wissenschaftlichen Originalarbeiten der Stufe 1, wie sie zum Beispiel in der *Cochrane Library* veröffentlicht werden. Zum Glück erkennen die Editoren von wissenschaftlichen Journalen zusehends, dass diese Art der Arbeit hohen wissenschaftlichen und vor allem klinischen Wert hat.

1.3 Die Spitze der Pyramide

Die dritte Stufe sind EBM Quellen, wie zum Beispiel *Clinical Evidence,* oder der *ACP Journal Club.* Brauchbare EBM Quellen zeichnen sich dadurch aus, dass (1) wissenschaftliche Arbeiten der Stufe 1 und 2 anhand von relativ strikten Kriterien kritisch evaluiert werden und, dass (2) ein regelmäßiger, systematischer Update erfolgt, da auch die Evidenz durch laufend anwachsendes Wissen verändert wird. „Veränderung" durch anwachsendes Wissen bedeutet in den meisten Fällen, dass Hypothesen gestärkt, und die Effektgröße von Interventionen präzisiert werden; in seltenen Fällen werden Behandlungsparadigmen umgestoßen werden. Elektronische Speichermedien und insbesondere das Internet bieten eine ideale Plattform für kontinuierlich in Entwicklung befindliches Wissen.

2. Einige wichtige EBM Quellen

2.1 EBM Journale (oder äquivalent)

Die vier Journale *Evidence Based Medicine* (*www.evidence-basedmedicine.com/*), *Evidence Based Mental Health* (*www.ebmentalhealth.com/*), *Evidence Based Nursing* (*www.evidencebasednursing.com/*), und *ACP Journal Club* (*www.acpjc.org/*) funktionieren nach demselben Prinzip: In einer zentralen Stelle, der McMaster Universität in Kanada werden (derzeit) etwa 160 Journale jeweils nach dem Erscheinen auf das Vorhandensein bestimmter Kriterien begutachtet (Tabelle 1).

Diese Kriterien mögen nach der Lektüre dieses Buches gar nicht so streng erscheinen, ich kann ihnen aber versichern, dass nur etwa 2 bis 4% aller publizierten wissenschaftlichen Arbeiten diesem Standard entsprechen. Im Jahr 2000 stammten die meisten Artikel, die den *Evidence Based Medicine* und *ACP Journal Club* qualitativ entsprachen, aus folgenden Journalen (in absteigender Reihenfolge: *New England Journal of Medicine, Annals of Internal Medicine, Lancet, JAMA, BMJ, American Journal of Medicine, CMAJ, Journal of Internal Medicine*). Nur ein kleiner Teil stammt aus den zu der Zeit übrigen 122 Journalen.

Wenn ein Artikel diese kritische Evaluation überstanden hat, wird entschieden, für welche der vier Journale er geeignet ist. Die Arbeit wird im Anschluss gemeinsam mit einem kurzen Kommentar von einem Spezialisten im jeweiligen Gebiet veröffentlicht, um einen klinischen Kontext für die Ergebnisse herzustellen. Wenn diese Kriterien nicht erfüllt sind, sind die jeweiligen Artikel nach den Prinzipien der *Evidence Based Medicine* nicht als Informationsquelle geeignet.

Die oben genannten Journale nehmen sozusagen „was kommt," solange die Qualität stimmt. *Clinical Evidence* (*www.clinicalevidence.com*) ist nach klinischen (derzeit allgemeinmedizinischen) Bedürfnissen ausgerichtet. Im Rahmen von Focusgruppendiskussionen wurde ein Fragenkatalog entwickelt (z.B. Welche Therapiemöglichkeiten gibt es für die Behandlung der benignen Prostatahyperplasie?). Dann versucht ein Team von klinischen Epidemiologen diese Fragen anhand von systematischer Literatursuche und

Tabelle 1. Kriterien zur Beurteilung der Qualität von wissenschaftlichen Arbeiten

1. Studien die Prävention oder Behandlung beschreiben: Es muss eine Kontrollgruppe und eine Interventionsgruppe vorhanden sein; die Gruppenzugehörigkeit muss nach dem Zufallsprinzip erfolgt sein; Follow-up von >80% der Teilnehmer

2. Studien die diagnostische Methoden beschreiben: Es muss eine oder mehrere eindeutig beschriebene Vergleichsgruppe(n) geben, eine Gruppe muss frei von der untersuchten Pathologie sein; der diagnostische Test muss ohne Wissen um das Ergebnis beurteilt worden sein; es muss ein „Goldstandard" verwendet worden sein (entweder eindeutiger Referenztest oder derzeitiger klinischer Standard); wenn ein klinischer Standard verwendet wurde, sollen Kriterien der subjektiven Variabilität erfasst worden sein

3. Studien die Prognosefaktoren beschreiben: Kohortenstudie (eindeutige Erfassung des zeitlichen Zusammenhanges zwischen Risikofaktor und Endpunkt); alle Probanden müssen zu Beginn der Beobachtung frei vom Endpunkt gewesen sein; Follow-up von >80% der Teilnehmer

4. Studien die unter Zuhilfenahme von Prognosefaktoren Risiken vorhersagen: Müssen dem Punkt 3 entsprechen und an einem zweiten unabhängigen Kollektiv validiert worden sein.

5. Studien die Kausalität beschreiben: Müssen das jeweilige Design ausreichend beschreiben (Kohortenstudie, Fall-Kontroll Studie, randomisierte/nicht-randomisierte Interventionsstudie; wenn technisch/ethisch möglich, sollen sowohl Studienteilnehmer, als auch die Durchführenden hinsichtlich Risikofaktor und Endpunkt verblindet gewesen sein; der Endpunkt sollte so objektiv als möglich (z.B. Gesamtmortalität) oder standardisiert (z.B. QUALY) sein.

6. Studien die Kosten von Gesundheitsprogrammen, oder Interventionen beschreiben: Es müssen Vergleichsgruppen beschrieben sein; sowohl die Kosten, als auch die Effektivität müssen beschrieben sein; Hinweise auf Effektivität soll von Studien stammen, die den Punkten 1 bis 3 entsprechen oder von systematischen Übersichtsarbeiten; der Zeitrahmen, die Perspektive und die Währung müssen beschrieben sein; eine Sensitivitätsanalyse soll durchgeführt werden.

7. Systematische Übersichtsarbeiten: Müssen eine Beschreibung der Suchmethode, -begriffe und Informationsquellen/Datenbanken beinhalten; Ein- und Ausschlusskriterien für Studien müssen angegeben sein.

kritischer Evaluation der gefundenen Literatur zu beantworten. Das Journal (eher ein Buch und bald mehrere Bücher) wird halbjährlich erneuert und erweitert.

Die *Cochrane Collaboration www.cochrane.org* (siehe auch Kapitel 17) veröffentlicht in ihrer rein elektronischen Bibliothek sowohl fertig gestellte systematische Übersichtsarbeiten und Meta-Analysen, als auch Protokolle (nach ausgiebigem *Peer Review*). Die Qualität der dort veröffentlichten Übersichten ist in den meisten Fällen sehr gut. Weiters gibt es eine ausgezeichnete Konsumentenseite (verständliche Sprache, kein Fachjargon), die schon in mehreren Sprachen aufrufbar ist (*www.cochraneconsumer. com*).

Das *American College of Physicians* hat eine Reihe von qualitativ hochwertigen Leitlinien erstellt (*www.acponline.org/sci-policy/guidelines/recent.htm*), die gemeinsam mit anderen „guten" Leitlinien unter *www.guideline.gov* zu finden sind.

Zuletzt möchte ich auf eine Meta-Suchmaschine für EBM Publikationen verweisen (*www.tripdatabase.com*). Die Suchmaschine ist zwar etwas bockig, aber es werden alle relevanten EBM Quellen abgesucht und in Form der oben aufgelisteten hierarchischen Stufen präsentiert. Auch hier sind qualitativ hochwertige Leitlinien abzurufen.

2.2 Klinische Leitlinien (Guidelines)

Klinische Leitlinien sind Empfehlungen bezüglich Diagnose und Behandlung bzw. Vermeidung von Erkrankungen. Diesen Empfehlungen sollte die beste derzeit vorhandene Evidenz zugrunde liegen. Die unterschiedlichsten Organisationen erstellen Leitlinien, meistens jedoch sind es Fachgesellschaften. Leitlinien haben sowohl für Patienten, als auch für Ärzte eine Reihe von Vorteilen (Tabelle 1).

Leitlinien haben aber auch eine Reihe von Nachteilen. Die abgegebenen Empfehlungen sind manchmal schlichtweg falsch. Vor allem fehlt den meisten Mitgliedern eines „Expertenboards" die Expertise, die Literatur systematisch zu suchen und zu evaluieren. Daher sind die zugrunde liegenden Studien oft methodisch inadäquat. Obendrein leidet das Expertenboard

Tabelle 2. Vorteile von Leitlinien

Vorteile für Patienten

- Fördert Interventionen mit bewiesenem Effekt
- Reduziert unwirksame Interventionen
- Fördert die Uniformität der Betreuung (Betreuung variiert sehr stark mit Spezialität und geographischer Lokalisation)
- Richtlinien für Laien fördert die Fähigkeit zur informierten Entscheidung
- Beeinflussen politische Entscheidungen
- Behandeln unerkannte Gesundheitsprobleme, Vorsorgemaßnahmen, vernachlässigte Patientengruppen und Hochrisikogruppen

Vorteile für Ärzte

- Explizite Empfehlungen:
  - wenn Unsicherheit besteht
  - um Kollegen von der nicht-Zeitgemäßheit von Behandlungsformen zu überzeugen
  - um autoritäre Empfehlungen abzugeben
- Deckt unzulängliche bzw. schlechte Wissenschaft auf
- Erhöht Effektivität des Gesundheitssystems

meist unter Zeitdruck. Ein oft unterschätzter Punkt ist, dass Experten einen Erfahrungsschatz haben, der auf ein anderes, vorselektiertes Patientenkollektiv zutrifft, als es von Allgemeinmedizinern gesehen wird. Unflexible Leitlinien erlauben keine entsprechende Anpassung und ignorieren eventuell individuelle Bedürfnisse sowohl der Patienten als auch der Ärzte und können so die Arzt-Patient Beziehung stören. Letztlich spielen Interessenskonflikte eine nicht zu unterschätzende Rolle in der Interpretation der vorhandenen Evidenz. Im Kapitel 8 (Verblindung) habe ich eine Studie beschrieben, die zeigt, dass die Arthroskopie – das „Brot" vieler Orthopäden – Schmerzen bei chronischer Kniegelenksabnützung nicht reduziert. Wie glauben Sie wird eine orthopädische Fachgesellschaft diese Studie interpretieren, und wie ein Krankenversicherungsträger?

Um brauchbare Leitlinien zu erstellen, ist eine beträchtliche Portion an Expertise notwendig. Es muss jedoch nicht jedes Mitglied des Expertenboards alles können. Neben der klinischen Expertise, die in den meisten Fällen alleine für die Mitgliedschaft in einem derartigen Board ausschlaggebend ist, sollten auch Mitglieder mit Kenntnissen der systematischen Literatursuche vertreten sein (siehe auch Kapitel 17 und 18). Weiters sollten Leute mit Kenntnissen in Biostatistik und (klinischer) Epidemiologie vertreten sein. Damit meine ich nicht selbsternannte Hobbybiometriker, sondern Fachkräfte mit entsprechender Ausbildung. Ein wichtiger und meistens unbedachter Punkt ist, dass Experten anwesend sein sollten, die den Gruppenprozess steuern können (Kommunikationsspezialisten). Letztlich wollen Leitlinien auch gut präsentiert sein und jemand mit Erfahrung im Verfassen und Redigieren von Texten ist notwendig. Die Erstellung von Leitlinien ist also mehr, als das zusammenholen von „Kapazitäten".

2.2.1 Wie erkenne ich brauchbare (qualitativ hochwertige) Leitlinien?

Es gibt beinahe so viele Leitlinien, wie Sand am Meer. Viele dieser Leitlinien sind leider von schlechter Qualität, oft nicht mehr zeitgemäß oder beides. Entweder Sie überprüfen die Leitlinien kritisch, wie Sie das auch mit Originalarbeiten tun sollten, oder sie beziehen Ihre Leitlinien aus den oben genannten EBM Quellen und vertrauen, darauf, dass ein Mindestmaß an Qualität vorhanden sein muss. Leitlinien ohne Methodenteil sollten Sie nicht lesen bzw. verwenden. Beachten Sie auf jeden Fall das Erstellungsdatum. Bedenken Sie auch, dass Leitlinien für viele Situationen nicht einfach übernommen werden können und daher oft an lokale/regionale Gegebenheiten angepasst werden müssen.

2.2.2 Implementierung von Leitlinien

Eigentlich gehört dieser Abschnitt gar nicht in dieses Buch, da es aber ein sehr interessanter Bereich ist, möchte ich kurz auf die Implementierung von Leitlinien eingehen. Obwohl (oder vielleicht auch weil) es so viele Leitlinien gibt und, vor allem, obwohl sie trotz ihrer Nachteile auch viele Vorteile haben, ist bekannt, dass sich fast niemand daran hält. Zur Erstellung von Leitlinien gibt es „Kochrezepte", es gibt aber leider kein Rezept, wie man Leitlinien am besten implementiert. Wenn man Leitlinien implementieren will, muss man geeignete Strategien entwickeln. Es geht vor allem darum, zu erkennen, wo genau die Barrieren sind und wie sie beschaffen sind. Solche Barrieren erkennt man am besten im Rahmen von Einzelinterviews mit Ärzten und Patienten sowie durch Gruppeninterviews und Beobachtung. Wenn die Barriere durch fehlendes Wissen bedingt ist, kann sie durch Seminare und Workshops überwunden werden. Wenn die Barriere durch unerkannte, suboptimale Praxis entsteht, können Audit und Feedback die Situation verbessern. Wenn die Barriere die existierende Kultur bzw. Subkultur ist, kann soziale Einflussnahme durch regionalen Konsensus, durch Marketing, und durch Meinungsbildner versucht werden.

2.2.3 Mehr Informationen zu klinischen Leitlinien

Eine kritische Diskussion über die Vor- aber auch Nachteile klinischer Leitlinien finden sie in einer *BMJ* Serie (Haycox 1999, Hurwitz 1999, Feder 1999, Woolf 1999).

Abschnitt IV – Sonstiges

Kapitel 32
Ethik und klinische Forschung

- Ethisches Handeln ist durch Werte oder Standards, die in einer Gesellschaft einem „normalen" Verhalten zugrunde liegen, definiert
- Schlechte oder inadäquate wissenschaftliche Methoden und Standards sind unethisch
- Für das Wohlergehen der Studienteilnehmer und die Wahrung ihrer Würde muss unter allen Umständen gesorgt werden
- Die Patienteninformation und die Einwilligungserklärung muss für Laien verständlich sein

1. Was ist Ethik?

Das Wort Ethik stammt vom griechischen Wort „Ethos" ab, was soviel wie „Sitte", oder „Brauch" bedeutet. In unserem Sprachgebrauch definiert Ethik im weitesten Sinn Werte oder Standards, die in einer Gesellschaft einem „normalen" Verhalten zugrunde liegen. In der Philosophie ist Ethik das Studium der Prinzipien, die menschlichem Verhalten zugrunde liegen, oder kurz, die „Sittenlehre."

1.1 Die vier Grundprinzipien der Medizinethik

Jedes medizinethische Problem kann theoretisch anhand von vier Prinzipien analysiert werden:

(a) Respekt der individuellen Autonomie
(b) Nichts Schlechtes tun
(c) Gutes tun
(d) Gerechtigkeit

1.1.1 Respekt der individuellen Autonomie

Im Klartext bedeutet das: Der/die ProbandIn/PatientIn kann sich bewusst, unter Zuhilfenahme von entsprechender Information, die er/sie auch versteht, entscheiden, ohne dass er/sie kontrollierend beeinflusst wird. Der/die ProbandIn muss vor Beginn einer Studie über mögliche Risiken und Nebenwirkungen aufgeklärt werden und muss diese auch verstehen! Die Risiken sind bei vielen Studien zum Glück gering. Neben den Risiken gibt es auch

Belastungen, wie zum Beispiel Blutabnahmen, Anreise, Wartezeiten, Nahrungskarenz usw. Neben den Risiken muss der Studienteilnehmer daher auch über die Unannehmlichkeiten und die Belastungen informiert werden. Der/die ProbandIn muss verstehen, dass die Teilnahme freiwillig ist, er/sie jederzeit seine Einwilligung zurückziehen kann und, dass eine Verweigerung der Teilnahme keinen Nachteil für die (medizinische) Betreuung bedeutet.

1.1.2 Nichts Schlechtes tun/Gutes tun

Als Betreuer müssen wir danach trachten, den Probanden keinen Schaden zuzufügen. Wenn die Probanden auch noch Patienten sind sollten wir Ihnen sogar nutzen. Der Nutzen betrifft normalerweise nicht den Einzelnen, sondern die Gesellschaft.

In bestimmten Situationen – zum Beispiel Forschungsprojekte an Minderjährigen oder Nicht-Einwilligungsfähigen – fordert das Gesetz sogar einen individuellen Nutzen. Diese Forderung ist unsinnig, weil sie nicht zu erfüllen ist, zumindest nicht durch die Intervention im Rahmen einer randomisierten, kontrollierten Studie. Bei diesen Studien kann der individuelle Nutzen nur darin bestehen, dass die Studienteilnehmer „besser" betreut werden, dass sie öfters klinische Kontrollen haben (ob das wirklich ein Nutzen ist stelle ich in Frage), in der Ambulanz z.B. nicht warten müssen, Fahrtkosten ersetzt bekommen usw. Andererseits sieht das Gesetz vor, dass Nichtteilnehmern durch die Nichtteilnahme kein Nachteil entsteht. Wie soll ein Studienteilnehmer dann einen individuellen Vorteil erlangen?

Hinsichtlich der Intervention sollten wir nicht wissen, ob sie wirksam ist (*uncertainty principle*), da sonst eine Studie unethisch ist. Das bedeutet, wenn man alle randomisierten, kontrollierten Studien zu einer Fragestellung in einen Topf wirft, sollte in der Hälfte der Fälle eine Intervention wirksam sein, in der anderen nicht.

EIN INTERESSANTES BEISPIEL: Bei Studien von Patienten mit multiplem Myelom, die von der Pharmazeutischen Industrie finanziert wurden, zeigte die „neue" Intervention überzufällig häufig einen wirksamen Effekt (in 90%) (Djulbegovic 2000). Wenn eine randomisierte placebo-kontrollierte Studie bei diesen Patienten von einer *non-for-profit* Organisation finanziert wurde, war die neue Therapie in ca. 70% der Studien wirksam (50% ist zu erwarten und 70% unterschied sich in dieser Studie nicht signifikant von 50%).

Es gibt nun mehrere Möglichkeiten dieses Ergebnis zu interpretieren: (1) möglicherweise veröffentlichte die pharmazeutische Industrie „negative" Studien nicht (*publication bias*), oder (2) das *uncertainty principle* wurde verletzt. Möglicherweise trifft beides zu, wobei letzteres eher wahrscheinlich ist. Das bedeutet jedoch nicht unbedingt, dass die Industrie unethisch handelt. Sie müssen sich vorstellen, dass ein extrem professioneller Apparat ein Produkt über Jahre entwickelt. Je weiter das Produkt reift, desto wahrscheinlicher ist, dass ein gewisses Wirkprofil tatsächlich vorhanden ist. Randomisierte, klinische Studien sind nicht nur sehr kosten- und zeitraubend sondern auch vom Gesetz für die Zulassung eines Medikamentes vorgeschrieben (siehe nächstes Kapitel). Daher werden solche Studien nur durchgeführt, wenn die Erfolgswahrscheinlichkeit groß ist. Wie Sie sehen, ist das *Uncertainty Principle* eine Frage der Perspektive.

1.1.3 Gerechtigkeit

Unter Gerechtigkeit versteht man in diesem Zusammenhang am ehesten, die Probanden/Patienten zur Population jener Patienten gehört, die später auch von neuen Therapien einen Nutzen haben: Wenn die Wirksamkeit festgestellt wird, muss die Population realistischen Zugang zu dieser Therapie haben. Klinische Forschung ist sehr teuer und es bietet sich daher an, Forschungsprojekte in Entwicklungsländern durchzuführen. Man kann aber z.B. eine neue, teure anti-retrovirale Therapie nicht in einem Entwicklungsland testen, wenn klar ist, dass dieses Land nicht in der Lage sein wird, die Therapie anzubieten.

1.2 Was macht klinische Forschung moralisch annehmbar?

In groben Zügen müssen folgende Punkte erfüllt sein:
(a) Die Beantwortung der Fragestellung bringt einen relevanten Nutzen.
(b) Die jeweilige Studie kann die Frage beantworten: Das richtige Studiendesign und die entsprechende Methodik wurden gewählt und die Wissenschafter haben die entsprechende Qualifikation
(c) Das Wohlergehen der Patienten steht im Vordergrund: Der Aufwand bzw. die Unannehmlichkeiten sowie das Risiko stehen in einem annehmbaren Verhältnis zum möglichen Nutzen für den Studienteilnehmer und/oder die Gesellschaft.
(d) Die Würde der Patienten wird gewahrt: Es muss gewährleistet sein, dass alle Daten vertraulich behandelt und geschützt werden. Die Patienteninformation und die Einwilligungserklärung entsprechen einem gegebenen Standard.

1.3 Die Rolle einer Ethikkommission

Im Wesentlichen ist es die Aufgabe einer Ethikkommission (1) individuelle Patienten zu schützen (vor inadäquater Wissenschaft, als auch vor inakzeptablen Risiken und Belastungen) und ihre Menschenrechte zu wahren (Coughlin 1996), (2) die Gesellschaft vor missbräuchlicher Verwendung von

Ressourcen zu schützen, (3) eine führende Rolle bei der Entwicklung ethisch annehmbarer Forschungsmethoden, die zur Entdeckung neuer und besserer Behandlungsmethoden notwendig sind, zu spielen und (4) Hilfe bei der Beantwortung medizinethischer Fragen anzubieten.

Seit Mai 2004 sind in der EU Ethikkommissionen vom Gesetz vorgeschrieben. Selbst wenn das nicht so wäre, empfiehlt sich, Studienprojekte von der zuständigen Ethikkommission begutachten zu lassen. Der Hauptgrund ist, dass ein klinisch tätiger Wissenschafter sein eigenes Projekt mit den dazugehörigen Risiken nicht vorurteilsfrei betrachten kann. Ein weiterer wichtiger Grund ist, dass ein Studienprotokoll nie perfekt ist und durch die Begutachtung einer kompetenten Ethikkommission das Protokoll in der Regel verbessert wird. Weitere wichtige Gründe für die Konsultation einer Ethikkommission sind, dass es fast kein medizinisch-wissenschaftliches Journal gibt, das klinische Studien publiziert, die nicht vorher durch eine Ethikkommission begutachtet und für annehmbar befunden wurden, und dass die Begutachtung durch eine Ethikkommission oft auch eine notwendige Voraussetzung ist, Forschungsgelder zu beantragen.

Meines Wissens hat in Nordamerika und in Europa jede medizinische Fakultät eine eigene Ethikkommission und viele größere Krankenhäuser ein gleichwertiges Gutachterboard. Im Rahmen einer multizentrischen Studie muss also derzeit die Ethikkommission jedes teilnehmenden Krankenhauses befragt werden, was nicht nur viele Ressourcen, Zeit und Papier verbraucht (jeder Antrag hat bis zu mehreren hundert Seiten, die mehrfach an jede Kommission verschickt werden müssen), sondern auch dazu führen kann, dass manche Kommissionen ein Protokoll für ethisch annehmbar halten, aber andere Ethikkommissionen das gleiche Protokoll für inakzeptabel befinden. Diese Umstände müssen wir *nolens volens* akzeptieren, da es derzeit kein besseres Verfahren gibt. Eine neue EU Direktive sieht jedoch vor, dass bald auf nationaler Ebene nur mehr eine Ethikkommission befragt werden muss. Das Konzept der Leitethikkommission wird umgehend in nationales Gesetz umgesetzt werden.

1.4 Patienteninformation und Einwilligungserklärung

Die Patienteninformation und die Einwilligungserklärung sind ebenso wie das richtige Studiendesign Kernstücke einer ethisch annehmbaren Studie. Die Erstellung dieser Texte sollte daher nicht auf die leichte Schulter genommen werden. Ich lese leider immer wieder Patienteninformationsbögen, die kompliziert geschrieben und mit unverständlichem Fachjargon überladen sind. Manchmal fällt es mir schwer zu glauben, dass Laien (und eventuell auch Ärzte) in der Lage sind, die Information mancher Aufklärungsbögen zu verstehen. Die Patienteninformation und Einwilligungserklärung sollte sorgfältig verfasst werden und erst zum Einsatz kommen, wenn diese solange an repräsentativen „Probepatienten" ausprobiert und verbessert wurden, bis sichergestellt ist, dass Durchschnittspatienten den Inhalt verstehen. Das Forum der Österreichischen Ethikkommissionen hat ausgezeichnete Vorlagen für Patienteninformation und Einwilligungser-klärung erstellt, die unter *www.univie.ac.at/ethik-kom* abrufbar sind.

Kapitel 33
Die Zulassung von Medikamenten (und anderen Medizinprodukten) – *Good Clinical Practice*

- Bei der Entwicklung von neuen Medikamenten (und auch anderen Medizinprodukten) müssen diese verschiedene Stufen erfolgreich durchlaufen.
- In der präklinischen Stufe wird das Medikament hinsichtlich Pharmakodynamik, Pharmakokinetik, Toxizität, Gentoxizität, Kanzerogenität und Reproduktionstoxizität untersucht.
- In der klinischen Stufe wird das Medikament in vier Phasen am Menschen untersucht:
  - Verträglichkeit, Pharmakodynamik und Pharmakokinetik (kleine Fallserien, Phase I)
  - Dosisfindung (große Fallserien, Phase II)
  - Wirksamkeit (randomisierte kontrollierte Studien, Phase III)
  - Sicherheit (meist Kohortenstudien, Phase IV, nach Medikamentenzulassung)
- *Good Clinical Practice* (GCP) ist ein Qualitätssicherungsinstrument und regelt Zuständigkeiten bei und Abläufe von klinischen Studien

Viele der erhältlichen Medikamente kamen auf den Markt, als weder die Pathophysiologie der behandelten Erkrankung, noch der Wirkmechanismus genau bekannt waren. Manche dieser Medikamente haben sich trotzdem als gut und breit wirksam herausgestellt wie zum Beispiel Aspirin (Acetylsalicilsäure). Aspirin wurde als Schmerzmittel entwickelt, aber mittlerweile ist es auch als Entzündungshemmer im Einsatz (obwohl es in diesem Bereich wesentlich bessere gibt), es hemmt die Blutgerinnung und hat wahrscheinlich noch andere wünschenswerte „Nebenwirkungen". Andere lange gebräuchliche Medikamente wiederum sind weit weniger wirksam als vermutet (zum Beispiel Digitalispräparate) und viele der als wirksam erachteten Medikamente sind tatsächlich kaum oder gar nicht wirksam.

Im Rahmen der Grundlagenforschung – Forschung die nicht unmittelbar am Menschen stattfindet bzw. keinen unmittelbaren Nutzen für den Menschen hat – werden pathophysiologische Mechanismen von Krankheiten erforscht. Diese Erkenntnisse über Wirkmechanismen sind notwendig, um hoch spezifische Medikamente entwickeln zu können. Heutzutage werden Medikamente – damit ist sowohl der Wirkstoff, als auch die Darreichungsform – fast ausschließlich sehr gezielt hinsichtlich ihres Wirkmechanismus entwickelt. An dieser Stelle muss ich auch erwähnen, das die pharmazeutische Industrie (und Ärzte) Krankheiten auch neu erfindet, natürlich mit der Absicht, die entsprechenden Medikamente dazu auf den Markt zu bringen. Den Prozess, Zustände und Symptome mit Krankheitswert zu behaften, nennt man Medikalisierung. Ob Medikalisierung in bestimmten Bereichen gerechtfertigt ist, oder nicht, ist natürlich Auslegungssache. Zum Beispiel geht der Trend derzeit dahin, dass Übergewicht zusehends medikalisiert wird. Natürlich wissen wir, dass massives Übergewicht beinahe unmittelbar zu Erkrankungen führt, aber hat mäßiggradiges Übergewicht auch schon Krankheitswert? Ein anderes Beispiel ist das *Metabolische Syndrom*. Hier sind mehrere Systeme des Stoffwechsels, die eng zusammenhängen, gestört. Menschen mit diesem Syndrom tragen mehrere der folgenden Merkmale (1) Übergewicht, (2) einen grenzwertig erhöhten Blutzucker beziehungsweise wird der Blutzuckerspiegel nach Zuckerbelastungen nicht ausreichend schnell gesenkt, (3) erhöhtes Cholesterin, (4) erhöhte Harnsäure, und (5) einen erhöhten Blutdruck. Es gibt keine genauen Angaben wie häufig das metabolische Syndrom ist, aber etwa jeder 10. Mensch einer entwickelten westlichen Gesellschaft ist als betroffen einzustufen. Sie können sich sicherlich vorstellen, dass der Markt immens groß ist. Das Problem ist aber, dass diese „Krankheit" extrem heterogen ist, da nicht alle der genannten Faktoren vorhanden sein müssen. In absehbarer Zeit wird es auch kein Medikament geben, das alle Faktoren behandeln kann. Trotzdem gibt es starkes Interesse der Industrie, bestimmte Medikamente, z.B. Cholesterinsenker nicht für „erhöhte Cholesterinblutspiegel", sondern für das „metabolische Syndrom" zuzulassen.

Wenn heutzutage ein Medikament auf den Markt kommt, hat es bereits einen langen und beschwerlichen Weg hinter sich gebracht. Nachdem ein Wirkmechanismus definiert wurde, wird nach einer entsprechend wirksamen Substanz gesucht, die in den Wirkmechanismus eingreift. Dazu ist wieder eine Reihe von Experimenten notwendig. Die auf diesem Wege entdeckten, bzw. entwickelten Substanzen treten nun in die *präklinische Phase*, aber nur maximal 10% dieser Substanzen kommen überhaupt in die klinische Phase (siehe unten). Das liegt oft daran, dass die mechanistische Sichtweise – „ich kenne den Mechanismus und betätige nun die entsprechenden Hebel" – oft eine zu starke Vereinfachung hochkomplexer biologischer Systeme (z.B. des Menschen) ist.

Die notwendigen Schritte in der präklinischen und der klinischen Prüfung sind formal und gesetzlich geregelt, um sowohl Patienten als auch die Gesellschaft vor unethischen Praktiken zu schützen (CIOMS/WHO 1993).

1. Vor der Anwendung an Menschen (die präklinische Prüfung)

Die Idee für moderne Medikamente und deren Umsetzung findet in Labors statt. Danach erfolgt die Anwendung in Tiermodellen. Wenn diese erfolgversprechend verlaufen, können Medikamente an Menschen geprüft werden.

In groben Zügen werden folgende Schritte im präklinischen Teil unternommen:

- Der Wirkmechanismus einer Substanz wird in-vitro (im Reagenzglas) und in-vivo (im tierischen Organismus) untersucht (Pharmakodynamik). Dann wird untersucht, wie sich eine Substanz im tierischen Organismus verteilt, verstoffwechselt und ausgeschieden wird (Pharmakokinetik).
- Die Giftigkeit wir mittels vorgeschriebener Versuchsreihen an Tieren untersucht, um so für den Menschen zumutbare Dosen zu finden (Toxikologie).
- Durch Tests an Bakterien, Zellen von Säugetieren und Tieren wird untersucht, ob die Substanz das Erbgut verändern kann (Gentoxizität).
- Bestimmte Tiermodelle, in deren Rahmen den Tieren kurz und langfristig die neue Substanz zugeführt wird, sind vorgeschrieben, um ein etwaiges Krebsrisiko zu erkennen (Kanzerogenität).
- Im Rahmen von Tiermodellen wird an mindestens zwei Spezies untersucht, ob die neue Substanz (1) die Fruchtbarkeit von geschlechtsreifen Tieren beeinträchtigt, (2) das ungeborene Kind schädigen, (3) die Entwicklung der Neugeborenen beeinträchtigt ist, und (4) ob die Mutter durch das Medikament beeinträchtig wird bzw. ob und wie viel der Substanz mit der Muttermilch ausgeschieden wird (Reproduktionstoxizität).

2. Die Prüfung am Menschen (die klinische Prüfung)

Die Arzneimittelprüfung findet in 4 Schritten (bzw. Phasen) statt.

2.1 Phase I - Verträglichkeit

In der Phase I geht es darum herauszufinden, ob das Medikament für den Menschen verträglich ist. Wenn die Verträglichkeit gegeben ist, wird die Pharmakokinetik und Pharmakodynamik am Menschen untersucht. Hier werden üblicherweise nur gesunde Menschen untersucht. Das Design entspricht einer kleinen Fallserie mit wenigen Probanden (10 oder mehr). Lediglich im Bereich der Krebsforschung werden Prüfsubstanzen sofort an Kranken geprüft, da diese Substanzen meist starke Nebenwirkungen haben. Ein

Versuch an Gesunden ist daher nicht vertretbar. Bei Krebsmedikamenten wird oft schon in dieser Phase versucht eine geeignete Dosis zu finden. Die Dosisfindung im Bereich der Onkologie ist sehr komplex (siehe z.B. Müller 2000).

2.2 Phase II – Dosisfindung

Die Phase II dient vor allem dazu, die zukünftige Dosis herauszufinden, aber auch, ob die Prüfsubstanz möglicherweise wirkt und es lohnt diese weiterzuentwickeln, also ein mögliches Wirkprofil genauer zu erfassen. So genannte frühe Phase II Studien sind Fallserien mit bis zu mehreren hundert Teilnehmern. Es gibt aber auch (späte) Phase II Studien, die randomisierten kontrollierten Studien entsprechen. Hier geht es vor allem schon um das Ausloten der Wirksamkeit, bei Dosisoptimierung. Derartige Studien sind mehrarmig; das heißt, dass ein Placeboarm mit zwei oder drei Armen verglichen wird, wo die Patienten unterschiedliche Dosen der wirksamen Substanz erhalten (zum Beispiel 15mg, 30mg und 50mg einer Substanz).

2.3 Phase III - Wirksamkeit

In der Phase III wird die Wirksamkeit einer Prüfsubstanz untersucht. Die Wirksamkeit kann nur durch eine randomisierte kontrollierte Studie nachgewiesen werden (siehe Kapitel 12). Um zugelassen zu werden, muss eine neue Substanz entweder nachweislich besser, oder zumindest genau so wirksam, wie die derzeitige Standardtherapie sein.

Wenn ein Medikament all diese Studien erfolgreich bestanden hat, geht es um die Zulassung des Medikaments – Sie können sich sicherlich vorstellen, dass die teure Medikamentenentwicklung von der pharmazeutischen Industrie nicht nur aus Menschenfreundlichkeit betrieben wird. Mit dem Portfolio der genannten präklinischen und klinischen Studien (Phase I-III) suchen die Pharmafirmen nun um Marktzulassung an. In Europa gibt es im Wesentlichen zwei Möglichkeiten:

(a) Die Firma versucht in einzelnen Ländern eine nationale Zulassung zu erlangen (dieses Prinzip nennt sich *Mutual Recognition*, da die Anerkennung in anderen Ländern vereinfacht ist, wenn die Substanz bereits in einem EU Land zugelassen ist.

(b) Die Firma stebt ein zentralisiertes Zulassungsverfahren an (*Centralised Procedure*), das über die *European Medicines Agency* (EMEA) läuft. Das Ergebnis ist für alle Mitgliedsstaaten bindend. In den USA ist die *Food and Drug Administration* (FDA) der zuständige regulierende Körper.

2.4 Phase IV - Sicherheit

Zum Zeitpunkt der Marktzulassung haben etwa 1000 bis 1500 Menschen bereits die neue Substanz erhalten. Wir kennen daher zumindest die meisten typischen bzw. häufigen Nebenwirkungen. Leider müssen wir aber immer daran denken, dass es auch seltene Nebenwirkungen geben kann. Wenn diese nicht schwerwiegend sind, sind die Konsequenzen vernachlässigbar. In seltenen Fällen können seltene Nebenwirkungen auch schwerwiegend sein, im Extremfall sogar zum Tode führen. Um solche seltenen Nebenwirkungen zu erkennen sind Phase IV Studien notwendig. Diesen Bereich nennt man auch Pharmakovigilanz. Im Rahmen der Pharmakovigilanz werden bei jedem neu zugelassenen Medikament Beobachtungsstudien – meist Kohortenstudien – wenn möglich an tausenden Patienten durchgeführt.

3. Die Waisen unter den Erkrankungen – Orphan Conditions

Um die oben genannten, gesetzlich geregelten Auflagen zu erfüllen, sind hunderte, oft mehrere tausend Patienten notwendig. Diese Patientenzahlen für Studien sind natürlich auch nur zu erreichen, wenn diese Krankheit oft genug auftritt. Es gibt aber Erkrankungen, die so selten sind, dass große Fallzahlen nicht so ohne weiteres zu untersuchen sind. Definitionsgemäß gilt, dass eine Erkrankung *orphan* – eine Waise – ist, wenn die Prävalenz geringer als fünf Fälle in 10.000 aus der Normalbevölkerung ist. Viele Krebserkrankungen, wie zum Beispiel Leukämien, zählen zu den *Orphan Conditions*. Wenn die Prävalenz zwischen 1 und 4 pro 10.000 liegt, sind Studien mit entsprechenden Fallzahlen – zumindest ein paar hundert Patienten – möglich. In ganz seltenen Extremsituationen werden neue Medikamente zugelassen, obwohl es nur ein paar behandelte Fälle gibt Aber selbst bei „häufigeren" *Orphan Conditions* sind die erwarteten Umsätze und Gewinne für die Industrie oft gering und daher ist die Entwicklung von Medikamenten in diesen Einsatzgebieten wenig attraktiv. Um notwendige Forschungsvorhaben anzukurbeln gibt es entsprechende Anreize für die Industrie: Das Anmeldungsverfahren, das sonst relativ teuer ist, ist für neue Medikamente für *Orphan Conditions* stark preisreduziert, ebenso die Aufrechterhaltung der Marktzulassung, die jedes Jahr erneuert werden muss. Ein weiterer, oft noch attraktiverer Anreiz ist, dass für einige Jahre Marktexklusivität von der Zulassungsbehörde gewährleistet wird. Das bedeutet, andere neue Medikamente für diese Erkrankung erhalten den *Orphan* Status, nur wenn sie nachweislich besser wirksam sind, als die bislang autorisierten Medikamente oder bei gleicher Wirksamkeit einen anderen „signifikanten Vorteil" gegenüber der Standardtherapie haben (zum Beispiel bessere Verträglichkeit).

4. Die Glaubwürdigkeit einer Studie – Good Clinical Practice (GCP)

Menschen machen andauernd Fehler, auch wenn wir es noch so gut meinen und uns redlich bemühen. Fehler sind unvermeidbar (siehe auch Kapitel 35), aber wir können uns bemühen, ihre Häufigkeit und Schwere zu minimieren. Im Rahmen der Arzneimittel- und Medizinproduktforschung sind viele Vorgehensweisen in Form von Richtlinien vorgegeben, um bestimmte Standards zu erfüllen. Diese Richtlinien sind Dokumente, die das Vorgehen bei der Planung, Durchführung, Auswertung, und Interpretation/Präsentation von Arzneimittelstudien mehr oder weniger genau regeln. Das richtige Vorgehen bei klinischen Studien nennt sich *Good Clinical Practice* (GCP). Die Dokumente werden von der *International Conference of Harmonisation* (ICH) erstellt. ICH trachtet nach einer Harmonisierung der notwendigen Studienabläufe zwischen Europa, Amerika und Asien. Die stimmberechtigten Mitglieder sind derzeit die EU, die USA, und Japan; Kanada, Schweiz und die WHO haben Beobachterstatus. Die ICH-Dokumente sind gut verständlich und unter *www.ich.org* zu finden. Die Themen der derzeit vorhandenen Dokumente sind in der Tabelle 1 aufgelistet.

Dokument E6 beschreibt die GCP Erfordernisse, welche vor allem Zuständigkeiten und Studienabläufe regeln. Darin wird zum Beispiel die Rolle der Ethikkommission geregelt, definiert, wer der *Investigator* (Prüfer) und, was ein Sponsor ist, und welche Pflichten dieser hat. Das Dokument hat ca. 60 Seiten und ist im Vergleich zu den meisten anderen ICH Dokumenten leider etwas langweilig. Ich will gar nicht mehr zu den anderen Dokumenten sagen, da sie für jeden, der in der klinischen Forschung tätig ist, Pflichtlektüre sind; keine Angst, die meisten sind recht informativ und kurzweilig.

Tabelle 1. ICH Dokumente zur Durchführung klinischer Studien

E1:	The Extent of Population Exposure to Assess Clinical Safety
E2:	Clinical Safety
E3:	Structure and Content of Clinical Study Reports
E4:	Dose-Response Information to Support Drug Registration
E5:	Ethnic Factors in the Acceptability of Foreign Clinical Data
E6:	Good Clinical Practice
E7:	Clinical Trials in Special Populations – Geriatrics
E8:	General Considerations for Clinical Trials
E9:	Statistical Principles for Clinical Trials
E10:	Choice of Control Group
E11:	Clinical Investigation of Medicinal Products in the Pediatric Population
E12A:	Clinical Trials on Antihypertensives

Ein weiteres wichtiges Dokument, das ich hier erwähnen muss, ist die „EU Trial Directive" (European Union Directive 2001/20/EC), die seit Mai 2004 in jedem Mitgliedsland in nationales Gesetz umgesetzt wird. Diese Direktive schreibt unter anderem die GCP Richtlinien für klinische Forschung bindend vor.

Ich versichere Ihnen, dass derzeit in Österreich (wahrscheinlich sogar weltweit) die meisten Studien, die nicht von der Pharmaindustrie durchgeführt werden, nicht den GCP Standards entsprechen. Sollten Sie schon Forschungserfahrung haben, müssen Sie lediglich die Richtlinien lesen und mit den tatsächlichen Vorgängen vergleichen. Der Widerstand der akademischen, klinischen Forscher (also Forscher, die nicht für Pharmaunternehmen arbeiten) gegen diese Richtlinien ist groß. Das Hauptargument ist, dass die meisten Vorgaben rein administrativer Natur sind, die zwar personelle, materielle, logistische und finanzielle Ressourcen binden, aber nicht die Prozessqualität verbessern. Meine Erfahrung ist, dass die meisten Arbeitsgruppen, die qualitativ hochwertige Forschung betreiben, Qualitätssicherungssysteme verwenden, die weitgehend der ICH-GCP entsprechen.

Kapitel 34
Was können wir überhaupt wissen?

- Wissen ist ein Konstrukt der Gesellschaft
- Wir können die Wahrheit (zum Beispiel über die Wirksamkeit eines Medikaments) nie wissen
- Klinische Forschung ist eine disziplinierte Annäherung an die Wahrheit
- Die Bradford-Hill Kriterien helfen Kausalität nachzuweisen

Dieses Kapitel sollte ganz am Beginn des Buches stehen. Allerdings wird diese theoretische Diskussion über Erkenntnis und Wissen erst würzig, wenn man sich schon mit der Entstehung von medizinischem Wissen auseinandergesetzt hat. Vielleicht steht dieses Kapitel auch deshalb ganz hinten, weil uns Medizinern eine kritische Auseinandersetzung mit Wissen und Wissenschaft niemals gelehrt wurde.

Im Kapitel 7 und später im Kapitel 23 gehe ich schon kurz darauf ein, dass wir klinische Studien entwickeln, um Modelle der klinischen Alltagssituation zu imitieren, die so vereinfacht sind, dass wir komplizierte Wirkmechanismen erkennen und verstehen können. (1) Diese Studien sollten die „Wahrheit" messen, also nicht durch Verzerrungen und Fehler Ergebnisse zeigen, die nicht der Wahrheit entsprechen. (2) Weiters sollten diese Modelle jedoch nicht so stark vereinfacht sein, dass man die Ergebnisse nicht mehr auf die klinische Alltagssituation rückübertragen kann. Sie können sich schon vorstellen, dass es immer Interessensgruppen geben wird, für die mindestens einer der beiden Punkte nicht erfüllt ist. Das soll uns aber nicht hindern, der Wahrheit, so gut wir eben können, auf den Grund zu gehen.

1. Von der Wahrheit

Wir wissen natürlich nicht, was die klinische Wahrheit ist. In der medizinischen Forschung folgen wir *induktiven* Schlüssen: wir haben einzelne Beobachtungen (selbst ein paar tausend Patienten in einer Herzinfarktstudie sind nur eine verschwindend kleine Stichprobe im Vergleich zu den tausenden Menschen, die täglich einen Herzinfarkt erleiden) und schließen vom Kleinen auf das Große. Philosophische Hardliner behaupten, dass nur *deduktive* Schlüsse das Erkennen der Wahrheit erlauben. *Deduktiv* bedeutet, dass man vom Allgemeinen auf das Besondere schließt. Nach David Hume beweist der tägliche Sonnenaufgang eben nicht, dass auch morgen die Sonne wieder aufgehen wird. Zum Glück gibt es Denker, die uns erlauben anzunehmen, dass Millionen Sonnenaufgänge auch den morgigen Sonnenaufgang vorhersagen – bis zum Beweis des Gegenteils. Und da sind wir schon wieder bei den Wahrscheinlichkeiten: die Wahrscheinlichkeit, dass morgen wieder die Sonne aufgeht, ist unendlich nahe bei 100%, aber eben nicht 100%. Möglicherweise hat unser Universum nur eine begrenzte Lebensdauer – vielleicht „nur" noch ein paar tausend Millionen Jahre (Hawking 1988)? Vielleicht wird die Erde zerstört, weil sie einer Hyperraum-Expressroute weichen muss (Adams 1979); die Wahrscheinlichkeit, dass diese Hyperraum-Expressrouten-Hypothese wahr ist, liegt unendlich nahe bei 0%.

Ein erfundenes Beispiel (diese Zahlen könnten aber wahr sein): Nehmen wir das Medikament X, das den Blutdruck senken kann. Ich mache eine mittelgroße randomisierte placebo-kontrollierte Studie (500 Patienten, alle aus der Spezialambulanz einer Universitätsklinik). In dieser Studie ist am Ende der Beobachtungszeit der systolische Blutdruck in der Medikamentengruppe um 6 mmHg niedriger als in der Placebogruppe und das 95% Konfidenzintervall der Differenz beträgt 4 bis 8. Wir können uns also 95% sicher sein, dass die durchschnittliche Blutdruckreduktion zwischen 4 und 8 mmHg liegt, wenn ich diese Studie viele male wiederhole. Kann ich daraus schließen, dass ich 95% sicher sein kann, dass Medikament X den durchschnittlichen Blutdruck bei allen Patienten mit Bluthochdruck um einen Wert zwischen 4 und 8 mmHg senkt?

Nun machen wir noch eine randomisierte placebo-kontrollierte Studie. Diesmal rekrutieren wir die Patienten bei niedergelassenen Internisten und praktischen Ärzten. In dieser Studie mit 900 Patienten beträgt die Blutdruckdifferenz 4 mmHg und das 95% Konfidenzintervall reicht von 2 bis 6 mmHg. Was bedeuten diese etwas unterschiedlichen Ergebnisse nun? Ist der geringere Effekt „wahr", weil die Patienten anders und nicht mit denen einer Spezialambulanz vergleichbar sind? In diesem Fall könnte es mehrere Wahrheiten geben: einen Effekt für Spezialambulanzpatienten, einen für allgemeine Patienten und dann gibt es vielleicht noch ein paar unbehandelte Effektgrößen. Theoretisch könnte es unendlich viele, zufällig verteilte wahre Effekte geben. Es ist aber auch möglich, dass es einen einzigen wahren Effekt gibt und der beobachtete Unterschied lediglich Zufallsschwankungen sind. Immerhin haben wir nur 95% Konfidenzintervalle verwendet.

Diese Diskussion ist aber nur von Bedeutung, wenn andere Fehlerquellen, wie *Bias* oder *Confounding* (Kapitel 7) ausgeschlossen sind.

2. Die Interpretation von Beobachtungen

Wir werden also nie wissen, ob Studienergebnisse wahr sind – egal, ob wir von einer Punktwahrheit sprechen, oder einem numerischen „Wahrheitsbereich." Obendrein sind wir kaum in der Lage, uns den Informationen, die wir angeboten bekommen, unvoreingenommen zu nähern. Unser soziokulturelles Umfeld rüstet uns mit Denkformen aus, die uns Erfahrung erlaubt. Unsere Erkenntnisse sind also immer extrem begrenzt. Trotzdem oder gerade deshalb ist klinische Forschung (wie jegliche Form der Wissenschaft) eine disziplinierte Annäherung an die Wahrheit. Manches, was unsere Studien zeigen, mag tatsächlich wahr sein, wir werden es aber nie sicher wissen.

Fragestellungen zu klinischen Studien kommen normalerweise nicht aus dem informationsleeren Raum. Im Gegenteil, brauchbare klinische Studien erwachsen aus Wissensmangel. Das heißt, es gibt Vorwissen und damit auch Vorurteile, was die Wahrnehmung beeinflusst. Fast nie ist eine einzige Studie so autoritär, dass eine Frage „ein für alle mal" geklärt ist, meistens beantwortet sie einen Teil und wirft dabei neue Fragen auf. Folgestudien sollten aber folgende Merkmale haben: (1) das grundsätzliche qualitative Design muss mindestens ebenso gut sein wie das der Vorgängerstudien; (2) Fehler von vorangegangenen Studien müssen vermieden werden; (3) die Studie soll zusätzlich Fragen klären, die von den vorangegangenen Studien nicht geklärt wurden.

Um sinnvoll zu forschen, uns bestmöglich der Wahrheit anzunähern, müssen wir unsere Denkformen disziplinieren. Hier ist eine kurze Anleitung, die ich von Karl Popper kopiert habe. Der wiederum sagt, es sein von Xenophanes und Voltaire gestohlen (Popper 1987):

- Die Wahrheiten, die es zu wissen gibt, gehen immer weit über das hinaus, was ein Mensch meistern kann. Es gibt daher keine Autoritäten. Das gilt auch innerhalb von Spezialfächern.
- Es ist unmöglich, alle Fehler oder auch nur alle an sich vermeidbaren Fehler zu vermeiden. Fehler werden dauernd von allen Wissenschaftern gemacht. Die Idee, dass man Fehler vermeiden kann und daher verpflichtet ist, sie zu vermeiden muss revidiert werden: Sie selbst ist fehlerhaft.
- Natürlich bleibt es unsere Aufgabe, Fehler nach Möglichkeit zu vermeiden. Aber gerade um sie zu vermeiden, müssen wir uns vor allem darüber klar werden, wie schwer es ist, sie zu vermeiden und, dass es niemandem völlig gelingt.
- Auch wissenschaftliche Studien enthalten Fehler, ebenso können weit verwendete Praktiken oder Methoden fehlerhaft sein. Es ist unsere Aufgabe, diese Fehler zu suchen. Die Entdeckung von Fehlern kann wichtig sein.

- Um zu lernen, Fehler zu vermeiden, müssen wir von unseren Fehlern lernen. Fehler zu vertuschen ist daher die größte intellektuelle Sünde.
- Wir müssen daher andauernd nach unseren Fehlern suchen. Wenn wir sie finden, müssen wir sie uns einprägen, nach allen Seiten analysieren, um Ihnen auf den Grund zu gehen.
- Die selbstkritische Haltung und Aufrichtigkeit werden damit zur Pflicht.
- Da wir von unseren Fehlern lernen müssen, müssen wir auch lernen, anzunehmen, wenn uns andere auf unsere Fehler aufmerksam machen. Wenn wir andere auf ihre Fehler aufmerksam machen, sollten wir uns immer daran erinnern, dass wir selbst ähnliche Fehler gemacht haben.
- Wir brauchen andere Menschen zur Entdeckung und Korrektur von Fehlern, insbesondere auch Menschen, die in einem anderen soziokulturellen Umfeld, mit anderen Ideen, aufgewachsen sind.
- Obwohl Selbstkritik die beste Kritik ist, brauchen wir auch die Kritik durch andere. Kritik durch andere ist fast ebenso gut wie Selbstkritik.
- Rationale Kritik muss immer spezifisch sein: Sie muss spezifische Gründe angeben, warum spezifische Aussagen falsch sind. Sie muss von der Idee geleitet sein, der objektiven Wahrheit näher zu kommen.

Dieser Text ist im Wesentlichen eine Kopie und ich habe nur geringfügige, eigenmächtige Veränderungen durchgeführt, um diese Grundsätze an den Kontext der klinischen Studie anzupassen. Wenn ich Popper lese werde ich immer sehr demütig, da seine Texte in ihrer Klarheit und Logik beinahe übermächtig sind.

3. Noch ein paar Worte zur Kausalität

Unter Kausalität verstehen wir die Frage, ob die „Wirkung" eines Risikofaktors, zum Beispiel eines Merkmals, oder einer Therapie, ursächlich mit dem beobachteten Effekt zusammenhängt. Kann erhöhter Blutdruck wirklich zum Herzinfarkt führen? Kann ich mit entsprechender anti-retroviraler Therapie tatsächlich das Auftreten von AIDS bei HIV-positiven Menschen verhindern, oder verzögern?

Wir wissen nun, dass wir niemals wirklich wissen werden, ob ein Zusammenhang kausal ist. In Anlehnung an die oben genannten Punkte müssen wir aber versuchen, der Wahrheit so nahe wie möglich zu kommen. Bradford Hill, der Architekt der ersten randomisierten kontrollierten Studie, die 1948 im *British Medical Journal* veröffentlicht wurde, hat die notwendigen Punkte trefflich zusammengefasst (Bradford Hill 1965). Kausalität ist zu vermuten, wenn alle der folgenden Punkte erfüllt sind.

Wir können einen kausalen Zusammenhang zwischen Risikofaktor und Endpunkt vermuten, wenn ...:

1) ... der Effekt groß ist (*Stärke*). Bei großen Effekten sind alternative Ursachen meist leicht zu erkennen.

2) ... ein eindeutiger zeitlicher Zusammenhang besteht (*Temporalität*). Natürlich muss der Risikofaktor vor dem Endpunkt da gewesen sein.

3) ... der Effekt von der Dosis abhängt (*biologischer Gradient*). Wenn mit steigender Dosis eines Blutdruckmedikaments der Blutdruck immer mehr sinkt, sind alternative Ursachen, wenn vorhanden, meist leicht zu entdecken.

4) ... der Effekt auch bei anderen Studien, mit anderen Patienten, an anderen Orten, unter anderen äußeren Umständen gefunden wird (*Konsistenz*)

5) ... der Effekt spezifisch ist, also ein bestimmter Risikofaktor immer mit einem bestimmten Endpunkt verknüpft ist (*Spezifizität*). Die Spezifizität vieler biologisch wirksamer Risikofaktoren ist aber relativ gering.

6) ... der beobachtete Effekt durch biologische Modelle erklärbar ist (*Plausibilität*). Die Plausibilität ist natürlich trügerisch, da diese Wahrnehmung vom derzeitigen biologischen Wissen bestimmt wird. Hardliner der Biomedizin meinen zum Beispiel, dass Fernheilung durch Gebete (Astin 2000, Leibovici 2001) einfach nicht plausibel ist, und selbst wenn man einen Effekt beobachtet, diesen nicht glauben soll, da es am ehesten ein Zufallseffekt ist. Sie können sich sicher vorstellen, dass das nicht alle so sehen (bmj.bmjjournals.com/cgi/eletters/323/7327/1450).

7) ... die Erklärungen zum beobachteten Effekt nicht im Widerspruch zum derzeitigen Wissen stehen (*Kohärenz*). Hier gilt ähnliches wie für die Plausibilität, da auch die Wahrnehmung der Kohärenz soziokulturell bestimmt wird. Ich verstehe die fehlende Kohärenz als ein Extrem der Plausibilität: Ich kann einen Effekt nicht nur nicht erklären, sondern es ist gegen jede Regel.

8) ... wenn der Effekt im Rahmen eines *Experiments* beobachtet wird. Das Experiment der klinischen Studie ist natürlich die randomisierte kontrollierte Studie.

Praktisch ist es aus den unterschiedlichsten Gründen oft nicht möglich, dass alle Punkte erfüllt werden: natürlich können auch kleine Effekte kausal (und klinisch relevant) sein; manche Medikamente haben keine Dosis-Wirkkurve, sondern lediglich eine ja/nein Wirkung (d.h. sie funktionieren wie z.B. ein Lichtschalter). Im Wesentlichen folgen wir beim Nachweis der Kausalität aber diesen Vorgaben. Wenn Sie noch einmal das Kapitel über die Medikamentenzulassung ansehen, werden Sie erkennen, dass präklinischer und klinischer Plan ziemlich genau darauf ausgerichtet sind, alle diese Punkte zu erfüllen. Weiters wird mit Hilfe der Grundlagenforschung versucht, das zugrunde liegende Prinzip zu entdecken, um dann, so gut wie möglich, deduktiv vorgehen zu können. Vielleicht werden die Menschen in

20 Generationen die Köpfe über diese Kriterien schütteln, genau so, wie wir uns jetzt wundern, dass Aderlass bei allen möglichen Krankheiten großzügig angewendet wurde. Diese Bradford-Hill Kriterien sind eben auch nur ein Konstrukt der modernen westlichen Gesellschaft.

Kapitel 35
Andere praktische Tipps

- Die Machbarkeit eines Projekts frühzeitig berücksichtigen
- Von Anfang an über Finanzierungsmöglichkeiten nachdenken
- Wenn möglich immer einen Biometriker oder einen klinischen Epidemiologen frühzeitig einbinden
- Teure Statistikprogramme sind für den Unerfahrenen keine sinnvolle Investition

1. Woher nehme ich Ideen für wissenschaftliche Projekte?

Wahrscheinlich haben viele junge Wissenschafter das Problem, dass ihnen Ideen zu möglichen wissenschaftlichen Projekten fehlen. Am Anfang der Karriere kommen Ideen üblicherweise von erfahreneren Kollegen, die wahrscheinlich keinen Ideenmangel, sondern eher einen Mangel an Zeit haben, in der sie ihre Ideen umsetzen können.

Ideen erwachsen meistens im Rahmen von Forschungsprojekten, die eine Detailfrage beantworten und oft mehrere Folgefragen aufwerfen. Aber auch fehlende Evidenz für klinisches Handeln ist ein häufiger und sinnvoller Anlass für die Planung und Durchführung von Studien.

Schwieriger noch, als Ideen zu haben, ist es, sich zu entscheiden, welche Ideen so sinnvoll sind und es lohnt sie weiterzuverfolgen. Ich erachte Ideen für sinnvoll, wenn die Beantwortung der Fragestellung einen relevanten Nutzen bringt UND ich bzw. das Team in der Lage ist, die Frage zu beantworten.

Ich empfehle daher, dass man sich nach der „Empfängnis" einer Idee mit einigen relevanten Fragen ernsthaft auseinandersetzt.
- Was für einen Nutzen kann die Beantwortung der Fragestellung bringen?
- Wem genau nutzt die Beantwortung der Fragestellung?
- Kann ich das notwendige Studiendesign erstellen und auch praktisch umsetzen?
- Habe ich Zugang zu den Patienten, die ich einschließen möchte?
- Habe ich die personellen, technischen und materiellen Ressourcen, um die Fragestellung zu beantworten?
- Ist diese Fragestellung auch noch in einem Jahr interessant?

Diese Punkte sollten Sie alle positiv bzw. ausreichend beantworten können.

2. Wie finanziere ich die Durchführung meiner Studie?

In meinem Arbeitsumfeld wird es als selbstverständlich angenommen, dass die an einer Studie beteiligten ihre Arbeitszeit gratis zur Verfügung stellen. Ob das gut und richtig ist sei dahingestellt. Aber selbst wenn keine/r der an einer Studie beteiligten für ihre Leistungen Geld verlangt und auch die Infrastruktur zur Verfügung steht (Computer, Drucker, Software usw.), sind finanzielle Mittel oft notwendig, da es nicht einzusehen ist, dass Wissenschafter Aufwendungen wie Literaturbeschaffung, Schreibwaren und ähnliches aus der eigenen Tasche zahlen müssen. Wenn etwas gemessen wird steigen die Kosten im Handumdrehen. Dann muss man eventuell Messgeräte oder notwendige Reagenzien kaufen. Prinzipiell sollten Sie daher immer versuchen, Finanzierungsmöglichkeiten für Ihre Projekte zu finden.

Es gibt eine Vielzahl von Stellen, bei denen um Forschungsförderungsgelder angesucht werden kann. Eine ausführliche Liste der möglichen Wissenschaftsförderer in Österreich finden Sie unter *http://www.bmbwk.gv. at/forschung/foerd/index.xml*. Auch die Medizinuniversität Wien bietet Informationen in Zusammenarbeit mit dem Europabüro an (*www.europa-buero.org*). Weitere brauchbare Links (möglicherweise schon in den Erwähnten gelistet) sind:

Fonds zur Förderung der wissenschaftlichen Forschung: *www.fwf.ac.at*
Österreichische Akademie der Wissenschaften: *www.oeaw.ac.at/stipref*
Jubiläumsfonds der Österreichischen Nationalbank: *www.oenb.at/fonds/ fonds_p.htm*
Wiener Wirtschaftsförderungsfonds: *www.wwff.at*
Technologie Impulse Gesellschaft: *www.tig.or.at/foerderungen/kplus*
Austria Wirtschaftsservice Gesellschaft: *www.awsg.at/awsg*
Community Research and Development Information: *www.cordis.lu/en/ home.html*
US National Institutes of Health: *www.nih.gov*.

In den meisten Fällen sind unter den angegebenen Adressen genaue Informationen zu finden, welche Arten von Projekten gefördert werden und welchen Anforderungen ein Antrag entsprechen sollte. Diese Liste ist natürlich nicht einmal annähernd umfassend, sondern ganz im Gegenteil sehr österreichlastig. Mit Google und ein wenig Übung und Geduld können Sie aber bestimmt eine große Zahl interessanter Links aufstöbern.

3. Wer analysiert meine Daten?

Im Idealfall arbeiten Sie seit der ersten Stunde eines Projekts mit einem klinischen Epidemiologen oder einem Biometriker zusammen, der/die gemeinsam mit Ihnen das Design und die Analyse der Studie plant. Praktisch ist es leider so, dass das Reservoir von Leuten mit diesem Spezialwissen knapp ist und so kann es notwendig sein, einfache Analysen selbst durchzuführen. Ich empfehle aber, selbst „einfache" Analysen mit einem klinischen Epidemiologen, oder einem Biometriker zu besprechen oder eine entsprechende Grundausbildung in medizinischer Statistik zu absolvieren.

4. Brauche ich ein Statistikprogramm für meinen Computer?

Wenn Sie keine entsprechende (Grund)Ausbildung haben und auch nicht vorhaben zumindest die Grundlagen richtig zu lernen, sollten Sie kein Geld für statistische Software ausgeben. Viele der wichtigen Basisfunktionen sind mit Excel für Windows anwendbar. Unter *http://members.aol.com/johnp71/javastat.html* finden Sie viele (brauchbare) Gratisprogramme. Lassen Sie sich nur nicht abschrecken, wenn der eine oder andere Link nicht funktioniert.

Ein sehr mächtiges Gratisprogramm – **EpiInfo** (*www.cdc.gov/epiinfo*) – möchte ich besonders hervorheben. Mit diesem Programm können Sie unter anderem Stichprobengrößen für Kohorten- bzw. Fall-Kontrollstudien berechnen, aber auch Dateneingabeinstrumente erstellen und aus 4-Felder Tabellen das Relative Risiko oder die *Odds Ratio* mit den dazugehörigen Vertrauensbereichen errechnen.

RevMan (*www.cochrane.org/software/revman.htm*) ist das zweite Gratisprogramm, das ich nicht unerwähnt lassen kann. ***RevMan*** ist ein Programm, das von der *Cochrane Collaboration* gratis zur Erstellung und Erhaltung von systematischen Literaturübersichten bzw. Meta-Analysen zur Verfügung gestellt wird.

Es gibt natürlich auch eine große Anzahl kommerzieller Statistikprogramme, die sich alle für den Hausgebrauch ganz gut eignen. Mein persönlicher Favorit ist **Stata**. Diese Software ist leicht programmierbar und das ist auch für jene Kollegen gut, die nicht wissen, wie das geht, da Stata Corporation die von Benutzern geschriebenen Programme auf *www.stata.com* zur Verfügung stellt. Das Programm ist so fast immer auf dem aktuellen Stand, da es laufend und problemorientiert wächst. Der Nachteil ist, dass ***Stata*** relativ teuer ist. **SPSS** ist ein gutes Standardprogramm und für Universitätsangehörige sehr günstig zu beziehen. Wenn man ein mächtiges Programm kauft, sollte man auch die Benutzung erlernen, am besten im Rahmen von Kursen und auch mit entsprechenden Büchern, die Analysemethoden anhand von Beispielen durchspielen. Diese Ausbildung ist wichtig, da das Programm fast alles auf Knopfdruck erledigt, Sie dann aber selbst entscheiden müssen, ob die Analyse und die Ergebnisse überhaupt sinnvoll sind.

Epilog

Sogar für den Nachgedanken gibt es Merksätze:

> - Auch schlechte Wissenschaft führt zu Ergebnissen, nur wissen wir nicht, ob diese Ergebnisse sinnvoll sind, oder nicht
> - Ergebnisse, die nicht interpretiert werden können, sind unbrauchbar

Dieses Buch ist lediglich ein *Appetizer* und kann für einfache Situationen als Kochbuch verwendet werden. Ich verweise daher in jedem Kapitel auf halbwegs aktuelle Referenzen und auf weiterführende Literatur. Wenn Sie öfters mit Design, Analyse, Interpretation sowie der Präsentation von klinischen Studien zu tun haben, sollten Sie eines der unten genannten Statistikbücher, und zumindest eines der genannten Epidemiologiebücher besitzen und wenigstens problemorientiert durcharbeiten. Die Reihenfolge ist nicht zufällig, aber sicherlich subjektiv.

1. Epidemiologie allgemein

Epidemiology in medicine (Hennekens 1987).

Leider ist das Layout nicht optimal (viel Text auf wenig Raum), aber alle wesentlichen Aspekte des Studiendesigns sind verständlich und anhand vieler Beispiele dargestellt.

Epidemiology (Gordis 1996).

Etwas „reißerisch" und nicht sehr übersichtlich präsentiert, aber mit guten Rechenbeispielen. Die Kapitel über Studiendesign sind sehr gut, insbesondere die Kapitel über randomisierte kontrollierte Studien.

2. Statistik allgemein

Practical statistics for medical research (Altman 1992).

Durch dieses Buch wurde meine Zuneigung zur klinischen Epidemiologie und Biometrie geweckt. Douglas Altman, den ich mittlerweile persönlich kenne, verehre ich, weil er komplizierte Konzepte so einfach darstellen kann, dass auch ich glaube, sie zu verstehen.

Essentials of medical statistics (Kirkwood 1988).

Dieses war mein zweites Statistikbuch, welches ich jahrelang verschmäht habe (ich kann nicht sagen warum). Als ich es erst Jahre später – im Rahmen meines postgraduellen Studiums – erstmals aufmerksam durcharbeitete, habe ich bereut das nicht schon früher getan zu haben. Krikwood stellt die notwendigen Grundlagen knapp und sehr übersichtlich dar.

Für diejenigen, die jetzt großen Appetit auf klinische Epidemiologie haben, finden sich hier ein paar Titel, zu denen man als methodisch Interessierter, jederzeit Zugriff haben sollte.

3. Statistik, spezielle Themen

Multivariable Analysis: a practical guide for clinicians (Katz M 1999). Jede/r NichtstatistikerIn, der/die immer schon mehr über multivariate Modelle wissen wollte, wird sich beim Lesen denken „warum habe ich dieses Buch nicht schon früher gefunden?" Vielleicht wird sich das auch so mancher Statistiker denken, da es hier nicht so sehr um die zugrunde liegende Mathematik geht, sondern eher darum, wie man solche Modelle interpretiert und das leserfreundlich präsentiert.

Applied regression analysis and other multivariable methods (Kleinbaum 1988). Dieses Buch ist schon für Fortgeschrittene, es ist aber sehr gut verständlich obwohl es Formeln enthält und praktische Rechenbeispiele. In diesem Buch fehlt die logistische Regression.

Applied logistic regression (Hosmer 1989). Hier findet man mehr über logistische Regression, als einem Nicht-Mathematiker lieb ist (verständlich, aber *hard-core*).

Sample size tables for clinical trials (Machin 1997). Das Buch nützt allen, die regelmäßig Stichprobengrößen berechnen müssen. Es enthält gut verständliche, leicht anzuwendende Tabellen, auch für mehr komplexe Designformen.

Statistics with Confidence (Altman 2000). Dieses Buch ist gut verständliche Pflichtlektüre für alle die mit statistischer Inferenz umgehen müssen (eigentlich alle wissenschaftlich interessierten Kliniker).

4. Anderes

Was ist ein gutes Studiendesign mit entsprechender Analyse und Interpretation ohne finanzieller Förderung? Eine recht praktische Anleitung, wie man zu finanziellen Unterstützungen kommt, inklusive einem einfachen

Programm zur Erstellung eines *Grant Proposals* findet sich in: The pocket guide to grant applications (Crombie 1998).

Wie man Studien präsentiert findet man zum Beispiel in: Successful Scientific Writing (Matthews 2000), oder A-Z of Medical Writing. Albert (2000). Wie man Studien im Sinne der *Evidence Based Medicine* interpretiert findet man in How to read a paper (Greenhalgh 1997).

5. Ein Ratschlag für den weiteren Weg

KEINE Wissenschaft ist besser als schlechte Wissenschaft!

Appendix I. Studiendesign im Überblick

	Querschnittstudie	Fall-Kontroll Studie	Kohortenstudie	Randomisierte, kontrollierte Studie
Beschreibung	• Risikofaktor und Endpunkt werden gleichzeitig gemessen (Prävalenz)	• Fälle werden gesammelt • Kontrollen werden ausgewählt • Dann wird der Risikofaktor (retrospektiv) gemessen	• Probanden werden rekrutiert • Der Risikofaktor wird gemessen • Beobachtung über die Zeit und Erfassung des Endpunktes (Inzidenz)	• Probanden werden rekrutiert • Die Intervention (Risikofaktor) wird nach Zufallsprinzip zugeteilt • Beobachtung über die Zeit und Erfassung des Endpunktes
Maß für Effektgröße (bei binärem Endpunkt)	• Prävalenz Ratio	• Odds Ratio	• Risk Ratio • Rate Ratio • Odds Ratio*	• Risk Ratio • Rate Ratio • Odds Ratio*
Vorteile	• Schnelle Durchführung • Kostengünstig • Ermöglicht Gesundheitsplanung	• Schnelle Durchführung • Kostengünstig • Für seltene Krankheiten gut geeignet • Mehrere Risikofaktoren möglich	• Zeitlicher Zusammenhang zw. Risikofaktor und Endpunkt klar • Mehrere Endpunkte möglich • Erfassung der Inzidenz	• kausaler Zusammenhang zw. Risikofaktor und Endpunkt klar • Untersuchung mehrerer Endpunkte möglich • Erfassung der Inzidenz
Nachteile	• Prävalenz schwer zu interpretieren • Zeitlicher Zusammenhang zw. Risikofaktor und Endpunkt oft nicht klar • Kein Hypothesenbeweis	• Zeitlicher Zusammenhang zw. Risikofaktor und Endpunkt oft nicht klar • Besonders biasanfällig • Keine seltenen Risikofaktoren • Kein Hypothesenbeweis	• Lange Beobachtungszeiten • Teuer • Keine seltenen Endpunkte • Kein Hypothesenbeweis	• Technisch aufwendig • Teuer • Keine seltenen Endpunkte • Ethisch manchmal nicht möglich • Evt. lange Beobachtungszeiten

* Odds Ratio, nur wenn die Inzidenz des Endpunktes < 10% liegt

Appendix II

Von der Cochrane Collaboration empfohlene Suchstrategie zur Identifikation von randomisierten, kontrollierten Studien

(*http://www.cochrane.dk/cochrane/handbook/hbookAPPENDIX_5C_OPTIMAL_SEARCH_STRAT.htm*; accessed 22 August 2001):

#1 RANDOMIZED-CONTROLLED-TRIAL in PT
#2 CONTROLLED-CLINICAL-TRIAL in PT
#3 RANDOMIZED-CONTROLLED-TRIALS
#4 RANDOM-ALLOCATION
#5 DOUBLE-BLIND-METHOD
#6 SINGLE-BLIND-METHOD
#7 #1 or #2 or #3 or #4 or #5 or #6
#8 TG=ANIMAL not (TG=HUMAN and TG=ANIMAL)
#9 #7 not #8
#10 CLINICAL-TRIAL in PT
#11 explode CLINICAL-TRIALS
#12 (clin* near trial*) in TI
#13 (clin* near trial*) in AB
#14 (singl* or doubl* or trebl* or tripl*) near (blind* or mask*)
#15 (#14 in TI) or (#14 in AB)
#16 PLACEBOS
#17 placebo* in TI
#18 placebo* in AB
#19 random* in TI
#20 random* in AB
#21 RESEARCH-DESIGN
#22 #10 or #11 or #12 or #13 or #15 or #16 or #17 or #18 or #19 or #20 or #21
#23 TG=ANIMAL not (TG=HUMAN and TG=ANIMAL)
#24 #22 not #23
#25 #24 not #9
#26 TG=COMPARATIVE-STUDY
#27 explode EVALUATION-STUDIES
#28 FOLLOW-UP-STUDIES
#29 PROSPECTIVE-STUDIES
#30 control* or prospectiv* or volunteer*
#31 (#30 in TI) or (#30 in AB)
#32 #26 or #27 or #28 or #29 or #31
#33 TG=ANIMAL not (TG=HUMAN and TG=ANIMAL)
#34 #32 not #33
#35 #34 not (#9 or #25)
#36 #9 or #25 or #35

Appendix III

Von der Bayes Libray empfohlene Medline Suchstrategie zur Identifikation diagnostischer Studien

MeSH Terms
„Diagnostic techniques and procedures"[MeSH],
   includes also the terms „physical examination" and „medical history-taking"
   „Laboratory techniques and procedures"[MeSH]
   „Diagnostic errors"[MeSH],
   includes „False negative reactions"[MeSH]
   „False positive reactions"[MeSH]
   „Observer variation"[MeSH]
   „Sensitivity and Specificity"[MeSH],
   includes „Predictive Value of Tests" and „ROC Curve"
   „Reference values"[MeSH]
   „Mass screening"[MeSH]
   „Likelihood functions"[MeSH]

Subheadings
   „Diagnosis"[subheading]
   „Diagnostic use"[subheading]

Other subheadings related to diagnostic studies:
   „Analysis"[subheading]
   „Urine"[subheading]
   „Blood"[subheading]
   „Cerebrospinal fluid"[subheading]
   „Radionuclide imaging"[subheading]
   „Radiography"[subheading]
   „Ultrasonography"[subheading]

Free text terms
   The combination of the word stem of „accuracy" with the truncated terms
   „diagno*" or „test*" is recommended to complete a MeSH search. E.g.: *Accurac* AND*
   (diagno* OR test*). Furthermore, the following text words might be helpful to find
   diagnostic studies:
   Likelihood ratio
   Pre test likelihood

Pretest likelihood
Post test likelihood
Posttest likelihood
Diagnostic odds ratio

Literatur

Abajo FJ, García Rodríguez LA, Montero D (1999) Association between selective serotonin reuptake inhibitors and upper gastrointestinal bleeding: population based case-control study. BMJ 319: 1106–1109

Adachi M, Takayanagi R, Tomura A (2000) Androgen-insensitivity syndrome as a possible coactivator disease. N Engl J Med 343: 856

Adams D (1979) Per Anhalter durch die Galaxis. Ullstein, Frankfurt

Albert T (1997) Winning the publications game. Radcliffe Medical Pr Ltd

Altman DG (1992) Practical statistics for medical research. Chapman & Hall, London

Altman DG (1994) The scandal of poor medical research. BMJ 308: 283–284

Altman DG, Bland MJ (1996) Statistics Notes: Presentation of numerical data. Douglas G. BMJ 312: 572

Altman DG, Schulz KF, Moher D, Egger M, Davidoff F, Elbourne D, Gøtzsche PC, Lang T for the CONSORT Group (2001) The Revised CONSORT Statement for Reporting Randomized Trials: Explanation and Elaboration. Ann Intern Med 134:663-694

Armstrong BK, White E, Saracci R (1992) Principles of exposure measurement in epidemiology. Oxford University Press

Assessment of the Safety and Efficacy of a New Thrombolytic (ASSENT-2) Investigators (1999) Single-bolus tenecteplase compared with front-loaded alteplase in acute myocardial infarction: the ASSENT-2 double-blind randomised trial. Lancet 354: 716–722

Assmann SF, Pocock SJ, Enos LE, Kasten LE (2000) Subgroup analysis and other (mis)uses of baseline data in clinical trials. Lancet 355: 1064–1069

Astin JA, Harkness E, Ernst E (2000) The efficacy of „distant healing": a systematic review of randomized trials. Ann Intern Med 132: 903–10

Babej-Dölle R, Freytag S, Eckmeyer J, Zerle G, Schinzel S, Schmieder G, Stankov G (1994) Parenteral dipyrone versus diclophenac and placebo in patients with acute lumbago or sciatic pain: Randomized observer-blind multicenter study. Int J Clin Pharmacology 32: 204–209

Barker DJP (1995) Fetal origins of coronary heart disease. BMJ 311: 171–174

Bernstein PL (1996) Against the gods. The remarkable history of risk. John Wiley & Sons, Inc, New York

Black N, van Rooyen S, Godlee F, Smith R, Evans S (1998) What makes a good reviewer and a good review for a general medical journal? JAMA 280: 231–3

Bland JM, Kerry SM (1997) Statistics Notes. Trials randomised in clusters. BMJ 315: 600

Bland MJ, Altman DG (1996) Statistics Notes: Transforming data. BMJ 312: 770

Bradford Hill A (1965) The environment and disease: association or causation. Journal of the Royal Society of Medicine 58: 295–300

Bullinger M, Kirchberger I, Ware J (1995) Der deutsche SF-36 Health Survey. Z f Gesundheitswiss 3: 21–36

The Cardiac Arrhythmia Suppression Trial (CAST) Investigators (1989) Preliminary report: effect of encainide and flecainide on mortality in a randomized trial of arrhythmia suppression after myocardial infarction. N Engl J Med 321: 406–412

CIOMS/WHO (1993) International ethical guidelines for biomedical research involving human subjects. Council for international organisation of medical sciences, Genf

Clarke M, Oxman AD (2000) Cochrane Reviewers' Handbook 4.1 [updated June 2000]. In:

Review Manager (RevMan) [Computer program]. Version 4.1. Oxford, England: The Cochrane Collaboration

Cochrane AL (1971) Effectiveness and efficiency. Random reflections on health services. The Royal Society of Medicine Press, Cambridge, UK

Cochrane Injuries Group Albumin Reviewers (1998) Human albumin administration in critically ill patients: systematic review of randomised controlled trials. BMJ 317: 235–240

Cooper H, Hedges LV (1994) The handbook of research synthesis. Russell Sage Foundation

Coughlin S, Beauchamp T (1996) Ethics and epidemiology. Oxford University Press, New York

Crombie IK (1996) The pocket guide to critical appraisal. BMJ Books, London UK

Day SJ, Altman DG (2000) Blinding in clinical trials and other studies BMJ 321: 504

Dedi R, Bhandari S, Turney JH, Brownjohn AM, Eardley I (2001) Lesson of the week: Causes of haematuria in adult polycystic kidney disease. BMJ 323: 386–387 (www.bmj.com/cgi/content/full/323/7309/386)

Delgado-Rodriguez M, Ruiz-Canela M, De Irala-Estevez J, Llorca J, Martinez-Gonzalez A (2001) Participation of epidemiologists and/or biostatisticians and methodological quality of published controlled clinical trials. J Epidemiol Community Health 55: 569–572

Deutsches Cochrane Zentrum (2001) www.cochrane.de

Djulbegovic B, Lacevic M, Cantor A, Fields KK, Bennett CL, Adams JR, Kuderer NM, Lyman GH (2000) The uncertainty principle and industry-sponsored research. Lancet 356: 635–638

Doll R, Peto R, Wheatley K, Gray R, Sutherland I (1994) Mortality in relation to smoking: 40 years' observations on male British doctors. BMJ 309: 901–911

Donner A, Klar N (2000) Design and analysis of cluster randomization trials in health research. Arnold Publishers, London.

Downs JR, Clearfiel M, Weis S et al (1998) Primary prevention of acute coronary events with lovastatin in men and women with average cholesterol levels. JAMA 97: 946

Duley L, Henderson-Smart D, Knight M et al (2001) Antiplatelet drugs for prevention of pre-eclampsia and its consequences: systematic review. BMJ 322: 329

Dulguerov P, Gysin C, Perneger TV, Chevrolet JC (1999) Percutaneous or surgical tracheostomy: a meta-analysis. Crit Care Med 27: 1617–25

Edwards P, Roberts I, Clarke M, DiGuiseppi C, Pratap S, Wentz R, Kwan I (2002) Increasing response rates to postal questionnaires: systematic review. BMJ 324: 1183

Egger M, Smith GD, Schneider M, Minder C (1997) Bias in meta-analysis detected by a simple, graphical test. BMJ 315: 629–34

Egger M, Jüni P, Bartlett C for the CONSORT Group (2001a) Value of flow diagrams in reports of randomised trials. JAMA 285: 1996

Egger M, Smith GD, Altman D (2001b) Systematic reviews in Health Care. Meta-Analysis in Context. 2. Auflage. BMJ Books

European Union Directive 2001/20/EC, dated 4 April 2001

Evans RW, Armon C, Frohman EM, Goodin DS (2000) Assessment:prevention of post-lumbar puncture headaches. Report of the Therapeutics and Technology Assessment Subcommittee of the American Academy of Neurology. Neurology 55: 909–14

Feder G, Eccles M, Grol R, Griffiths C, Grimshaw J (1999) Using clinical guidelines. BMJ 318: 728–30

Fisher R (1932) Statistical methods for research workers. Oliver and Boyd, London

Gardner M, Altman DG (1989) Statistics with confidence. BMJ Books

Glass G (1976) Primary, secondary, and meta-analysis of research. Educational Researcher 5: 3–8

Godlee F, Jefferson T (1999) Peer Review in Health Sciences. BMJ Books, London

Gordis L (1996) Epidemiology. WB Saunders, Philadelphia

Gøtzsche PC, Olsen O (2000) Is screening for breast cancer with mammography justifiable? Lancet 355: 129–134

Gruppo Italiano per lo Studio della Streptochinasi nell'Infarto Miocardico (GISSI) (1986) Effectiveness of intravenous thrombolytic treatment in acute myocardial infarction. Lancet 1: 397–402

The Hypothermia After Cardiac Arrest Study Group (2002) Mild therapeutic hypothermia to improve neurologic outcome after cardiac arrest. N Engl J Med (in press)

Hahn JM (1997) Checkliste Innere Medizin. Georg Thieme, Stuttgart New York

Halbert JA, Silagy CA, Finucane P, Withers RT, Hamdorf PA (1997) The effectiveness of exercise training in lowering blood pressure: a meta-analysis of randomised controlled trials of 4 weeks or longer. J Hum Hypertens 11: 641–649

Hall G (1994) How to write a paper. BMJ Publishing Group

Hawking S (1988) A brief history of time. Bantam Books, London

Haycox A, Bagust A, Walley T (1999) Clinical guidelines – the hidden costs. BMJ 318: 391–3

Hennekens CH, Buring JE (1987) Epidemiology in medicine. Little, Brown and company. Boston.

Hollis S, Campbell F (1999) What is meant by intention to treat analysis? Survey of published randomised controlled trials. BMJ 319: 670

Hurwitz B (1999) Legal and political considerations of clinical practice guidelines. BMJ 318: 661–664

Huth EJ (1998) Writing and publishing in medicine. Lippincott, Williams and Wilkins

ISIS-2 Collaborative Group (1988) Randomised trial of intravenous streptokinase, oral aspirin, both, or neither among 17.187 cases of suspected myocardial infarction. Lancet

International Committee of Medical Journal Editors (1999) Uniform requirements for manuscripts submitted to biomedical journals. Med Educ 33: 66–78 (http://jama.ama-assn.org/info/auinst_req.html)

Jadad AR, Moore RA, Carroll D, Jenkinson C, Reynolds DJ, Gavaghan DJ, McQuay HJ (1996) Assessing the quality of reports of randomized clinical trials: is blinding necessary? Control Clin Trials 17: 1–12

Katz MH (1999) Multivariable Analysis: A Practical Guide for Clinicians. Cambridge University Press

Kerry SM, Bland JM (1998) Analysis of a trial randomised in clusters. BMJ 316: 54

Kirkwood BR (1988) Medical statistics. Blackwell Science, Oxford UK

Kleinbaum, Kuper und Muller (1988) Applied regression analysis and other multivariable methods. Duxbury, Belmont, California

Klingelhöfer J, Spranger M (1997) Klinikleitfaden Neurologie, Psychiatrie. Gustav-Fischer, Stuttgart

Koreny M, Riedmüller E, Nikfardjam M, Siostrzonek P, Müllner M (2004) Arterial puncture closing devices compared with standard manual compression after cardiac catheterization: systematic review and meta-analysis. JAMA 291: 350–7

Lang TA, Secic M (1997) How to report statistics in medicine. Annotated guidelines for authors, ediotors and reviewers. ACP Philadelphia, Pensylvania

Lau J, Antman EM, Jimenez-Silva J, Kupelnick B, Mosteller F, Chalmers TC (1992) Cumulative meta-analysis of therapeutic trials for myocardial infarction. N Engl J Med 327: 248–254

Leibovici L (2001) Effects of remote, retroactive intercessory prayer on outcomes in patients with bloodstream infection: randomised controlled trial. BMJ 323: 1450–1451

LeLorier J, Gregoriere G, Benhaddad A, Lapierre J, Derderian, F (1997) Discrepancies between meta-analyses and subsequent large randomised, controlled trials. N Engl J Med 337: 536–42

Levine RS, Hennekens CH, Jesse MJ (1994) Blood pressure in prospective population based cohort of newborn and infant twins. BMJ 308: 298–302

Lewis S, Clarke M (2001) Forest plots: trying to see the wood and the trees. BMJ 322: 1479–1480

Machin D, Campbell MJ, Fayers P, Pinol A (1997) Sample size tables for clinical studies. Second edition. Blackwell Science, UK

MacMahon B, Trichopoulos (1997) Epidemiology: Principles and Practice. 2nd edn. Lippincott Williams & Wilkins Publishers

Matthews JR, Bowen JM, Matthews RW (2000) Successful Scientific Writing. 2nd edn. Cambridge University Press, UK

McColl E, Jacoby, Thomas L, Soutter J, Bamford C, Garratt A, Harvey E, Thomas R, Bond J (1998) Designing and using patient and staff questionnaires. In: Black N, Brazier J, Fitzpatrick R, Reeves B (eds) Health services research methods. BMJ Books, London, pp 46–58

McFadden E (1997) Management of Data in Clinical Trials. Wiley & Sons

Medical Research Council (1948) Streptomycin treatment of pulmonary tuberculosis. BMJ ii: 769

Moher D, Cook DJ, Eastwood S, Olkin I, Rennie D, Stroup DF, for the Quorom Group (1999) Improving the quality of reports of meta-analyses of randomised controlled trials: the Quorom Statement. Lancet 354: 1896–1900

Moher D, Schulz KF, Altman DG (2001a) The CONSORT Statement: Revised Recommendations for Improving the Quality of Reports of Parallel-Group Randomized Trials. JAMA 285: 1987–1991

Moher D, Jones A, Lepage L, for the CONSORT Group (2001b) Use of the CONSORT Statement and Quality of Reports of Randomized Trials. A Comparative Before-and-After Evaluation. JAMA 285: 1992–1995

Moher (hyalse arbeit)

Moseley JB, O'Malley K, Petersen NJ, et al (2002) A controlled trial for arthroscopic surgery for osteoarthritis of the knee. N Engl J Med 347: 81–88

Müller M (2000) Fortschritte bei der Konzeption klinischer Arzneimittelprüfungen. Onkologie 23: 487–491

Müllner M, Urbanek B, Havel C, Losert H, Waechter F, Gamper G (2004) Vasopressors for shock (Cochrane Review). In: The Cochrane Library, Issue 3. Chichester, UK: John Wiley & Sons, Ltd.

Müllner M, Matthews H, Altman DG (2002) Reporting on statistical methods to adjust for confounding: a cross sectional survey. Ann Intern Med 136: 122–126

Müllner M, Sterz F, Binder M, Schreiber W, Deimel A, Laggner AN (1997) Blood glucose concentration after cardiopulmonary resuscitation influences functional neurologic recovery in human cardiac arrest survivors. J Cereb Blood Flow Metab 17: 430–436

Murphy E, Dingwall R (1998) Qualitative methods in health service research. In: Black N, Brazier J, Fitzpatrick R, Reeves B (eds) Health services research methods. BMJ Books, London, pp 129–138

Murray E, Davis H, See Tai S, Coulter A, Gray A, Haines A (2001) Randomised controlled trial of an interactive multimedia decision aid on hormone replacement therapy in primary care. BMJ 323: 490

Niu SR, Yang GH, Chen ZM, Wang JL, Wang GH, He XZ, Schoepff H, Boreham J, Pan HC, Peto R (1998) Emerging tobacco hazards in China: Early mortality results from a prospective study. BMJ 317: 1423–1424

Oddy WH, Holt PG, Sly PD, Read AW, Landau LI, Stanley FJ, Kendall GE, Burton PR (1999) Association between breast feeding and asthma in 6 year old children: findings of a prospective birth cohort study. BMJ 319: 815

O'Malley PG, Jones DL, Feuerstein IM, Taylor AJ (2000) Lack of Correlation between Psychological Factors and Subclinical Coronary Artery Disease. N Engl J Med 343: 1298–1304

Parmar MKB, Griffiths GO, Spiegelhalter DJ, Souhami RL, Altman DG, Emmanuel van der Scheuren E, for the CHART steering committee (2001) Monitoring of large randomised clinical trials: a new approach with Bayesian methods. Lancet 358: 375–81

Petiti DB (1994) Meta-Analysis, decision analysis and cost effectiveness analysis. Oxford University

Pocock SJ (1983) Clinical trials. A practical approach. John Wiley & Sons, Chichester

Popper K (1987) Auf der Suche nach einer besseren Welt. Piper, München

Porter AM (1999) Misuse of correlation and regression in three medical journals. J R Soc Med 92: 123–8

Rahman MM, Vermund SH, Wahed MA, Fuchs GJ, Baqui AH, Alvarez JO (2001) Simultaneous zinc and vitamin A supplementation in Bangladeshi children: randomised double blind controlled trial. BMJ 323: 314–318

Rosenbaum PR (2002) Observational studies. Springer

Schlesselman JJ (1981) Case Control Studies: Design, Conduct, Analysis. Oxford University Press

Schulz KF, Chalmers I, Hayes RJ, Altman DG (1995) Empirical evidence of bias. Dimensions of methodological quality associated with estimates of treatment effects in controlled trials. JAMA 273: 408–412

Smith PG, Mprrow RH (1996) Field trials of health interventions in developing countries. A toolbox. Macmillan Education Ltd., London, UK

Sox HC, Blatt MA, Higgins MC, Marton KI (1988) Medical Decision Making. Butterworth-Heinemann, Boston

Staessen JA, Gasowski J, Wang JG, Thijs L, Hond ED, Boissel JP, Coope J, Ekbom T, Gueyffier F, Liu L, Kerlikowske K, Pocock S, Fagard RH (2000) Risks of untreated and treated isolated systolic hypertension in the elderly: meta-analysis of outcome trials. Lancet 355: 865–872

Staquet MJ, Hays RD, Fayers PM (1998) Quality of Life Assessment in Clinical Trails. Methods and Practice. Oxford University Press

Steptoe A, Dohertyc S, Rink E, Kerry S, Kendrick T, Hilton S, Day S (1999) Behavioural counselling in general practice for the promotion of healthy behaviour among adults at increased risk of coronary heart disease: randomised trial. BMJ 319: 943–948

Stroup DF, Berlin JA, Morton SA, Olkin I for the MOOSE Group (2000) Meta-analysis of observational studies in epidemiology. A proposal for reporting. JAMA 283: 2008–2012

Sutton AJ, Duval SJ, Tweedie RL, Abrams KR, Jones DR (2000) Empirical assessment of effect of publication bias on meta-analyses. BMJ 320: 1574–7

Sweeney KG, Gray DP, Steele R, Evans P (1995) Use of warfarin in non-rheumatic atrial fibrillation: a commentary from general practice. Br J Gen Pract 45: 153–8

Tardif JC, Cote G, Lesperance J, Bourassa M, Lambert J, Doucet S (1997) Probucol and multivitamins in the prevention of restenosis after coronary angioplasty. Multivitamins and Probucol Study Group. N Engl J Med 337: 365–72

The Assessment of the Safety and Efficacy of a New Thrombolytic Regimen (ASSENT)-3 Investigators (2001) Efficacy and safety of tenecteplase in combination with enoxaparin, abciximab, or unfractionated heparin: the ASSENT-3 randomised trial in acute myocardial infarction. Lancet 358: 605–613

The Digitalis Investigation Group (1997) The effect of digoxin on mortality and morbidity in patients with heart failure. N Engl J Med 336: 525–33

The Hantavirus Study Group (1994) Hantavirus pulmonary syndrome: a clinical description of 17 patients with a newly recognized disease. N Engl J Med 330: 949

Thoennissen J, Lang W, Laggner AN, Müllner M (2000) Bed rest after lumbar puncture: a nation-wide survey in Austria. Wien Klin Wochenschr 112: 1040–3

Thoennissen J, Herkner H, Lang W, Domanovits H, Laggner AN, Müllner M (2001) Bed rest after subarachnoidal puncture to prevent headache: a systematic review. CMAJ 165: 1311–1316

Tonks A (1999) Registering clinical trials. BMJ 319: 1565–1568

Torgerson D, Sibbald B (1998) Understanding controlled trials: What is a patient preference trial? BMJ 316: 360

Tufte ER (1992) The visual display of quantitative information. Graphics Press

Van Weel C (1996) Chronic disease in general practice: the longitudinal dimension. Eur J Gen Pract 2: 17

Vickers AJ (2001) The use of percentage change from baseline as an outcome in a controlled trial is statistically inefficient:a simulation study. BMC Medical Research Methodology (2001) 1:6 [www.biomedcentral.com/1471–2288/1/6 – date of access 6 August 2001]

Vlay SC, Lawson WE (1988) The safety of combined thrombolysis and beta-adrenergic blockade in patients with acute myocardial infarction. A randomized study. Chest 93: 716–721

West KP, Katz J, Khatry SK, LeClerq SC, Pradhan EK, Shrestha SR, Connor PB, Dali SM, Christian P, Pokhrel RP, Sommer A (1999) Double blind, cluster randomised trial of low dose supplementation with vitamin A or β-carotene on mortality related to pregnancy in Nepal. BMJ 318: 570–575

Whitehead A (2002) Meta-analysis of controlled clinical trials. John Wiley and Sons LTD, Chichester, UK

Wilkes MM, Navickis RJ (2001) Patient survival after human albumin administration. A meta-analysis of randomized, controlled trials. Ann Intern Med 135: 149–164

Wilson JNG, Jungner G (1968) Principles and practice of screening for disease. World Health Organisation, Geneva

Woolf SH, Grol R, Hutchinson A, Eccles M, Grimshaw J (1999) Potential benefits, limitations, and harms of clinical guidelines. BMJ 318: 527–30

Sachverzeichnis

Kurzbiographie

Der Autor hat eine postgraduelle Ausbildung in Epidemiologie an der London University abgeschlossen, arbeitet als Editor mit dem British Medical Journal (*BMJ*, bmj.com), ist der statistische Editor der *Cochrane Anaesthesia Review Group* und ist hauptberuflich an der Universitätsklinik für Notfallmedizin, Allgemeines Krankenhaus Wien, als klinischer Epidemiologe und Internist tätig. Vorlesungsschwerpunkte sind *Evidence Based Medicine* und *Medical Decision Making*. Während der Arbeiten an der zweiten Auflage war er für 18 Monate als Nationaler Experte bei der *European Medicines Agency* im Sektor *Scientific Advice and Orphan Drugs* tätig.

SpringerMedizin

Hartmut Zwick (Hrsg.)

Bewegung als Therapie

Gezielte Schritte zum Wohlbefinden

2004. XII, 206 Seiten. 10 Abbildungen.
Broschiert **EUR 29,80**, sFr 51,–
ISBN 3-211-20153-X

Die dosierte körperliche Belastung ist mittlerweile zum festen therapeutischen Bestandteil bei zahlreichen Erkrankungen geworden, da es
nur wenige medizinische Gründe für absolute Schonung und Ruhe
gibt. In diesem prägnanten Handbuch wird die Bewegungstherapie als
zusätzlicher therapeutischer Grundpfeiler praxisrelevant von im
Sportbereich erfahrenen und tätigen Medizinern dargestellt.

Ein weiterer Schwerpunkt liegt auf der Prävention von häufigen
Zivilisationskrankheiten. Nach einer kurzen Beschreibung der jeweiligen Krankheit werden häufig auftretende Fragen aus der Praxis beantwortet, wie etwa Nutzen, Dauer, Intensität oder Risiko der Be-
wegung. Falldiskussionen und Beispiele aus der Praxis runden die einzelnen Beiträge ab. Das Buch ist leicht verständlich geschrieben und ist
somit eine interessante Lektüre für alle Personen, die an solchen typischen Zivilisationskrankheiten leiden. Zudem wendet es sich an Physio-
therapeuten, Trainer und Sportmediziner.

 SpringerWienNewYork

P.O. Box 89, Sachsenplatz 4–6, 1201 Wien, Österreich, Fax +43.1.330 24 26, books@springer.at, **springer.at**
Haberstraße 7, 69126 Heidelberg, Deutschland, Fax +49.6221.345-4229, orders@springer.de, springer.de
P.O. Box 2485, Secaucus, NJ 07096-2485, USA, Fax +1.201.348-4505, orders@springer-ny.com, springeronline.com
Eastern Book Service, 3–13, Hongo 3-chome, Bunkyo-ku, Tokyo 113, Japan, Fax +81.3.38 18 08 64, orders@svt-ebs.co.jp
Preisänderungen und Irrtümer vorbehalten.

SpringerMedizin

Frank Elste

Marketing und Werbung in der Medizin

Erfolgreiche Strategien für Praxis, Klinik und Krankenhaus

2004. VIII, 372 Seiten. 87 zum Teil farbige Abbildungen.
Broschiert **EUR 46,–**, sFr 78,50
ISBN 3-211-83875-9

Marketing und Werbung sind längst zu einem unverzichtbaren Thema in der Medizin geworden. Mehr Patientenorientierung und steigender Wettbewerb lassen den Einsatz von modernen Marketingmaßnahmen in Arztpraxis und Krankenhaus zu einem wichtigen Instrument werden. Das Buch zeigt die Möglichkeiten von Marketing und Werbung in verständlicher Art und Weise auf. Dabei werden auch die Hintergründe der Werbeverbote und der Berufsordnung berücksichtigt. Auf häufige Fehler in werberechtlicher und gestalterischer Hinsicht wird hingewiesen.

Die praxisorientierte Darstellung ermöglicht Ärzten und Angestellten der Krankenhausführung eine schnelle Aufnahme aller wichtigen Informationen. Der Leser kann das erworbene Wissen unmittelbar umsetzen und die Beispiele sofort anwenden. Das Werk darf in keiner medizinischen Praxis und in keinem Krankenhaus fehlen. Auch Angehörige von Heilberufen, Betriebswirte und Werbefachleute finden in diesem Basiswerk viele neue Informationen.

SpringerWien NewYork

P.O. Box 89, Sachsenplatz 4–6, 1201 Wien, Österreich, Fax +43.1.330 24 26, books@springer.at, **springer.at**
Haberstraße 7, 69126 Heidelberg, Deutschland, Fax +49.6221.345-4229, orders@springer.de, springer.de
P.O. Box 2485, Secaucus, NJ 07096-2485, USA, Fax +1.201.348-4505, orders@springer-ny.com, springeronline.com
Eastern Book Service, 3–13, Hongo 3-chome, Bunkyo-ku, Tokyo 113, Japan, Fax +81.3.38 18 08 64, orders@svt-ebs.co.jp
Preisänderungen und Irrtümer vorbehalten.

SpringerBiologie

Werner Timischl

Biostatistik

Eine Einführung für Biologen und Mediziner

Zweite, neu bearbeitete Auflage.

2000. X, 340 Seiten. 59 Abbildungen.

Broschiert **EUR 31,50**, sFr 54,–

ISBN 3-211-83317-X

Das Lehrbuch vermittelt praxisorientiert das statistische Grundwissen für Biologen, Mediziner und Ernährungswissenschafter vom Studenten bis zum Forscher. Dabei wird besonderes Gewicht auf die statistische Modellbildung, die richtige Methodenauswahl und die Ergebnisinterpretation gelegt.

Nach einer kurzen Einführung in die Wahrscheinlichkeitsrechnung und in praxisrelevante Wahrscheinlichkeitsverteilungen folgt der Einstieg in die Parameterschätzung. Ausführlich wird das Testen von Hypothesen mit den wichtigsten Verfahren für Ein- und Zweistichprobenvergleiche einschließlich Anpassungstests und Äquivalenzprüfungen behandelt. Zwei weitere Kapitel beinhalten die gängigen Korrelationsmaße und Regressionsmodelle für Zusammenhangs- bzw. Abhängigkeitsanalysen sowie grundlegende varianzanalytische Modelle für die Planung von Versuchen. Ein abschließendes Kapitel über rechenintensive Verfahren vermittelt die Grundideen der klassischen multivariaten Methoden mit computerunterstützten Problemlösungen auf der Basis des Datenanalysesystems SPSS.

Vorausgesetzt werden nur Kenntnisse der Schulmathematik. Zahlreiche, vollständig durchgerechnete Beispiele und Übungsaufgaben mit ausführlichem Lösungsteil machen die „Biostatistik" zum praktischen Arbeitsbuch, das sich auch zum Selbststudium eignet.

 SpringerWienNewYork

P.O. Box 89, Sachsenplatz 4–6, 1201 Wien, Österreich, Fax +43.1.330 24 26, books@springer.at, **springer.at**
Haberstraße 7, 69126 Heidelberg, Deutschland, Fax +49.6221.345-4229, orders@springer.de, springer.de
P.O. Box 2485, Secaucus, NJ 07096-2485, USA, Fax +1.201.348-4505, orders@springer-ny.com, springeronline.com
Eastern Book Service, 3–13, Hongo 3-chome, Bunkyo-ku, Tokyo 113, Japan, Fax +81.3.38 18 08 64, orders@svt-ebs.co.jp
Preisänderungen und Irrtümer vorbehalten.

Springer und Umwelt